火灾隐患整治实务手册

刘东昱 陈 猛 刘 越
吴奇峰 周宣任 林荧荧   主 编

天津出版传媒集团
天津科学技术出版社

图书在版编目（CIP）数据

火灾隐患整治实务手册 / 刘东昱等主编. -- 天津：天津科学技术出版社，2023.6
 ISBN 978-7-5742-1322-7

Ⅰ.①火… Ⅱ.①刘… Ⅲ.①防火 – 手册 Ⅳ.①X932-62

中国国家版本馆CIP数据核字(2023)第109381号

火灾隐患整治实务手册
HUOZAI YINHUAN ZHENGZHI SHIWU SHOUCE

责任编辑：	张　萍
责任印制：	兰　毅
出　　版：	天津出版传媒集团 天津科学技术出版社
地　　址：	天津市西康路35号
邮　　编：	300051
电　　话：	（022）23332490
网　　址：	www.tjkjcbs.com.cn
发　　行：	新华书店经销
印　　刷：	定州启航印刷有限公司

开本 787×1092　1/16　印张 21.25　字数 360 000
2023年6月第1版第1次印刷
定价：79.00元

《火灾隐患整治实务手册》

编写委员会
主　　任　　巩志敏
副主任　　刘东昱
委　　员　　徐江涛　　王志朋

编写人员
主　　编　　刘东昱　　陈　猛　　刘　越
　　　　　　吴奇峰　　周宣任　　林荧荧
校　　对　　肖　凡　　徐江涛　　王志朋

编写说明

为了进一步贯彻落实消防安全责任制，督促落实火灾高风险区域整治，消除火灾隐患，防范和遏制重特大火灾事故发生，全面优化消防安全环境，各省（区、市）陆续开展火灾高风险区域和重大火灾隐患单位整治挂牌督办实施工作。在各级政府的统一部署和工作要求下，各地区立足本身实际，认真落实消防安全监管职责，充分发挥舆论宣传引导作用，不断深入火灾隐患排查治理，整治重大火灾隐患，补齐区域消防基础建设短板，使消防安全环境得到进一步优化。

在开展火灾高风险区域整治工作中，各级政府高度重视，多方保障整治工作落实到位，组织大量基层人员开展火灾隐患排查、消防知识宣传等工作，投入经费进行火灾隐患整改、完善消防基础设施、增加技防设施。在工作中，基层工作人员不熟悉整治技术标准，第三方消防技术服务机构技术水平不足，对消防技术标准、规范的理解不到位，行业部门缺乏专业的消防技术人才，自身解决消防问题的能力有限等是开展火灾高风险区域整治工作的现实阻碍。基于此背景，本书编委会梳理了火灾高风险区域整治常用消防技术标准，分场所、分类别，确定主要火灾风险，列举大量火灾隐患案例图片，便于零基础人员迅速理解和掌握火灾隐患排查的原理依据和隐患整改方法。同时，本书可为在乡、镇、街道从事消防工作的同人提供参考。

本书共分两篇：上篇为建筑防火及建筑消防设施规范解读，主要介绍燃烧和火灾基本知识，汇总、解读常用消防技术标准条款；下篇为各类场所火灾高风险整治要点及消防队伍建设，结合"三小"场所、出租屋、工业各类建筑、公共场所、大型商业综合体、住宅小区等六类场所，分析总结各类场所消防安全整治要点，并介绍了消防队伍建设。本书由刘东昱（第一章）、陈猛（第二、八、九章）、刘越（第四、五章）、吴奇峰（第六、七、十章）、周宣任（第十一、十二章）、林荧荧（第三、十三、十四章）编写，肖凡、徐江涛、王志朋负责校对和版面设计。

本书成书过程得到深圳市亿同安消防技术有限公司和广东省万顺通消防职业培训学校的大力支持，原广东省公安消防总队王郭社总队长也对本书提出诸多宝贵意见，在此编者表示衷心感谢。

由于编撰时间短、编者水平有限，书中难免存在不足之处，恳请读者批评指正。

编写组

2023 年 4 月

序

党的十九大报告指出："树立安全发展理念，弘扬生命至上、安全第一的思想，健全公共安全体系，完善安全生产责任制，坚决遏制重特大安全事故，提升防灾减灾救灾能力。"2022年3月31日，习近平总书记在中央政治局常委会上强调，"要坚持统筹发展和安全，发展决不能以牺牲安全为代价，各方面一定要深刻吸取教训、举一反三，进一步健全安全生产责任制，抓好安全生产责任落实，在全国全面开展安全生产专项大检查，全面排查整治风险隐患，最大限度防范遏制各类事故发生，保持社会大局稳定"。

随着国家经济的高速发展，社会消防安全管理压力不断增加。国家经济总量大，产业配套齐，市场机制活，开放水平高，转型升级、领先发展的态势明显，这给消防事业的发展带来了挑战。以广东省为例，省内高层建筑、大型商业综合体、危化品企业、"城中村"、村级工业园、"三小"场所、出租屋建筑等高风险单位场所的体量大、人员密度高、火灾荷载大，火灾风险防控难度大。广东省从2009年开始开展火灾高风险区域和重大火灾隐患单位整治挂牌督办实施工作，历经13年，全省共挂牌231个火灾隐患重点地区，79个重大火灾隐患单位。广东省通过开展火灾高风险区域整治工作，推动政府落实主导责任，深入分析研判本地火灾形势，强化部门履行消防职责，充分发挥乡镇街道网格等基层力量，补齐了基础建设短板，提高了区域抵御火灾风险的能力，消除了大量火灾隐患。

本书根据火灾高风险区域整治工作经验，解读消防技术规范的实际应用，分类解析六种场所整治要点，图文并茂地列举了大量火灾隐患整治实例。本书是编者深入基层收集素材，切合城乡建筑火灾隐患实际，整理而成的实务手册，是一本指导各地开展火灾高风险区域整治和日常消防监督管理工作的工具书。

王郭社

2023年4月

目 录

上篇 建筑防火及建筑消防设施规范解读

第一章 建筑防火 3
第一节 建筑防火基本知识 3
第二节 生产和储存物品的火灾危险性分类 6
第三节 建筑工程防火 8

第二章 消防给水及消火栓系统 43
第一节 消防给水系统的组成 43
第二节 消火栓系统 53
第三节 消防给水系统的控制与操作 62
第四节 消防水泵房 63

第三章 自动喷水灭火系统 64
第一节 系统的构成 64
第二节 自动喷水灭火系统的适用范围与设置部位 67
第三节 系统设计主要参数 69
第四节 系统组件及设置要求 72
第五节 工作原理 84
第六节 系统控制 85
第七节 系统维护管理 85
第八节 检查方法 87

第四章 火灾自动报警系统 89
第一节 火灾自动报警系统的组成及组件 89

第二节　消防控制室 …………………………………… 96
　　第三节　火灾探测器的设置要求 ………………………… 98
　　第四节　火灾自动报警系统的形式及设置条件 ………… 104
　　第五节　火灾自动报警系统设置场所 …………………… 106
　　第六节　消防联动控制 …………………………………… 108

第五章　防烟排烟系统 ……………………………………… 116
　　第一节　防烟系统 ………………………………………… 117
　　第二节　排烟系统 ………………………………………… 127
　　第三节　补风系统 ………………………………………… 139
　　第四节　系统控制 ………………………………………… 140
　　第五节　检查方法 ………………………………………… 144

第六章　消防应急照明和疏散指示系统 …………………… 145
　　第一节　应急照明疏散指示灯 …………………………… 146
　　第二节　系统分类 ………………………………………… 148
　　第三节　灯具 ……………………………………………… 148
　　第四节　安装要求 ………………………………………… 152
　　第五节　布线要求 ………………………………………… 155

第七章　建筑灭火器配置 …………………………………… 159
　　第一节　设置与选型 ……………………………………… 159
　　第二节　布置与设计 ……………………………………… 162
　　第三节　进场检查 ………………………………………… 166
　　第四节　日常检查、维护与报废 ………………………… 167
　　第五节　日常工作中常见的灭火器问题 ………………… 170

下篇　各类场所火灾高风险区域整治要点及消防队伍建设

第八章　"三小"场所整治要点 …………………………… 174
　　第一节　建筑防火及安全疏散 …………………………… 174
　　第二节　消防设施和灭火器材 …………………………… 178

第三节　火灾危险源控制 ………………………………………… 181

第四节　消防宣传教育培训 ……………………………………… 185

第五节　"三小"场所消防设施安装 …………………………… 188

第九章　出租屋整治要点 …………………………………………… 191

第一节　平面布置和防火间距 …………………………………… 191

第二节　防火分隔和安全疏散 …………………………………… 195

第三节　消防设施和灭火器材 …………………………………… 202

第四节　消防安全管理和宣传教育培训 ………………………… 205

第五节　火灾危险源控制 ………………………………………… 207

第十章　工业建筑整治要点 ………………………………………… 209

第一节　消防安全职责 …………………………………………… 209

第二节　建筑防火及安全疏散 …………………………………… 212

第三节　消防设施 ………………………………………………… 230

第四节　消防控制室 ……………………………………………… 235

第五节　用火用电 ………………………………………………… 239

第六节　防火检查和巡查 ………………………………………… 241

第七节　火灾事故应急处置准备工作 …………………………… 243

第八节　消防宣传教育培训 ……………………………………… 245

第十一章　公共场所整治要点 ……………………………………… 248

第一节　消防安全职责 …………………………………………… 248

第二节　建筑防火及安全疏散 …………………………………… 250

第三节　消防设施 ………………………………………………… 267

第四节　消防控制室 ……………………………………………… 273

第五节　用火用电 ………………………………………………… 274

第六节　防火检查和巡查 ………………………………………… 276

第七节　火灾事故应急处置准备工作 …………………………… 279

第八节　消防宣传教育培训 ……………………………………… 281

第十二章　大型商业综合体整治要点 ···························· 283

第一节　消防安全职责 ···························· 283

第二节　安全疏散设施 ···························· 293

第三节　平面布置 ···························· 293

第四节　内部装修 ···························· 295

第五节　防火分隔 ···························· 296

第六节　消防设施 ···························· 298

第七节　消防安全宣传教育和培训 ···························· 301

第八节　灭火救援条件 ···························· 302

第九节　消防队站建设 ···························· 304

第十三章　住宅小区整治要点 ···························· 308

第一节　高层住宅建筑消防车道设置要求 ···························· 308

第二节　消防车道标线标识 ···························· 309

第三节　高层住宅建筑救援场地 ···························· 310

第十四章　多种形式消防队伍整治要点 ···························· 312

第一节　政府专职消防队 ···························· 312

第二节　社区小型消防站 ···························· 317

第三节　社区（村）微型消防站 ···························· 319

第四节　重点单位微型消防站 ···························· 321

参考文献 ···························· 325

上篇

建筑防火及建筑消防设施规范解读

第一章 建筑防火

第一节 建筑防火基本知识

一、燃烧与火灾

（一）燃烧

1. 燃烧的概念

燃烧是可燃物与氧化剂作用发生的放热反应，通常伴有火焰、发光和（或）发烟的现象。

2. 燃烧的条件

任何物质发生燃烧，都有一个由未燃烧状态转向燃烧状态的过程，只有具备一定的条件，燃烧才能发生和发展。

燃烧必须具备三个必要条件：可燃物、助燃物（氧化剂）和引火源。只有在三个条件同时具备的情况下，可燃物才能发生燃烧。

用"燃烧三角形"（图1-1）来表示无焰燃烧的必要条件非常确切，有焰燃烧需要增加一个链式反应作为必要条件。

（二）火灾

1. 火灾的定义

根据国家标准《消防基本术语 第一部分》（GB—5907—86）的规定，火灾是指在时间或空间上失去控制的燃烧所造成的灾害。

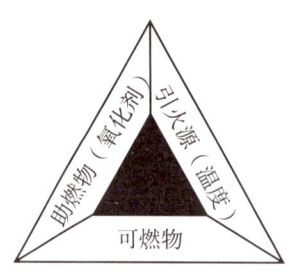

图1-1 燃烧三角形

2.火灾的分类

(1)根据物质燃烧特性划分。

根据国家标准《火灾分类》(GB/T 4968—2008)的规定,火灾划分为A、B、C、D、E、F六类。

A类火灾指固体物质火灾,如木材、棉、毛、麻、纸张火灾等。

B类火灾指液体火灾和可熔化的固体物质火灾,如汽油、煤油、柴油、原油、甲醇、乙醇、沥青、石蜡火灾等。

C类火灾指气体火灾,如煤气、液化石油气、甲烷、乙烷、氢气火灾等。

D类火灾指金属火灾,如钾、纳、镁、锂、铝镁合金火灾等。

E类火灾指带电火灾,是物体带电燃烧的火灾。

F类火灾指烹饪器具内的烹饪物火灾,如动植物油脂燃烧的火灾。

(2)根据火灾危害严重程度划分。

根据《生产安全事故报告和调查处理条例》,火灾等级调整为特别重大火灾、重大火灾、较大火灾和一般火灾四个等级。

特别重大火灾是指造成30人以上死亡,或者100人以上重伤,或者1亿元以上直接财产损失的火灾。

重大火灾是指造成10人以上30人以下死亡,或者50人以上100人以下重伤,或者5 000万元以上1亿元以下直接财产损失的火灾。

较大火灾是指造成3人以上10人以下死亡,或者10人以上50人以下重伤,或者1 000万元以上5 000万元以下直接财产损失的火灾。

一般火灾是指造成3人以下死亡,或者10人以下重伤,或者1 000万元以下直接财产损失的火灾。

注:"以上"包括本数,"以下"不包括本数。

二、建筑类别

建筑物可以从许多方面进行分类。按照使用性质，建筑物可以分为民用建筑和工业建筑，其中工业建筑包括厂房和仓库。

以民用建筑为例，其可按使用功能分为以下几种：

（1）居住建筑：供人们居住使用的建筑，包括住宅和宿舍建筑。

（2）公共建筑：供人们进行各种公共活动的建筑，包括办公、商业、学校、医院、交通运输类建筑等。

民用建筑也可按地上层数或建筑高度分类，大致如下：

（1）单、多层民用建筑：包括建筑高度不大于27 m的住宅建筑（包括设置商业服务网点的住宅建筑）、建筑高度大于24 m的单层公共建筑和建筑高度不大于24 m的公共建筑。

（2）高层民用建筑：建筑高度大于27 m的住宅建筑（包括设置商业服务网点的住宅建筑）、建筑高度大于24 m的公共建筑。

根据高层民用建筑的使用性质、火灾危险性、疏散和扑救难度，《建筑设计防火规范（2018年版）》（GB 50016—2014）将高层民用建筑分为一类高层民用建筑和二类高层民用建筑两类。

民用建筑具体分类标准如表1-1所示。

表1-1 民用建筑的分类

名称	高层民用建筑		单、多层民用建筑
	一类	二类	
住宅建筑	建筑高度大于54 m的住宅建筑（包括设置商业服务网点的住宅建筑）	建筑高度大于27 m，但不大于54 m的住宅建筑（包括设置商业服务网点的住宅建筑）	建筑高度不大于27 m的住宅建筑（包括设置商业服务网点的住宅建筑）
公共建筑	1. 建筑高度大于50 m的公共建筑 2. 任一楼层建筑面积大于1 000 m²的商店、展览、电信、邮政、财贸金融建筑和其他多种功能组合的建筑 3. 医疗建筑、重要公共建筑 4. 省级及以上的广播电视和防灾指挥调度建筑、网局级和省级电力调度建筑 5. 藏书超过100万册的图书馆、书库	除一类高层公共建筑外的其他高层公共建筑	1. 建筑高度大于24 m的单层公共建筑 2. 建筑高度不大于24 m的其他公共建筑

建筑分类是判断建筑性质的第一步，务必要判断准确。举例如下：

示例一：某7层民用建筑，建筑高度为25 m，一、二层为商业服务网点，三至七层为住宅，该建筑为多层住宅建筑。

示例二：某7层民用建筑，建筑高度为25 m，一、二层为商场，三至七层为办公，每层建筑面积为950 m²，该建筑为二类高层民用建筑。该建筑与示例一的建筑高度相同，但示例二使用性质为公共建筑，按照建筑高度，属于二类高层民用建筑。

示例三：某民用建筑，建筑高度为45 m，共15层，每层建筑面积2 000 m²，一至三层为商场，四、五层为餐厅，六至十五层为酒店客房，该建筑为一类高层民用建筑。因为该建筑任一层建筑面积大于1 000 m²，且为商店、餐饮、旅馆等多种功能组合的高层公共建筑，所以按照表1-1的分类标准，其属于一类高层公共建筑。

第二节　生产和储存物品的火灾危险性分类

厂房和仓库要根据生产或储存物品火灾危险性类别，确定工业建筑的火灾危险性，然后按所属火灾危险性类别确定建筑物的耐火等级、层数、面积、防火间距、防火分隔、安全疏散等。

根据生产和储存物品不同的物理状态，其火灾危险性分类方法也不同。固体按照物质的物理、化学特性及火灾危险性特点进行分类，液体按闪点进行分类，气体按爆炸极限进行分类。

一、生产的火灾危险性分类

《建筑设计防火规范（2018年版）》（GB 50016—2014）中，根据生产中使用或产生的物质性质及其数量等因素，将生产的火灾危险性分为甲、乙、丙、丁、戊五类。具体如表1-2所示。

表1-2　生产的火灾危险性分类

生产的火灾危险性类别	使用或产生下列物质生产的火灾危险性特征
甲	1. 闪点小于28 ℃的液体 2. 爆炸下限小于10%的气体 3. 常温下能自行分解或在空气中氧化能导致迅速自燃或爆炸的物质 4. 常温下受到水或空气中水蒸气的作用，能产生可燃气体并引起燃烧或爆炸的物质 5. 遇酸、受热、撞击、摩擦、催化以及遇有机物或硫黄等易燃的无机物，极易引起燃烧或爆炸的强氧化剂 6. 受撞击、摩擦或与氧化剂、有机物接触时能引起燃烧或爆炸的物质 7. 在密闭设备内操作温度不小于物质本身自燃点的生产

续表

生产的火灾 危险性类别	使用或产生下列物质生产的火灾危险性特征
乙	1. 闪点不小于 28 ℃，但小于 60 ℃的液体 2. 爆炸下限不小于 10% 的气体 3. 不属于甲类的氧化剂 4. 不属于甲类的易燃固体 5. 助燃气体 6. 能与空气形成爆炸性混合物的浮游状态的粉尘、纤维、闪点不小于 60 ℃的液体雾滴
丙	1. 闪点不小于 60 ℃的液体 2. 可燃固体
丁	1. 对不燃烧物质进行加工，并在高温或熔化状态下经常产生强辐射热、火花或火焰的生产 2. 利用气体、液体、固体作为燃料或将气体、液体进行燃烧作其他用的各种生产 3. 常温下使用或加工难燃烧物质的生产
戊	常温下使用或加工不燃烧物质的生产

二、储存物品的火灾危险性分类

《建筑设计防火规范（2018年版）》（GB 50016—2014）中，根据储存物品的性质和储存物品中的可燃物数量等因素，将仓库的火灾危险性分为甲、乙、丙、丁、戊五类。具体如表 1-3 所示。

表 1-3 储存物品的火灾危险性分类

储存物品的火灾 危险性类别	储存物品的火灾危险性特征
甲	1. 闪点小于 28 ℃的液体 2. 爆炸下限小于 10% 的气体，受到水或空气中水蒸气的作用，能产生爆炸下限小于 10% 气体的固体物质 3. 常温下能自行分解或在空气中氧化能导致迅速自燃或爆炸的物质 4. 常温下受到水或空气中水蒸气的作用，能产生可燃气体并引起燃烧或爆炸的物质 5. 遇酸、受热、撞击、摩擦以及遇有机物或硫黄等易燃的无机物，极易引起燃烧或爆炸的强氧化剂 6. 受撞击、摩擦或与氧化剂、有机物接触时能引起燃烧或爆炸的物质
乙	1. 闪点不小于 28 ℃，但小于 60 ℃的液体 2. 爆炸下限不小于 10% 的气体 3. 不属于甲类的氧化剂 4. 不属于甲类的易燃固体 5. 助燃气体 6. 常温下与空气接触能缓慢氧化，积热不散引起自燃的物品
丙	1. 闪点不小于 60 ℃的液体 2. 可燃固体
丁	难燃烧物品
戊	不燃烧物品

第三节　建筑工程防火

一、总平面布局

建筑总平面布局是指根据建筑物使用性质、生产经营规模、建筑高度、建筑体积及火灾危险性种类,合理确定建筑位置、防火间距、消防车道等。

(一)防火间距

为了防止建筑物间火势蔓延,各建筑物之间留出一定的安全距离是非常必要的。这样能够减少辐射热的影响,避免相邻建筑物被烤燃,并可提供疏散人员和灭火战斗的必要场地。防火间距是相邻两栋建筑物之间,保持适应火灾扑救、人员安全疏散和降低火灾时热辐射等的必要间距。

1．不同类别建筑的防火间距

(1)工业建筑的防火间距。

①厂房之间及与乙、丙、丁、戊类仓库、民用建筑等的防火间距如表1-4所示。

表1-4 厂房之间及与乙、丙、丁、戊类仓库、民用建筑的防火间距（m）

名称			甲类厂房 单、多层 一、二级	乙类厂房 单、多层 一、二级	乙类厂房 单、多层 三级	乙类厂房 高层 一、二级	丙、丁、戊类厂房（仓库） 单、多层 一、二级	丙、丁、戊类厂房（仓库） 单、多层 三级	丙、丁、戊类厂房（仓库） 单、多层 四级	丙、丁、戊类厂房（仓库） 高层 一、二级	民用建筑 裙房，单、多层 一、二级	民用建筑 裙房，单、多层 三级	民用建筑 裙房，单、多层 四级	民用建筑 高层 一类	民用建筑 高层 二类
甲类厂房	单、多层	一、二级	12	12	14	13	12	14	16	13		25		50	
乙类厂房	单、多层	一、二级	12	10	12	13	10	12	14	13					
		三级	14	12	14	15	12	14	16	15					
	高层	一、二级	13	13	15	13	13	15	17	13					
丙类厂房	单、多层	一、二级	12	10	12	13	10	12	14	13	10	12	14	20	15
		三级	14	12	14	15	12	14	16	15	12	14	16	25	20
		四级	16	14	16	17	14	16	18	17	14	16	18	20	
	高层	一、二级	13	13	15	13	13	15	17	13	13	15	17	20	15
丁、戊类厂房	单、多层	一、二级	12	10	12	13	10	12	14	13	10	12	14	15	13
		三级	14	12	14	15	12	14	16	15	12	14	16	18	15
		四级	16	14	16	17	14	16	18	17	14	16	18		
	高层	一、二级	13	13	15	13	13	15	17	13	13	15	17	15	13
室外变压器变、配电站	变压器总油量（t）	≥5, ≤10	25	25	25	25	12	15	20	12	15	20	25	20	
		>10, ≤50					15	20	25	15	20	25	30	25	
		>50					20	25	30	20	25	30	35	30	

注：1. 乙类厂房与重要公共建筑的防火间距不宜小于50 m，与明火或散发火花地点，不宜小于30 m。甲类仓库的防火间距可按本表的规定减少2 m，与民用建筑的防火间距可按民用建筑规范执行。为丙、丁、戊类厂房服务而单独设置的生活用房应按民用建筑确定，与所属厂房的防火间距不应小于6 m。确需相邻布置时，应符合本表注2、3的规定。

2. 两座厂房相邻较高一面外墙为防火墙时，其防火间距不限，但甲类厂房之间不应小于4 m。两座丙、丁、戊类厂房相邻两面外墙均为不燃性墙体，当无外露的可燃性屋檐，每面外墙上的门、窗、洞口面积之和各不大于该外墙面积的5%，且门、窗、洞口不正对开设时，其防火间距可按本表的规定减少25%。甲、乙类厂房（仓库）不应与规定范围外的其他建筑贴邻。

3. 两座一、二级耐火等级的厂房，当相邻较低一面外墙为防火墙且较低一座厂房的屋顶无天窗、屋顶的耐火极限不低于1.00 h，或相邻较高一面外墙的门、窗等开口部位设置甲级防火门、窗或防火卷帘或水幕分隔时，甲、乙类厂房之间的防火间距不应小于6 m；丙、丁、戊类厂房之间的防火间距不应小于4 m。

4. 发电厂内的主变压器，其油量可按单台确定。

5. 耐火等级低于四级的既有厂房，其耐火等级可按四级确定。

6. 当丙、丁、戊类厂房与丙、丁、戊类仓库相邻时，应符合本表注2、3的规定。

②甲类仓库之间及与其他建筑、明火或散发火花地点、铁路、道路等的防火间距如表 1-5 所示。

表 1-5 甲类仓库之间及与其他建筑、明火或散发火花地点、铁路、道路等的防火间距（m）

名称		甲类仓库（储量，t）			
		甲类储存物品第 3、4 项		甲类储存物品第 1、2、5、6 项	
		≤ 5	> 5	≤ 10	> 10
高层民用建筑、重要公共建筑		50			
裙房、其他民用建筑、明火或散发火花地点		30	40	25	30
甲类仓库		20	20	20	20
厂房和乙、丙、丁、戊类仓库	一、二级	15	20	12	15
	三级	20	25	15	20
	四级	25	30	20	25
电力系统电压为 35～500 kV 且每台变压器容量不小于 10 MV·A 的室外变、配电站，工业企业的变压器总油量大于 5 t 的室外降压变电站		30	40	25	30
厂外铁路线中心线		40			
厂内铁路线中心线		30			
厂外道路路边		20			
厂内道路路边	主要	10			
	次要	5			

注：甲类仓库之间的防火间距，当第 3、4 项物品储量不大于 2 t，第 1、2、5、6 项物品储量不大于 5 t 时，不应小于 12 m，甲类仓库与高层仓库的防火间距不应小于 13 m。

③乙、丙、丁、戊类仓库之间与民用建筑的防火间距如表 1-6 所示。

表 1-6 乙、丙、丁、戊类仓库之间及与民用建筑的防火间距（m）

名称			乙类仓库		丙类仓库			丁、戊类仓库			
			单、多层	高层	单、多层		高层	单、多层		高层	
			一、二级	三级	一、二级	一、二级	三级	四级	一、二级	一、二级	三级	四级	一、二级
乙、丙、丁、戊类仓库	单、多层	一、二级	10	12	13	10	12	14	13	10	12	14	13
		三级	12	14	15	12	14	16	15	12	14	16	15
		四级	14	16	17	14	16	18	17	14	16	18	17
	高层	一、二级	13	15	13	13	15	17	13	13	15	17	13

续表

名称			乙类仓库			丙类仓库				丁、戊类仓库			
			单、多层		高层	单、多层			高层	单、多层			高层
			一、二级	三级	一、二级	一、二级	三级	四级	一、二级	一、二级	三级	四级	一、二级
民用建筑	裙房，单、多层	一、二级	25	10	12	14	13	10	12	14	13
		三级	25	12	14	16	15	12	14	16	15
		四级	25	14	16	18	17	14	16	18	17
	高层	一类	50	20	25	25	20	15	18	18	15
		二类	50	15	20	20	15	13	15	15	13

注：1. 单、多层戊类仓库之间的防火间距，可按本表的规定减少 2 m。

2. 两座仓库相邻外墙均为防火墙时，防火间距可以减小，但丙类仓库，不应小于 6 m；丁、戊类仓库，不应小于 4 m。两座仓库相邻较高一面外墙为防火墙，且总占地面积不大于一座仓库的最大允许占地面积规定时，其防火间距不限。

3. 除乙类第 6 项物品外的乙类仓库，与民用建筑的防火间距不宜小于 25 m，与重要公共建筑的防火间距不应小于 50 m，与铁路、道路等的防火间距不宜小于表中甲类仓库与铁路、道路等的防火间距。

（2）民用建筑之间的防火间距。

① 民用建筑之间的防火间距如表 1-7 所示。

表 1-7　民用建筑之间的防火间距（m）

建筑类别		高层民用建筑	裙房和其他民用建筑		
		一、二级	一、二级	三级	四级
高层民用建筑	一、二级	13	9	11	14
裙房和其他民用建筑	一、二级	9	6	7	9
	三级	11	7	8	10
	四级	14	9	10	12

注：1. 相邻两座单、多层建筑，当相邻外墙为不燃性墙体且无外露的可燃性屋檐，每面外墙上无防火保护的门、窗、洞口不正对开设，且该门、窗、洞口的面积之和不大于外墙面积的 5% 时，其防火间距可按本表的规定减少 25%。

2. 两座建筑相邻较高一面外墙为防火墙，或高出相邻较低一座一、二级耐火等级建筑的屋面 15 m 及以下范围内的外墙为防火墙时，其防火间距不限。

3. 相邻两座高度相同的一、二级耐火等级建筑中相邻任一侧外墙为防火墙，屋面板的耐火极限不低于 1.00 h 时，其防火间距不限。

4. 相邻两座建筑中较低一座建筑的耐火等级不低于二级，相邻较低一面外墙为防火墙且屋顶无天窗，屋面板的耐火极限不低于 1.00 h 时，其防火间距不应小于 3.5 m；对于高层建筑，不应小于 4 m。

5.相邻两座建筑中较低一座建筑的耐火等级不低于二级且屋顶无天窗,相邻较高一面外墙高出较低一座建筑的屋面 15 m 及以下范围内(GB 50084—2017)的开口部位设置甲级防火门、窗,或设置符合现行国家标准《自动喷水灭火系统设计规范》规定的防火分隔水幕或《建筑设计防火规范(2018 年版)》(GB 50016—2014)规定的防火卷帘时,其防火间距不应小于 3.5 m;对于高层建筑,不应小于 4 m。

6.相邻建筑通过连廊、天桥或底部的建筑物等连接时,其间距不应小于本表的规定。

7.耐火等级低于四级的既有建筑,其耐火等级可按四级确定。

② 生产建筑的防火间距需要按照建筑的生产火灾危险性、耐火等级和建筑分类,对消防技术标准确定。

2.防火间距的说明

防火间距应按相邻建筑外墙的最近水平距离计算,当外墙有凸出的可燃或难燃构件时,应从其凸出部分外缘算起(图 1-2)。

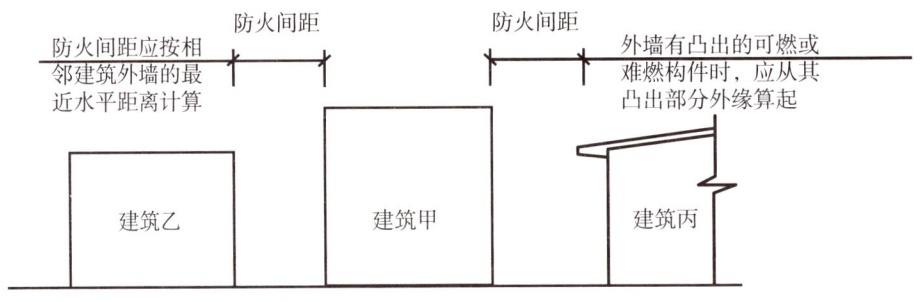

图 1-2 防火间距

3.防火间距不足时的处理措施

防火间距因场地限制等原因无法满足国家规范规定的要求时,可根据具体情况采取相应的措施(图 1-3):

(1)改变建筑物内的生产或使用性质,尽量减少建筑物的火灾危险性;改变房屋部分结构的耐火性能,提高建筑物的耐火等级。

(2)调整生产厂房的部分工艺流程和库房储存物品的数量;调整部分构件的耐火性能和燃烧性能。

(3)将建筑物的普通外墙改成防火墙。

(4)拆除部分耐火等级低、占地面积小、适用性不强且与新建建筑物相邻的原有陈旧建筑物。

(5)设置独立的室外防火墙等。

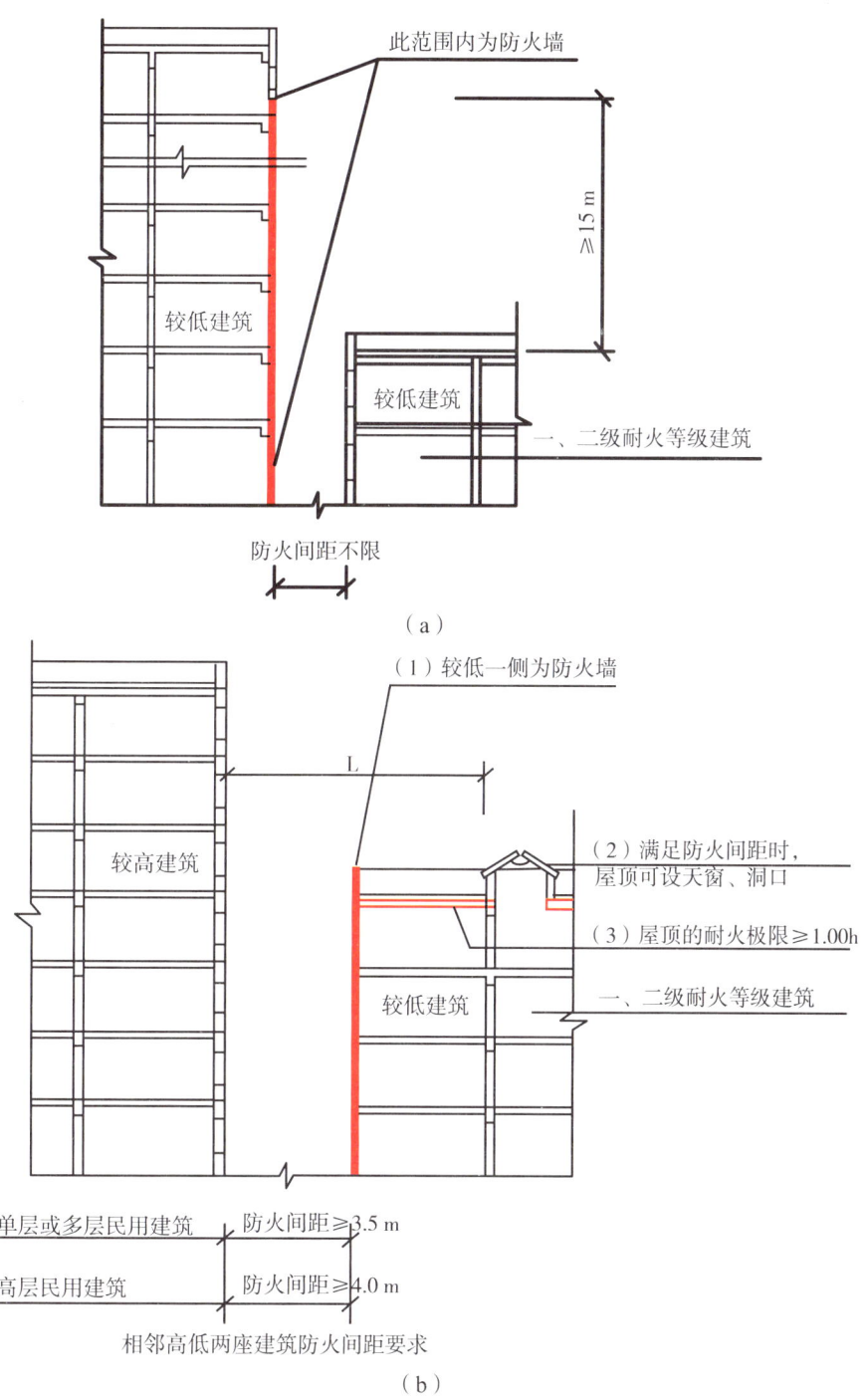

图1-3 防火间距不足时的处理措施

工程应用案例：甲、乙两栋相邻多层住宅，耐火等级均为二级，甲住宅5层，建筑高度15 m，乙住宅7层，建筑高度21 m，相邻处间距4 m，防火间距不符合要求。为满足国家消防技术规范，可进行如下处理：第一种方案是处理较高的乙建筑，将相邻较高一面外墙设为防火墙，或高出甲建筑15 m范围的相邻外墙设为防火墙，防火间距不限；第二种方案是处理较低的甲建筑，相邻较低一面外墙设为防火墙且屋顶无天窗，屋面板的耐火极限不低于1.00 h时，其防火间距可为3.5 m。

（二）消防车道与消防车登高操作场地

1. 消防车道

消防车道的设置应满足消防车的通行、灭火和抢险救援的需要。消防车道的设置应符合下列要求：

（1）街区内的道路应考虑消防车的通行，道路中心线间的距离不宜大于160 m。当建筑物沿街道部分的长度大于150 m或总长度大于220 m时，应设置穿过建筑物的消防车道。确有困难时，应设置环形消防车道。

（2）高层民用建筑，超过3 000个座位的体育馆，超过2 000个座位的会堂，占地面积大于3 000 m²的商店建筑、展览建筑等单、多层公共建筑应设置环形消防车道，确有困难时，可沿建筑的两个长边设置消防车道；对于住宅建筑和山坡地或河道边临空建造的高层建筑，可沿建筑的一个长边设置消防车道，但该长边所在建筑立面应为消防车登高操作面（图1-4）。

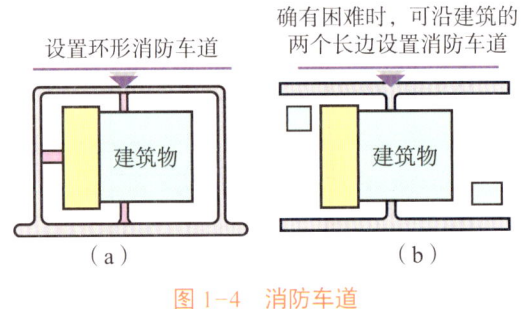

图1-4　消防车道

（3）工厂、仓库区内应设置消防车道。高层厂房，占地面积大于3 000 m²的甲、乙、丙类厂房和占地面积大于1 500 m²的乙、丙类仓库，应设置环形消防车道，确有困难时，应沿建筑物的两个长边设置消防车道。

（4）有封闭内院或天井的建筑物，当内院或天井的短边长度大于24 m时，宜设置进入内院或天井的消防车道；当该建筑物沿街时，应设置连通街道和内院的人行通道（可利用楼梯间），其间距不宜大于80 m。

（5）消防车道的净宽度和净空高度均不应小于4 m；转弯半径应满足消防车转弯的要

求；消防车道与建筑之间不应设置妨碍消防车操作的树木、架空管线等障碍物。

（6）环形消防车道至少应有两处与其他车道连通。尽头式消防车道应设置回车道或回车场，回车场的面积不应小于 12 m×12 m；对于高层建筑，不宜小于 15 m×15 m；供重型消防车使用时，不宜小于 18 m×18 m。

（7）消防车道的路面、救援操作场地、消防车道和救援操作场地下面的管道和暗沟等，应能承受重型消防车的压力。

2．消防车登高操作场地

消防车登高操作场地是指登高消防车能靠近高层建筑主体，便于消防车作业和消防人员进入高层建筑进行救人和灭火的场地。高层民用建筑应设置消防车登高操作场地，并应符合下列要求（图1-5）：

（1）高层建筑应至少沿一个长边或周边长度的1/4且不小于一个长边长度的底边连续布置消防车登高操作场地，该范围内的裙房进深不应大于 4 m。

（2）建筑高度不大于 50 m 的建筑，连续布置消防车登高操作场地确有困难时，可间隔布置，但间隔距离不宜大于 30 m，且消防车登高操作场地的总长度仍应符合上述规定。

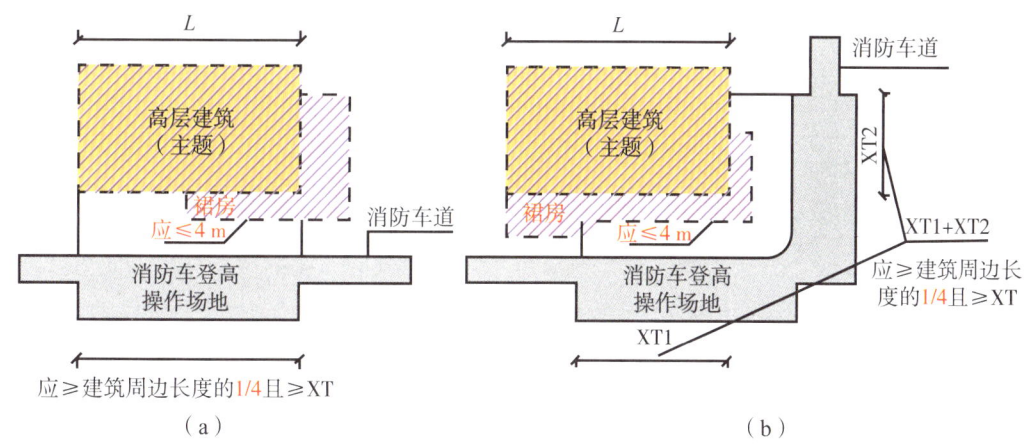

图1-5　消防登高操作场地

（3）消防车登高操作场地的长度和宽度分别不应小于 15 m 和 10 m。对于建筑高度不小于 50 m 的建筑，场地的长度和宽度分别不应小于 20 m 和 10 m；场地与厂房、仓库、民用建筑之间不应设置妨碍消防车操作的树木、架空管线等障碍物和车库出入口；场地及其下面的建筑结构、管道和暗沟等，应能承受重型消防车的压力。

（4）建筑物与消防车登高操作场地相对应的范围内，应设置直通室外的楼梯或直通楼梯间的入口。

二、平面布置

（一）防火分区

防火分区是在建筑内部采用防火墙、楼板及其他防火分隔设施分隔而成，能在一定时间内防止火灾向同一建筑的其余部分蔓延的局部空间。它是控制建筑物火灾的基本空间单元。

1. 防火分区的划分

根据不同的生产、储存火灾危险性类别，正确选择厂房、仓库的耐火等级，合理确定厂房的层数和建筑面积，可以有效防止发生火灾及其蔓延扩大，减少损失。

（1）厂房、仓库防火分区的最大允许建筑面积应分别符合表1-8和表1-9的规定。

表1-8　厂房的层数和每个防火分区的最大允许建筑面积

生产的火灾危险性类别	厂房的耐火等级	最多允许层数	每个防火分区的最大允许建筑面积（m²）			
			单层厂房	多层厂房	高层厂房	地下或半地下厂房（包括地下或半地下室）
甲	一级	宜采用单层	4 000	3 000	—	—
	二级		3 000	2 000	—	—
乙	一级	不限	5 000	4 000	2 000	—
	二级	6	4 000	3 000	1 500	—
丙	一级	不限	不限	6 000	3 000	500
	二级	不限	8 000	4 000	2 000	500
	三级	2	3 000	2 000	—	—
丁	一、二级	不限	不限	不限	4 000	1 000
	三级	3	4 000	2 000	—	—
	四级	1	1 000	—	—	—
戊	一、二级	不限	不限	不限	6 000	1 000
	三级	3	5 000	3 000	—	—
	四级	1	1 500	—	—	—

注："—"表示不允许。

表 1-9 仓库的层数和面积

储存物品的火灾危险性类别		仓库的耐火等级	最多允许层数	每座仓库的最大允许占地面积和每个防火分区的最大允许建筑面积（m²）						地下或半地下仓库（包括地下或半地下室）
				单层仓库		多层仓库		高层仓库		
				每座仓库	防火分区	每座仓库	防火分区	每座仓库	防火分区	
甲	3、4项	一级	1	180	60	—	—	—	—	—
	1、2、5、6项	一、二级	1	750	250	—	—	—	—	—
乙	1、3、4项	一、二级	3	2 000	500	900	300	—	—	—
		三级	1	500	250	—	—	—	—	—
	2、5、6项	一、二级	5	2 800	700	1 500	500	—	—	—
		三级	1	900	300	—	—	—	—	—
丙	1项	一、二级	5	4 000	1 000	2 800	700	—	—	150
		三级	1	1 200	400	—	—	—	—	—
	2项	一、二级	不限	6 000	1 500	4 800	1 200	4 000	1 000	300
		三级	3	2 100	700	1 200	400	—	—	—
丁		一、二级	不限	不限	3 000	不限	1 500	4 800	1 200	500
		三级	3	3 000	1 000	1 500	500	—	—	—
		四级	1	2 100	700	—	—	—	—	—
戊		一、二级	不限	不限	不限	不限	2 000	6 000	1 500	1 000
		三级	3	3 000	1 000	2 100	700	—	—	—
		四级	1	2 100	700	—	—	—	—	—

注："—"表示不允许。

（2）厂房、仓库防火分区的特殊要求。

①防火分区之间应采用防火墙分隔。除甲类厂房外的一、二级耐火等级厂房，当其防火分区的建筑面积大于表 1-8 中的规定，且设置防火墙确有困难时，可采用防火卷帘或防火分隔水幕分隔。采用防火卷帘时，应符合规范的规定；采用防火分隔水幕时，应符合现行国家标准《自动喷水灭火系统设计规范》（GB 50084—2017）的规定。

②仓库内的防火分区之间必须采用防火墙分隔，甲、乙类仓库内防火分区之间的防火墙不应开设门、窗、洞口。

③厂房内设置自动灭火系统时，每个防火分区的最大允许建筑面积可按规范规定增加1倍。当丁、戊类的地上厂房内设置自动灭火系统时，每个防火分区的最大允许建筑面积不限。厂房内局部设置自动灭火系统时，其防火分区的增加面积可按该局部面积的1倍计算。

④仓库内设置自动灭火系统时，除冷库的防火分区外，每座仓库的最大允许占地面积和每个防火分区的最大允许建筑面积可按规范规定增加1倍。

（3）民用建筑防火分区最大允许面积。

不同耐火等级建筑的允许建筑高度或层数、防火分区最大允许建筑面积应符合表1-10的规定。

表1-10 不同耐火等级建筑的允许建筑高度或层数、防火分区最大允许建筑面积

名称	耐火等级	允许建筑高度或层数	防火分区的最大允许建筑面积（m²）	备注
高层民用建筑	一、二级	按《建筑设计防火规范（2018年版）》（GB 50016—2014）确定	1 500	对于体育馆、剧场的观众厅，防火分区的最大允许建筑面积可适当增加
单、多层民用建筑	一、二级	按《建筑设计防火规范（2018年版）》（GB 50016—2014）确定	2 500	
	三级	5层	1 200	—
	四级	2层	600	—
地下或半地下建筑（室）	一级	—	500	设备用房的防火分区最大允许建筑面积不应大于1 000 m²

注：表中规定的防火分区最大允许建筑面积，当建筑内设置自动灭火系统时，可按本表的规定增加1倍；局部设置时，防火分区的增加面积可按该局部面积的1倍计算。

2. 民用建筑防火分区的特殊要求

（1）裙房与高层建筑主体之间设置防火墙时，裙房的防火分区可按单、多层建筑的要求确定。

（2）表1-10中"防火分区的最大允许建筑面积"为每个楼层采用防火墙和楼板分隔区域的建筑面积，当有开口连通多个楼层时（图1-6），防火分区的建筑面积需将相连通层的面积叠加计算。（应设置敞开楼梯间的建筑，敞开楼梯间的连通面积除外。）

图1-6　敞开楼梯开口连通多个楼层

（3）建筑内设置自动扶梯、敞开楼梯等上、下层相连通的开口时（图1-7），其防火分区的建筑面积应按上、下层相连通的建筑面积叠加计算；当叠加计算后的建筑面积大于表1-10的规定时，应划防火分区。

图1-7　自动扶梯

（4）建筑内设置中庭时（图1-8），其防火分区的建筑面积应按上、下层相连通的建筑面积叠加计算；当叠加计算后的建筑面积大于《建筑设计防火规范》的规定时，应符合下列规定：

①与周围连通空间应进行防火分隔：采用防火隔墙时，其耐火极限不应低于1.00 h；采用防火玻璃墙时，其耐火隔热性和耐火完整性不应低于1.00 h，采用耐火完整性不低于1.00 h的非隔热性防火玻璃墙时，应设置自动喷水灭火系统进行保护；采用防火卷帘时，其耐火极限不应低于3.00 h；与中庭相连通的门、窗，应采用火灾时能自行关闭的甲级防火门、窗。

②高层建筑内的中庭回廊应设置自动喷水灭火系统和火灾自动报警系统。

③中庭应设置排烟设施。

④中庭内不应布置可燃物。

 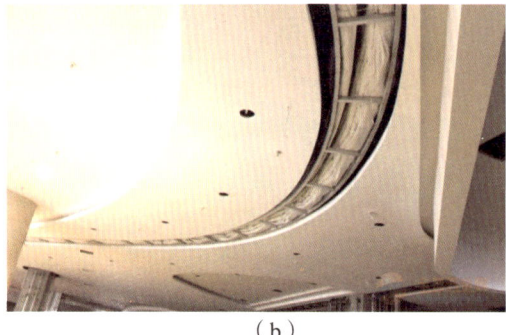

（a） （b）

图1-8 中庭

⑤一、二级耐火等级建筑内的营业厅、展览厅，当设置自动灭火系统和火灾自动报警系统并采用不燃或难燃装修材料时，其每个防火分区的最大允许建筑面积应符合下列规定：

第一，设置在高层建筑内时，不应大于4 000 m^2。

第二，设置在单层建筑或仅设置在多层建筑的首层内时，不应大于10 000 m^2。

第三，设置在地下或半地下时，不应大于2 000 m^2。

（二）防火分隔

防火分隔设施是指能在一定时间内阻止火势蔓延，把整个建筑内部空间划分成若干较小防火空间的分隔物。对建筑物分隔防火分区常通过设置防火分隔设施实现。

防火分隔设施可分为两种：一种是固定式的，如防火墙、防火隔墙等；另一种是活动式的、可启闭式的，如防火门、防火窗、防火卷帘、防火阀、排烟防火阀等。

1. 防火墙

防火墙是防止火灾蔓延至相邻建筑或相邻水平防火分区且耐火极限不低于 3.00 h 的不燃性墙体（图 1-9）。防火墙是分隔水平防火分区或防止建筑间火灾蔓延的重要分隔构件，对于减少火灾损失发挥着重要作用。防火墙能在火灾初期和灭火过程中，将火灾有效地限制在一定空间内，阻断火灾蔓延到另一侧。

图 1-9　防火墙

2. 防火隔墙

防火隔墙是指建筑内防止火灾蔓延至相邻区域且耐火极限不低于规定要求的不燃性墙体。

3. 防火门

防火门是指在一定时间内能满足耐火稳定性、完整性和隔热性要求的门（图 1-10）。

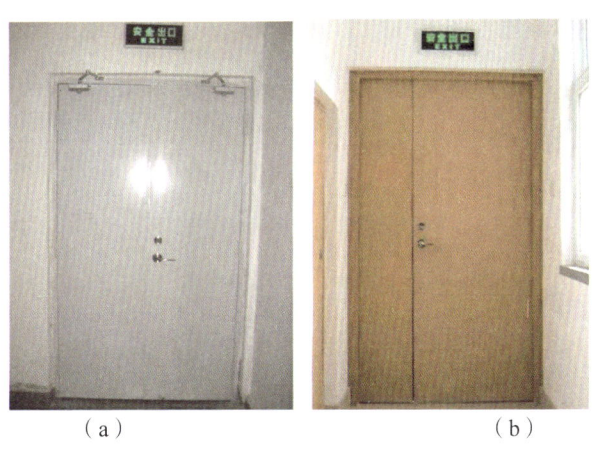

（a）　　　　　　　　　　（b）

图 1-10　防火门

（1）防火门的分类。

①按材质分类，有木质防火门、钢质防火门、钢木质防火门、其他防火门等。

②按耐火性能分类，防火门分为隔热防火门（A 类）、部分隔热防火门（B 类）和非

隔热防火门（C类）。

耐火极限是指对任一建筑构件按时间—温度标准曲线进行耐火试验，从受到火的作用时起，到失去支持能力、完整性被破坏或失去隔火作用时为止的这段时间，用h表示。耐火极限的三个判定条件是完整性、隔热性和支持力。

（2）常见设置防火门的部位。

防火墙上开设的门应采用甲级防火门。

消防水泵房，柴油发电机房，变、配电室，通风空调机房等重要设备房的门应采用甲级防火门。

防烟楼梯间和前室的门、民用建筑内附设的库房和公共建筑内的厨房的门应为乙级防火门。

管道井的检查门应为丙级防火门。

4. 防火窗

防火窗一般设置在防火间距不足部位的建筑外墙上的开口处或屋顶天窗部位、建筑内的防火墙或防火隔墙上需要进行观察和监控活动等的开口部位、需要防止火灾竖向蔓延的外墙开口部位。防火窗需要具备在火灾时能自行关闭的功能。防火窗按耐火极限可分为隔热防火窗（A类）和非隔热防火窗（C类）。

5. 防火卷帘

防火卷帘多卷放在门窗洞口上方（或侧面）的转轴箱内，火灾时，将其放下展开，用以阻止火势从门窗洞口蔓延（图1-11）。在特殊情况下，它还可配合防火冷却水幕替代防火墙作为防火分隔。常见的设置部位有消防电梯前室、自动扶梯周围、中庭与楼层房间、走道、过厅相通的开口部位、生产车间中的大面积工艺洞口以及大面积建筑中设置防火墙有困难的部位等。

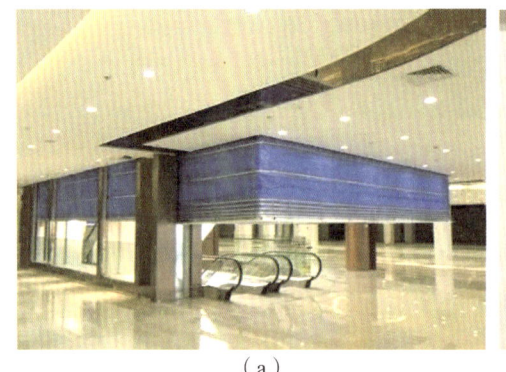
（a）

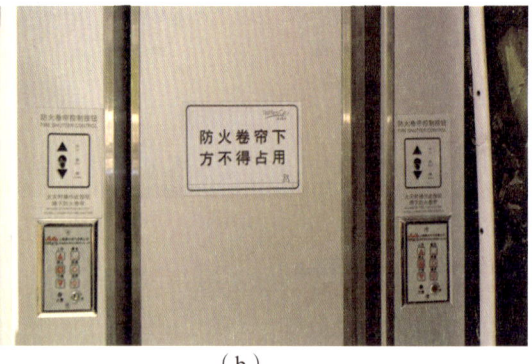
（b）

图1-11 防火卷帘

防火卷帘的设置要求如下：

（1）除中庭外，当防火分隔部位的宽度不大于 30 m 时，防火卷帘的宽度不应大于 10 m；当防火分隔部位的宽度大于 30 m 时，防火卷帘的宽度不应大于该部位宽度的 1/3，且不应大于 20 m。

（2）用防火卷帘代替防火墙的场所，当采用以背火面温升作耐火极限判定条件的防火卷帘时，其耐火极限不应低于 3.00 h；当采用不以背火面温升作耐火极限判定条件的防火卷帘时，其卷帘两侧应设闭式自动喷水灭火系统保护，系统喷水延续时间不应小于分隔部位的耐火极限要求。喷头的喷水强度不应小于 0.5 L/（s·m），其喷头间距不应小于 2.0 m，喷头距卷帘的垂直距离宜为 0.5 m。

（3）设在疏散走道上的防火卷帘，应在卷帘的两侧设置启闭装置，并应能自动、手动和机械控制，保证人员安全疏散。

（4）不宜采用侧式防火卷帘。

（5）防火卷帘上部、周围的缝隙应采用相同耐火极限的不燃烧材料填充、封隔。

6．防火阀

防火阀是指在一定时间内能满足耐火稳定性和耐火完整性要求，用于通风管道内阻火的活动式封闭装置（图 1-12）。

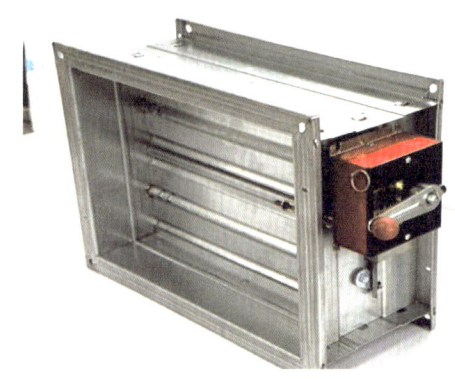 

图 1-12　防火阀

防火阀安装在通风、空调系统的送、回风管上，平时处于开启状态，火灾时，当管道内气体温度达到 70 ℃ 时关闭，在一定时间内能满足耐火稳定性和耐火完整性要求，起隔烟阻火作用的阀门。防火阀的动作温度一般为 70 ℃，可手动关闭、手动复位及手动调节阀门角度，也可与火灾报警系统联动自动关闭。

通风、空气调节系统的风管在下列部位应设置公称动作温度为 70 ℃ 的防火阀：

（1）穿越防火分区处。

（2）穿越通风、空气调节机房的房间隔墙和楼板处。

（3）穿越重要或火灾危险性大的场所的房间隔墙和楼板处。

（4）穿越防火分隔处的变形缝两侧。

（5）竖向风管与每层水平风管交接处的水平管段上。

7．排烟防火阀

排烟防火阀是安装在排烟系统管道上，在一定时间内能满足耐火稳定性和耐火完整性要求，起隔烟阻火作用的阀门。它一般设置在排烟系统的风管上，平时关闭，具有手动、自动功能。发生火灾时，火灾探测器发出火警信号，通过控制器给阀上的电磁铁通电，使阀门迅速打开，或人工手动开启进行排烟。当温度达到 280 ℃ 时，阀门自动关闭，人工复位。阀门可与其他设备联动，动作后可输出电信号。

排烟防火阀的设置应遵守以下规定：

（1）排烟系统的排烟支管上应设排烟防火阀。

（2）排烟管道进入排烟风机机房处应设排烟防火阀，并与排烟风机联动。

（三）特殊功能场所的设置要求

1．儿童和老年活动场所

托儿所、幼儿园的儿童用房，老年人活动场所，儿童游乐厅等宜设置在独立的建筑内，且不应设置在地下或半地下；当采用一、二级耐火等级的建筑时，不应超过 3 层；采用三级耐火等级的建筑时，不应超过 2 层；采用四级耐火等级的建筑时，应为单层；确需设置在其他民用建筑内时，应符合下列规定：

（1）设置在一、二级耐火等级的建筑内时，应布置在首层、二层或三层（图1-13）。

（2）设置在三级耐火等级的建筑内时，应布置在首层或二层。

（3）设置在四级耐火等级的建筑内时，应布置在首层。

（4）设置在高层建筑内时，应设置独立的安全出口和疏散楼梯。

（5）设置在单、多层建筑内时，宜设置独立的安全出口和疏散楼梯。

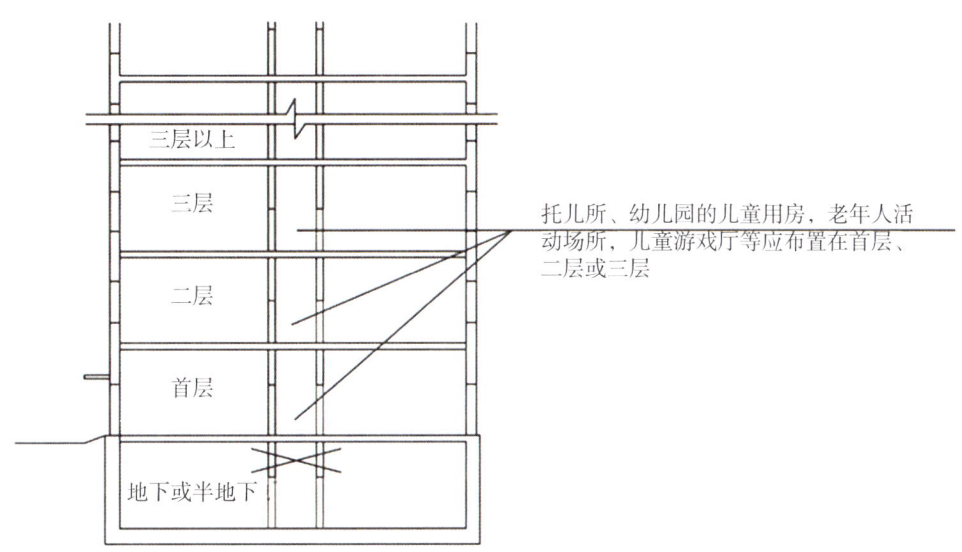

图 1-13　儿童和老年活动场所设置在其他民用建筑内示意图

儿童、婴幼儿和老年人的行为能力均较弱，大部分需要其他人协助进行疏散，为便于火灾时快速疏散人员，故对该类场所提出有关布置楼层和安全出口或疏散楼梯的设置要求。

对于设置在高层建筑内的该类场所，其安全出口和疏散楼梯要完全独立于其他场所，不与其他场所内的疏散人员共用，仅供儿童活动场所、老年人活动场所内的人员使用。

2. 影剧院

剧场、电影院、礼堂宜设置在独立的建筑内。采用三级耐火等级建筑时，不应超过2层。确需设置在其他民用建筑内时，至少应设置1个独立的安全出口和疏散楼梯，并应符合下列规定：

（1）应采用耐火极限不低于2.00 h的防火隔墙和甲级防火门与其他区域分隔。

（2）设置在高层建筑内时，应符合《建筑设计防火规范（2018年版）》（GB 50016-2014）的相关规定。

（3）设置在一、二级耐火等级的多层建筑内时，观众厅宜布置在首层、二层或三层；确需布置在四层及以上楼层时，一个厅、室的疏散门不应少于2个，且每个观众厅或多功能厅的建筑面积不宜大于400 m^2。

（4）设置在三级耐火等级的建筑内时，不应布置在三层及以上楼层。

（5）设置在地下或半地下室时，宜设置在地下一层，不应设置在地下三层及以下楼层，防火分区的最大允许建筑面积不应大于 1 000 m²；当设置自动喷水灭火系统和火灾自动报警系统时，该面积不得增加。

剧院、电影院和礼堂均为大量人员密集的场所，设置在其他建筑内时，应考虑这些场所在使用时，人员通常集中精力于观演等某件事情中，对周围火灾可能难以及时知情，疏散时可能汇入其他人员。因此，这些场所可采用防火隔墙与其他场所分隔，疏散楼梯也应尽量独立设置，不能完全独立设置时，至少保证一部疏散楼梯供这些场所使用。

3. 观众厅、会议厅、多功能厅

高层建筑内的观众厅、会议厅、多功能厅等人员密集的场所，宜布置在首层、二层或三层。确需布置在其他楼层时，应符合下列规定：

（1）一个厅、室的疏散门不应少于 2 个，且建筑面积不宜大于 400 m²。

（2）应设置火灾自动报警系统和自动喷水灭火系统等自动灭火系统。

（3）幕布的燃烧性能不应低于 B1 级。

4. 歌舞娱乐放映游艺场所

歌舞厅、录像厅、夜总会、卡拉 OK 厅（含具有卡拉 OK 功能的餐厅）、游艺厅（含电子游艺厅）、桑拿浴室（不包括洗浴部分）、网吧等歌舞娱乐放映游艺场所（不含剧场、电影院）的布置（图 1-14）应符合下列规定：

（1）不应布置在地下二层及以下楼层。

（2）宜布置在一、二级耐火等级建筑内的首层、二层或三层的靠外墙部位。

（3）不宜布置在袋形走道的两侧或尽端。

（4）确需布置在地下一层时，地下一层的地面与室外出入口地坪的高差不应大于 10 m。

（5）确需布置在地下或四层及以上楼层时，一个厅、室的建筑面积不应大于 200 m²。

（6）厅、室之间及与建筑的其他部位之间，应采用耐火极限不低于 2.00 h 的防火隔墙和 1.00 h 的不燃性楼板分隔，设置在厅、室墙上的门和该场所与建筑内其他部位相通的门均应采用乙级防火门。

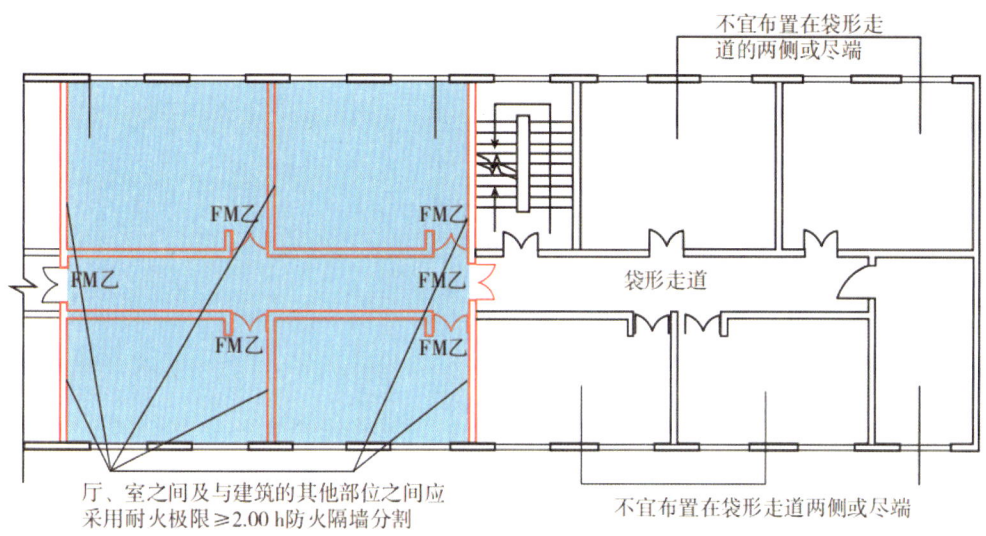

图 1-14 歌舞娱乐放映游艺场所的布置要求

这里的"厅、室"是指歌舞娱乐放映游艺场所中相互分隔的独立房间，如卡拉 OK 的每间包房、桑拿浴的每间按摩房或休息室。

5. 商业服务网点

商业服务网点是指设置在住宅建筑的首层或首层及二层，每个分隔单元建筑面积不大于 300 m² 的商店、邮政所、储蓄所、理发店等小型营业性住房。

"建筑面积"是指设置在住宅建筑首层或一层及二层，且相互完全分隔后的每个小型商业用房的总建筑面积。比如，一、二层连通的商业服务网点的"建筑面积"为该商业服务网点一层和二层建筑面积之和。

商业服务网点包括百货店、副食店、粮店、邮政所、储蓄所、理发店、洗衣店、药店、洗车店、餐饮店等小型营业性用房。

设置商业服务网点的住宅建筑（图 1-15），其居住部分与商业服务网点之间应采用耐火极限不低于 2.00 h 且无门、窗、洞口的防火隔墙和 1.50 h 不燃性楼板完全分隔，住宅部分和商业服务网点部分的安全出口和疏散楼梯应分别独立设置。

商业服务网点中每个分隔单元之间应采用耐火极限不低于 2.00 h 且无门、窗、洞口的防火隔墙相互分隔，每个分隔单元内的安全疏散距离不应大于袋形走道两侧或尽端的疏散门至安全出口的最大距离。

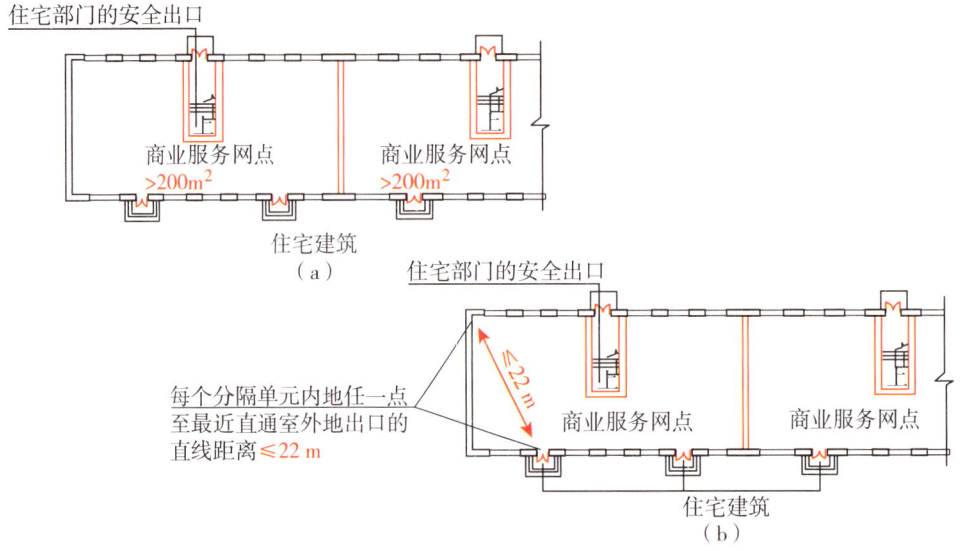

图 1-15 设置商业服务网点的住宅建筑

6. 燃油或燃气锅炉、油浸变压器、充有可燃油的高压电容器和多油开关

燃油或燃气锅炉、油浸变压器、充有可燃油的高压电容器和多油开关等，宜设置在建筑外的专用房间内；确需贴邻民用建筑布置时，应采用防火墙与所贴邻的建筑分隔，且不应贴邻人员密集场所，该专用房间的耐火等级不应低于二级；确需布置在民用建筑内时，不应布置在人员密集场所的上一层、下一层或贴邻，并应符合下列规定：

（1）燃油或燃气锅炉房、变压器室应设置在首层或地下一层的靠外墙部位，但常（负）压燃油或燃气锅炉可设置在地下二层或屋顶上。设置在屋顶上的常（负）压燃气锅炉，距离通向屋面的安全出口不应小于 6 m。采用相对密度（与空气密度的比值）不小于 0.75 的可燃气体为燃料的锅炉，不得设置在地下或半地下。

（2）锅炉房、变压器室的疏散门均应直通室外或安全出口。

（3）锅炉房、变压器室等与其他部位之间应采用耐火极限不低于 2.00 h 的防火隔墙和 1.50 h 的不燃性楼板分隔。在墙和楼板上不应开设洞口，确需在隔墙上设置门、窗时，应采用甲级防火门、窗。

（4）锅炉房内设置储油间时，其总储存量不应大于 1 m³，且储油间应采用耐火极限不低于 3.00 h 的防火隔墙与锅炉间分隔；确需在防火隔墙上设置门时，应采用甲级防火门。

（5）变压器室之间、变压器室与配电室之间，应设置耐火极限不低于 2.00 h 的防火隔墙。

（6）油浸变压器、多油开关室、高压电容器室，应设置防止油品流散的设施。油浸变庄器下面应设置能储存变压器全部油量的事故储油设施。

（7）应设置火灾报警装置。

（8）应设置与锅炉、变压器、电容器和多油开关等的容量及建筑规模相适应的灭火设施。

（9）锅炉的容量应符合现行国家标准《锅炉房设计规范》（GB 50041—2008）的规定。油浸变压器的总容量不应大于1260 kV·A，单台容量不应大于630 kV·A。

（10）燃气锅炉房应设置爆炸泄压设施。燃油或燃气锅炉房应设置独立的通风系统，并应符合《建筑设计防火规范（2018年版）》（GB 50016—2014）规定。

7．柴油发电机房

布置在民用建筑内的柴油发电机房应符合下列规定：

（1）宜布置在首层或地下一、二层。

（2）不应布置在人员密集场所的上一层、下一层或贴邻。

（3）应采用耐火极限不低于2.00 h的防火隔墙和1.50 h不燃性楼板与其他部位分隔，门应采用甲级防火门。

（4）机房内设置储油间时，其总储存量不应大于1 m³，储油间应采用耐火极限不低于3.00 h的防火隔墙与发电机间分隔；确需在防火隔墙上开门时，应设置甲级防火门。

（5）应设置火灾报警装置。

（6）建筑内其他部位设置自动喷水灭火系统时，柴油发电机房应设置自动喷水灭火系统。

三、安全疏散

建筑应根据其建筑高度、规模、使用功能和耐火等级等因素合理设置安全疏散和避难设施。安全出口和疏散门的位置、数量、宽度及疏散楼梯间的形式应满足人员安全疏散的要求。

安全出口是指供人员安全疏散用的楼梯间和室外楼梯的出入口或直通室内外安全区域的出口。

疏散门指房间通向公共走道的门。

（一）安全出口的数量

（1）一般要求。建筑内的安全出口和疏散门应分散布置，且建筑内每个防火分区或一个防火分区的每个楼层、每个住宅单元每层相邻两个安全出口以及每个房间相邻两个疏散门最近边缘之间的水平距离不应小于 5 m。

对于安全出口和疏散门的布置，一般要使人员在建筑着火后能有多个不同方向的疏散路线可供选择和疏散，要尽量将疏散出口均匀分散布置在平面上的不同方位。如果两个疏散出口之间距离太近，在火灾中实际上只能起到 1 个出口的作用。

（2）公共建筑内每个防火分区或一个防火分区的每个楼层，其安全出口的数量应经计算确定，不应少于 2 个（图 1-16）。

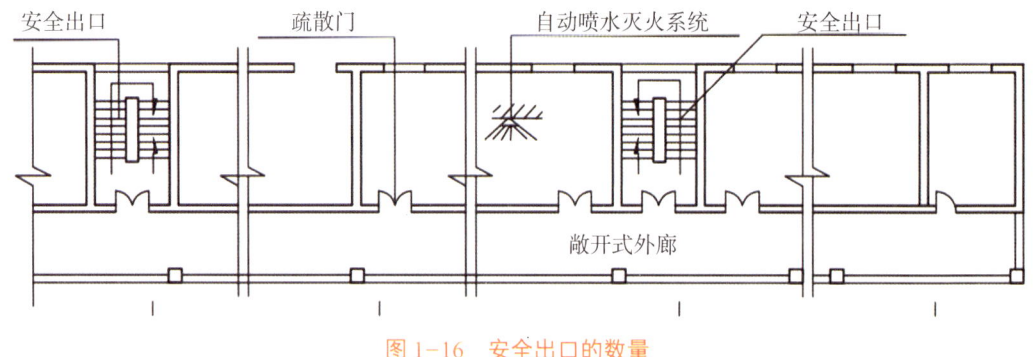

图 1-16　安全出口的数量

（3）符合下列条件之一的公共建筑，可设置 1 个安全出口或 1 部疏散楼梯：

① 除托儿所、幼儿园外，建筑面积不大于 200 m² 且人数不超过 50 人的单层公共建筑或多层公共建筑的首层。

② 除医疗建筑，老年人建筑，托儿所、幼儿园的儿童用房，儿童游乐厅等儿童活动场所和歌舞娱乐放映游艺场所等外，符合表 1-11 规定的公共建筑。

表 1-11　可设置 1 部疏散楼梯的公共建筑

耐火等级	最多层数	每层最大建筑面积（m²）	人数
一、二级	3 层	200	第二、三层的人数之和不超过 50 人
三级	3 层	200	第二、三层的人数之和不超过 25 人
四级	2 层	200	第二层人数不超过 15 人

医疗建筑，老年人建筑，托儿所、幼儿园的儿童用房，儿童游乐厅和歌舞娱乐放映游艺场所至少设置 2 个安全出口。

（二）疏散楼梯的形式

（1）疏散楼梯间的形式主要包括防烟楼梯间、封闭楼梯间、敞开楼梯间和室外楼梯四种。

防烟楼梯间：在楼梯间入口处设置防烟的前室、开敞式阳台或凹廊（统称前室）等设施，且通向前室和楼梯间的门均为防火门，以防止火灾的烟和热气进入的楼梯间。

封闭楼梯间：在楼梯间入口处设置门，以防止火灾的烟和热气进入的楼梯间。

（2）民用建筑的一般要求。

① 一类高层公共建筑和建筑高度大于 32 m 的二类高层公共建筑，其疏散楼梯应采用防烟楼梯间。

裙房和建筑高度不大于 32 m 的二类高层公共建筑，其疏散楼梯应采用封闭楼梯间。

② 下列多层公共建筑的疏散楼梯，除与敞开式外廊直接相连的楼梯间外，均应采用封闭楼梯间：

a. 医疗建筑、旅馆、公寓、老年人建筑及类似使用功能的建筑。

b. 设置歌舞娱乐放映游艺场所的建筑。

c. 商店、图书馆、展览建筑、会议中心及类似使用功能的建筑。

d. 6 层及以上的其他建筑。

（三）房间疏散门的数量

公共建筑内房间的疏散门数量应经计算确定且不应少于 2 个。

除托儿所、幼儿园、老年人建筑、医疗建筑、教学建筑内位于走道尽端的房间外，符合下列条件之一的房间可设置 1 个疏散门：

（1）位于两个安全出口之间或袋形走道两侧的房间，对于托儿所、幼儿园、老年人建筑，建筑面积不大于 50 m^2；对于医疗建筑、教学建筑，建筑面积不大于 75 m^2；对于其他建筑或场所，建筑面积不大于 120 m^2。

（2）位于走道尽端的房间，建筑面积小于 50 m^2 且疏散门的净宽度不小于 0.90 m，或由房间内任一点至疏散门的直线距离不大于 15 m、建筑面积不大于 200 m^2 且疏散门的净宽度不小于 1.40 m。

（3）歌舞娱乐放映游艺场所内建筑面积不大于 50 m^2 且经常停留人数不超过 15 人的厅、室。

（四）安全疏散距离

（1）直通疏散走道的房间疏散门至最近安全出口的直线距离不应大于表 1-12 的规定；

表1-12 直通疏散走道的房间疏散门至最近安全出口的直线距离（m）

名称			位于两个安全出口之间的疏散门			位于袋形走道两侧或尽端的疏散门		
			一、二级	三级	四级	一、二级	三级	四级
托儿所、幼儿园、老年人建筑			25	20	15	20	15	10
歌舞娱乐放映游艺场所			25	20	15	9	—	—
医疗建筑	单、多层		35	30	25	20	15	10
	高层	病房部分	24			12		
		其他部分	30			15		
教学建筑	单、多层		35	30	25	22	20	10
	高层		30			15		
高层旅馆、公寓、展览建筑			30			15		
其他建筑	单、多层		40	35	25	22	20	15
	高层		40			20		

注：1. 建筑内开向敞开式外廊的房间疏散门至最近安全出口的直线距离可按本表的规定增加5 m。

2. 直通疏散走道的房间疏散门至最近敞开楼梯间的直线距离，当房间位于两个楼梯间之间时，应按本表的规定减少5 m；当房间位于袋形走道两侧或尽端时，应按本表的规定减少2 m。

3. 建筑物内全部设置自动喷水灭火系统时，其安全疏散距离可按本表规定增加25%。

（2）房间内任一点至房间直通疏散走道的疏散门的直线距离，不应大于表1-12规定的袋形走道两侧或尽端的疏散门至最近安全出口的直线距离。

举例：某酒店16层，建筑高度54 m，耐火等级一级，酒店内设置火灾自动报警系统、自动喷水灭火系统（图1-17）。酒店内某房间位于两个安全出口之间时，该房间内任意一点至房间疏散门的距离最大不超过多少米？房间疏散门至最近的安全出口的距离最大不超过多少米？

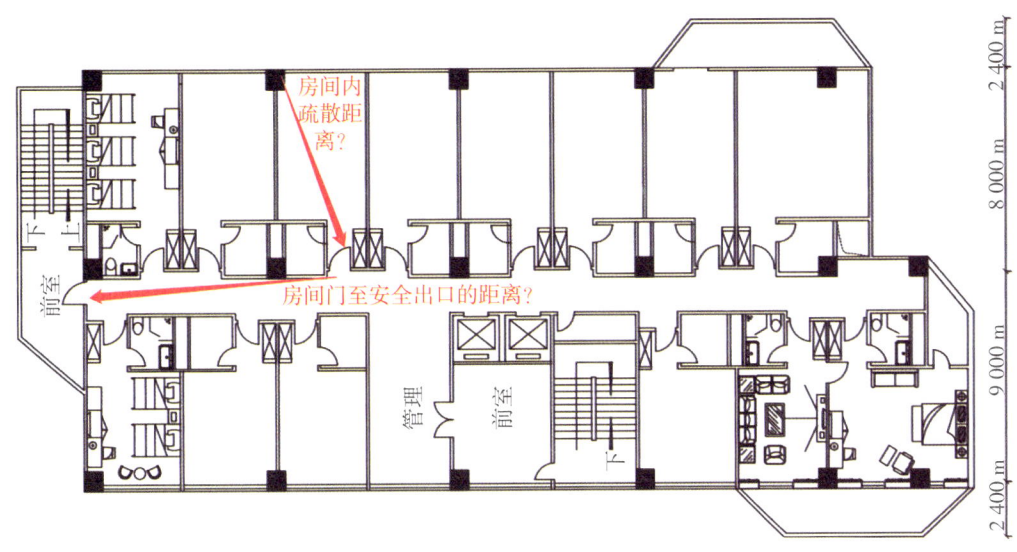

图 1-17 酒店平面示意图

分析：该酒店建筑高度 54 m，属于一类高层公共建筑，使用功能为高层旅馆。房间内任意一点至房间直通疏散走道的房间疏散门的直线距离，不应大于袋形走道两侧或尽端的疏散门至最近安全出口的距离，即 15 m。因设置自动喷水灭火系统，疏散距离增加 25%，15×（1+25%）= 18.75 m，即房间内任一点至房间门的疏散距离。

房间疏散门至安全出口（前室的门）的距离，因为该房间位于两个安全出口之间，所以房间门至前室的门的距离应不小于 30 m，因设置自动喷水灭火系统，疏散距离增加 25%，30×（1+25%）= 37.5 m，即房间门至安全出口的距离。

（3）一、二级耐火等级建筑内疏散门或安全出口不少于 2 个的观众厅、展览厅、多功能厅、餐厅、营业厅等，其室内任一点至最近疏散门或安全出口的直线距离（图 1-18）不应大于 30 m；当疏散门不能直通室外地面或疏散楼梯间时，应采用长度不大于 10 m 的疏散走道通至最近的安全出口。当该场所设置自动喷水灭火系统时，室内任一点至最近安全出口的安全疏散距离可分别增加 25%。

"观众厅、展览厅、多功能厅、餐厅、营业厅等"场所，包括开敞式办公区、会议报告厅、宴会厅、观演建筑的序厅、体育建筑的入场等候与休息厅等，不包括用作舞厅和娱乐场所的多功能厅。

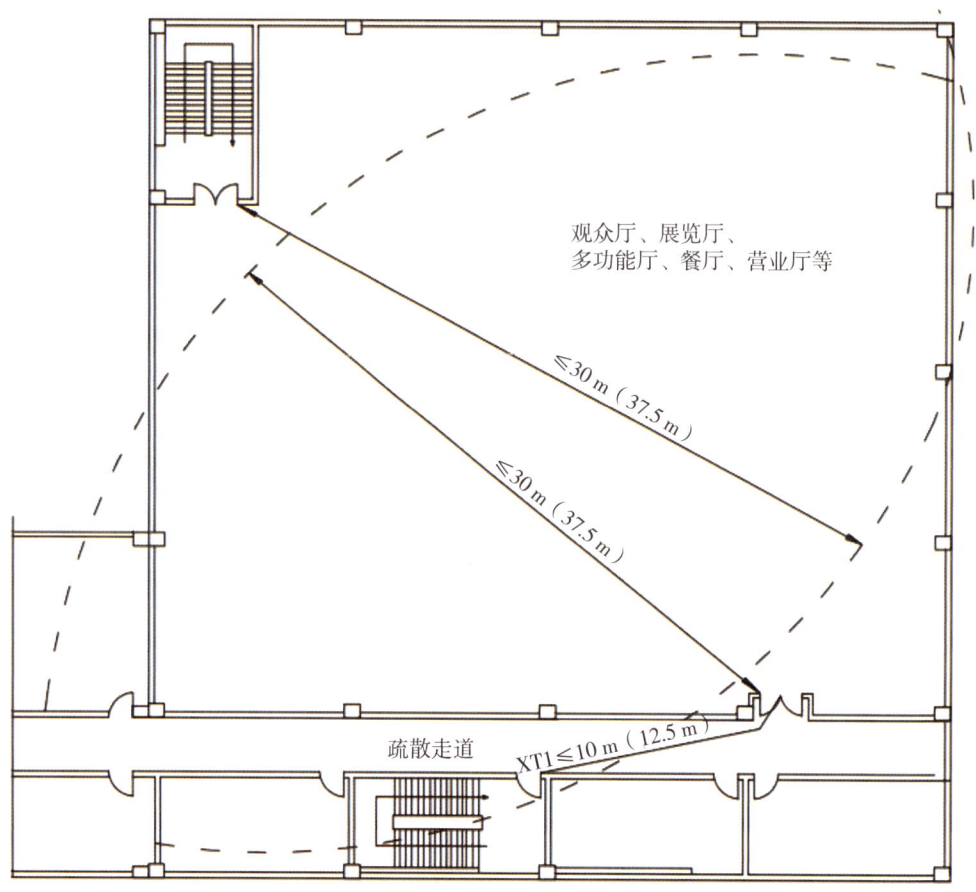

图 1-18 室内任一点至最近疏散门或安全出口的直线距离

（五）疏散宽度

（1）公共建筑内疏散门和安全出口的净宽度不应小于 0.90 m，疏散走道和疏散楼梯的净宽度不应小于 1.10 m。

高层公共建筑内楼梯间的首层疏散门、首层疏散外门、疏散走道和疏散楼梯的最小净宽度应符合表 1-13 的规定。

表 1-13 高层公共建筑内楼梯间的首层疏散门、首层疏散外门、疏散走道和疏散楼梯的最小净宽度（m）

建筑类别	楼梯间的首层疏散门、首层疏散外门	走道		疏散楼梯
		单面布房	双面布房	
高层医疗建筑	1.30	1.40	1.50	1.30
其他高层公共建筑	1.20	1.30	1.40	1.20

（2）人员密集的公共场所、观众厅的疏散门不应设置门槛，其净宽度不应小于1.40 m，且紧靠门口内外各1.40 m范围内不应设置踏步。

本条规定的场所主要指营业厅、观众厅、礼堂、电影院、剧院和体育场馆的观众厅，医院的门诊大厅等面积较大、同一时间聚集人数较多的场所。疏散门为进出上述这些场所的门，包括直接对外的安全出口或通向楼梯间的门。

（六）避难层（间）

（1）建筑高度大于100 m的公共建筑，应设置避难层（间）。避难层（间）应符合下列规定：

① 第一个避难层（间）的楼地面至灭火救援场地地面的高度不应大于50 m，两个避难层（间）之间的高度不宜大于50 m。

② 通向避难层的疏散楼梯应在避难层分隔、同层错位或上下层断开。

③ 避难层（间）的净面积应能满足设计避难人数避难的要求，并宜按5.0人/m^2计算。

④ 避难层可兼作设备层。设备管理宜集中布置，其中的易燃、可燃液体或气体管道应集中布置，设备管道区应采用耐火极限不低于3.00 h的防火隔墙与避难区分隔。管道井和设备间应采用耐火极限不低于2.00 h的防火隔墙与避难区分隔，管道井和设备间的门不应直接开向避难区；确需直接开向避难区时，与避难层区出入口的距离不应小于5 m，且应采用甲级防火门。

避难间内不应设置易燃、可燃液体或气体管道，不应开设除外窗、疏散门之外的其他开口。

⑤ 避难层应设置消防电梯出口。

⑥ 应设置消火栓和消防软管卷盘。

⑦ 应设置消防专线电话和应急广播。

⑧ 在避难层（间）进入楼梯间的入口处和疏散楼梯通向避难层（间）的出口处，应设置明显的指示标志。

⑨ 应设置直接对外的可开启窗口或独立的机械防烟设施，外窗应采用乙级防火窗。

（七）疏散设施的设置要求

1. 楼梯间一般要求

疏散楼梯间的设置（图1-19）应符合下列规定：

（1）楼梯间应能天然采光和自然通风，并宜靠外墙设置。靠外墙设置时，楼梯间及合用前室外墙上的窗口与两侧门、窗、洞口最近边缘的水平距离不应小于1.0 m。

（2）楼梯间内不应设置烧水间、可燃材料储藏室、垃圾道。

（3）楼梯间内不应有影响疏散的凸出物或其他障碍物。

（4）封闭楼梯间、防烟楼梯间及其前室，不应设置卷帘。

（5）楼梯间内不应设置甲、乙、丙类液体管道。

（6）封闭楼梯间、防烟楼梯间及其前室内禁止穿过或设置可燃气体管道。敞开楼梯间内不应设置可燃气体管道，当住宅建筑的敞开楼梯间内确需设置可燃气体管道和可燃气体计量表时，应采用金属管和设置切断气源的阀门。

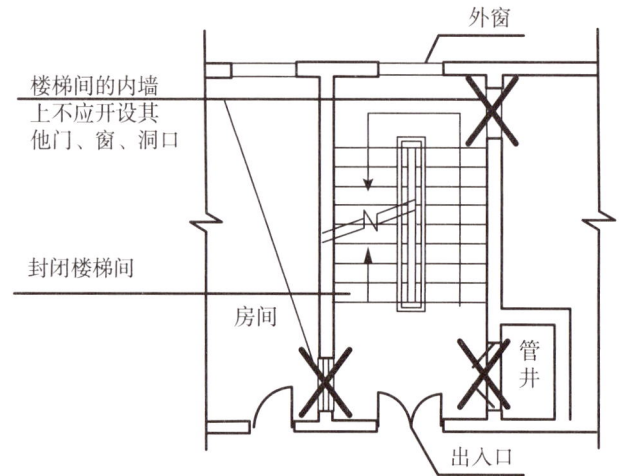

图1-19 疏散楼梯间设置要求

2．封闭楼梯间的设置要求

封闭楼梯间的设置（图1-20）除应符合楼梯间一般规定外，尚应符合下列规定：

（1）不能自然通风或自然通风不能满足要求时，应设置机械加压送风系统或采用防烟楼梯间。

（2）除楼梯间的出入口和外窗外，楼梯间的墙上不应开设其他门、窗、洞口。

（3）高层建筑，人员密集的公共建筑，人员密集的多层丙类厂房、甲、乙类厂房，其封闭楼梯间的门应采用乙级防火门，并应向疏散方向开启；其他建筑，可采用双向弹簧门。

（4）楼梯间的首层可将走道和门厅等包括在楼梯间内形成扩大的封闭楼梯间，但应采用乙级防火门等与其他走道和房间分隔。

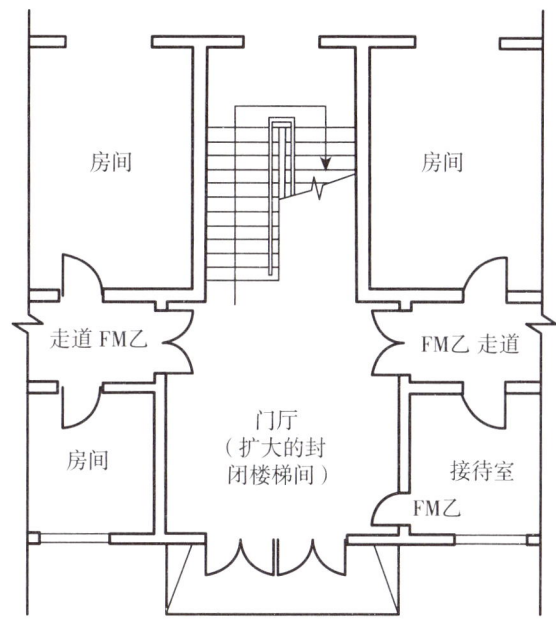

图1-20 封闭楼梯间设置要求

3. 防烟楼梯间的设置要求

防烟楼梯间的设置（图1-21、图1-22）除应符合楼梯间一般规定外，尚应符合下列规定（见图1-24、1-25）：

（1）应设置防烟设施。

（2）前室可与消防电梯间前室合用。

（3）前室的使用面积：公共建筑、高层厂房（仓库），不应小于6.0 m²；住宅建筑，不应小于4.5 m²。

与消防电梯间前室合用时，合用前室的使用面积：公共建筑、高层厂房（仓库），不应小于10 m²；住宅建筑，不应小于6.0 m²。

（4）疏散走道通向前室以及前室通向楼梯间的门应采用乙级防火门。

（5）除楼梯间和前室的出入口、楼梯间和前室内设置的正压送风口和住宅建筑的楼梯间前室外，防烟楼梯间和前室的墙上不应开设其他门、窗、洞口。

（6）楼梯间的首层可将走道和门厅等包括在楼梯间前室内形成扩大的前室，但应采用乙级防火门等与其他走道和房间分隔。

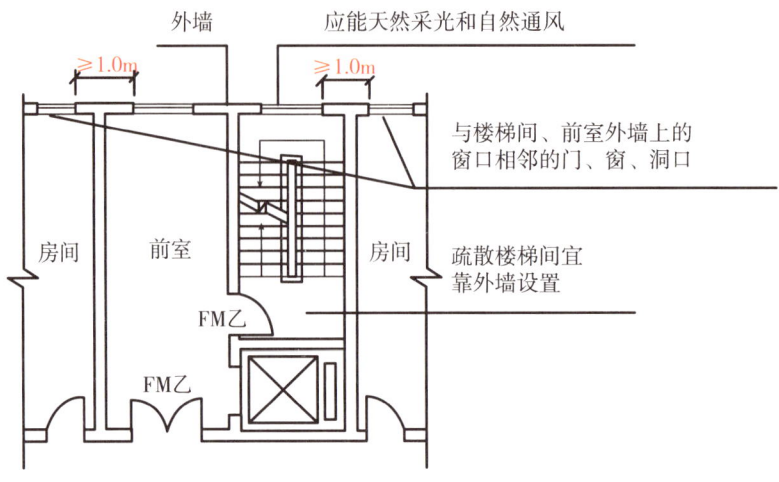

图1-21 防烟楼梯间设置要求

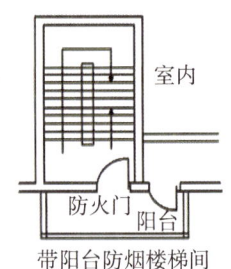
带阳台防烟楼梯间

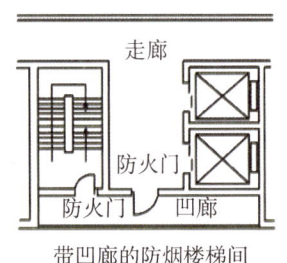
带凹廊的防烟楼梯间

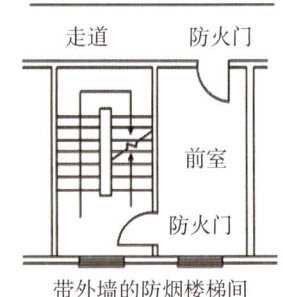
带外墙的防烟楼梯间

图1-22 防烟楼梯间的类型

4. 室外疏散楼梯的设置要求

室外疏散楼梯的设置（图1-23）应符合下列规定：

（1）栏杆扶手的高度不应小于1.10 m，楼梯的净宽度不应小于0.90 m。

（2）倾斜角度不应大于45°。

（3）梯段和平台均应采用不燃材料制作，平台的耐火极限不应低于1.00 h，梯段的耐火极限不应低于0.25 h。

（4）通向室外楼梯的门应采用乙级防火门，并应向外开启。

（5）除疏散门外，楼梯周围2 m内的墙面上不应设置门、窗、洞口。疏散门不应正对梯段。

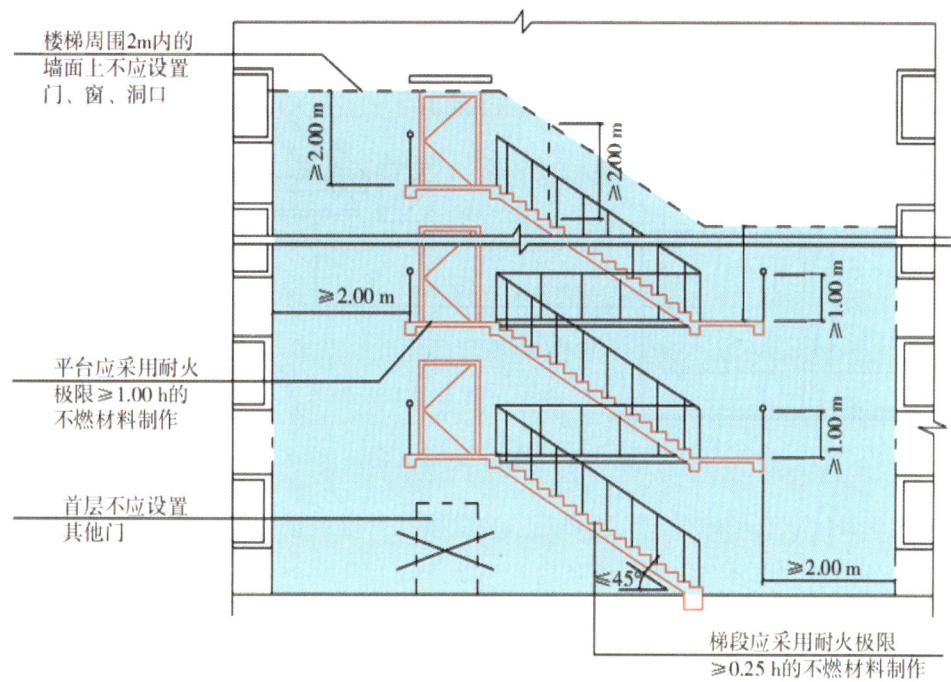

图 1-23 室外疏散楼梯的设置要求

5．疏散门的设置要求

建筑内的疏散门的设置（图 1-24）应符合下列规定：

（1）民用建筑和厂房的疏散门，应采用向疏散方向开启的平开门，不应采用推拉门、卷帘门、吊门、转门和折叠门。除甲、乙类生产车间外，人数不超过 60 人且每樘门的平均疏散人数不超过 30 人的房间，其疏散门的开启方向不限。

（2）仓库的疏散门应采用向疏散方向开启的平开门，但丙、丁、戊类仓库首层靠墙的外侧可用推拉门或卷帘门。

（3）开向疏散楼梯或疏散楼梯间的门，当其完全开启时，不应减少楼梯平台的有效宽度。

（4）人员密集场所内平时需要控制人员随意出入的疏散门和设置门禁系统的住宅、宿舍、公寓建筑的外门，应保证火灾时不需使用钥匙等任何工具即能从内部易于打开，并应在显著位置设置具有使用提示的标识。

公共建筑中一些疏散门，平时需要处于锁闭状态，但无论如何，均要考虑采取措施使疏散门能在火灾时从内部方便打开，且在打开后能自行关闭。

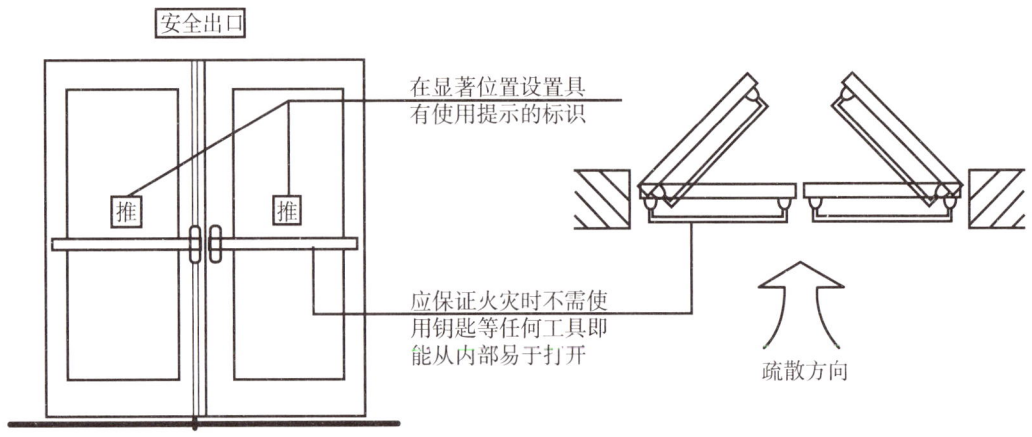

图 1-24　疏散门的设置要求

平时处于锁闭状态的疏散门，如酒店、办公楼在首层或楼层入口处设置的电子门禁、住宅楼首层的门禁，均要在火灾时能从内部手动开启（图 1-25）。

小区车辆入口安装的车闸也需要在火灾时能手动开启，确保消防车通道畅通。

图 1-25　门禁

（八）安全疏散相关案例

1. 住宅建筑的疏散

（1）安全出口的数量。

住宅建筑安全出口的设置应符合下列规定：

① 建筑高度不大于 27 m 的建筑，当每个单元任一层的建筑面积大于 650 m^2，或任一户门至最近安全出口的距离大于 15 m 时，每个单元每层的安全出口不应少于 2 个。

② 建筑高度大于 27 m、不大于 54 m 的建筑，当每个单元任一层的建筑面积大于

650 m², 或任一户门至最近安全出口的距离大于 10 m 时，每个单元每层的安全出口不应少于 2 个。

③建筑高度大于 54 m 的建筑，每个单元每层的安全出口不应少于 2 个。建筑高度大于 27 m，但不大于 54 m 的住宅建筑，每个单元设置一座疏散楼梯时，疏散楼梯应通至屋面，且单元之间的疏散楼梯应能通过屋面连通，户门应采用乙级防火门。当不能通至屋面或不能通过屋面连通时，应设置 2 个安全出口。

（2）疏散楼梯的形式。

住宅建筑的疏散楼梯设置应符合下列规定：

①建筑高度不大于 21 m 的住宅建筑可采用敞开楼梯间；与电梯井相邻布置的疏散楼梯应采用封闭楼梯间，当户门采用乙级防火门时，仍可采用敞开楼梯间。

②建筑高度大于 21 m、不大于 33 m 的住宅建筑应采用封闭楼梯间；当户门采用乙级防火门时，可采用敞开楼梯间。

③建筑高度大于 33 m 的住宅建筑应采用防烟楼梯间。同一楼层或单元的户门不宜直接开向前室，确有困难时，开向前室的户门不应大于 3 樘且应采用乙级防火门。

2. 工业建筑的安全疏散

（1）厂房安全疏散。

①安全出口数量。

厂房的安全出口应分散布置。每个防火分区或一个防火分区的每个楼层，其相邻 2 个安全出口最近边缘之间的水平距离不应小于 5 m。

厂房内每个防火分区或一个防火分区内的每个楼层，其安全出口的数量应经计算确定，且不应少于 2 个；当符合下列条件时，可设置 1 个安全出口：

a. 甲类厂房，每层建筑面积不大于 100 m²，且同一时间的作业人数不超过 5 人。

b. 乙类厂房，每层建筑面积不大于 150 m²，且同一时间的作业人数不超过 10 人。

c. 丙类厂房，每层建筑面积不大于 250 m²，且同一时间的作业人数不超过 20 人。

d. 丁、戊类厂房，每层建筑面积不大于 400 m²，且同一时间的作业人数不超过 30 人。

e. 地下或半地下厂房（包括地下或半地下室），每层建筑面积不大于 50 m²，且同一时间的作业人数不超过 15 人。

②疏散距离。

厂房内任一点至最近安全出口的直线距离不应大于表 1-14 的规定。

表 1-14　厂房内任一点至最近安全出口的直线距离（m）

生产的火灾危险性类别	耐火等级	单层厂房	多层厂房	高层厂房	地下或半地下厂房（包括地下或半地下室）
甲	一、二级	30	25	—	—
乙	一、二级	75	50	30	—
丙	一、二级	80	60	40	30
丙	三级	60	40	—	—
丁	一、二级	不限	不限	50	45
丁	三级	60	50	—	—
丁	四级	50	—	—	—
戊	一、二级	不限	不限	75	60
戊	三级	100	75	—	—
戊	四级	60	—	—	—

注：本条规定的疏散距离均为直线距离，即室内最远点至最近安全出口的直线距离，未考虑因布置设备而产生的阻挡，但有通道连接或墙体遮挡时，要按其中的折线距离计算。

③楼梯间形式。

高层厂房和甲、乙、丙类多层厂房的疏散楼梯应采用封闭楼梯间或室外楼梯。建筑高度大于32 m且任一层人数超过10人的厂房，应采用防烟楼梯间或室外楼梯。

（2）仓库安全疏散。

仓库的安全出口应分散布置。每个防火分区或一个防火分区的每个楼层，其相邻2个安全出口最近边缘之间的水平距离不应小于5 m。

每座仓库的安全出口不应少于2个，当一座仓库的占地面积不大于300 m² 时，可设置1个安全出口。

仓库内每个防火分区通向疏散走道、楼梯或室外的出口不宜少于2个，当防火分区的建筑面积不大于100 m² 时，可设置1个出口。通向疏散走道或楼梯间的门应为乙级防火门。

高层仓库的疏散楼梯应采用封闭楼梯间。

除一、二级耐火等级的多层戊类仓库外，其他仓库内供垂直运输物品的提升设施宜设置在仓库外，确需设置在仓库内时，应设置在井壁的耐火极限不低于2.00 h的井筒内。室内外提升设施通向仓库的入口应设置乙级防火门或符合规定的防火卷帘。

为避免因电梯门的破坏而导致火灾蔓延扩大，电梯井筒防火分隔处的洞口应采用乙级防火门或其他防火分隔物。

第二章　消防给水及消火栓系统

建筑消火栓给水系统是指为建筑消防服务的，以消火栓为给水点、以水为主要灭火剂的消防给水系统。它由消防给水系统和消火栓系统两部分组成。

第一节　消防给水系统的组成

消防给水系统按管网压力可以分为高压消防给水系统、临时高压消防给水系统、低压消防给水系统。高压消防给水系统为能始终保持满足水灭火设施所需的工作压力和流量，火灾时无须启动消防水泵直接加压的供水系统。临时高压消防给水系统为平时不能满足水灭火设施所需的工作压力和流量，火灾时能自动启动消防水泵以满足水灭火设施所需的工作压力和流量的供水系统。低压消防给水系统为能满足车载或手抬移动消防水泵等取水所需的工作压力和流量的供水系统。

消防给水系统主要包括消防水源、高位消防水箱、消防水泵、稳压泵、水泵接合器和消防给水管道及阀门等设施。

一、消防水源

消防水源是向水灭火设施、车载或手抬等移动消防水泵、固定消防水泵等提供消防用水的水源，包括市政给水、消防水池（高位消防水池）和天然水源等。消防水源应符合下列规定：市政给水、消防水池、天然水源等可作为消防水源，并宜采用市政给水；雨水清水池、中水清水池、水景和游泳池可作为备用消防水源。严寒、寒冷等冬季结冰地区的消防水池、水塔和高位消防水池等应采取防冻措施。雨水清水池、中水清水池、水景和游泳池必须作为消防水源时，应有保证在任何情况下均能满足消防给水系统所需的水量和水质的技术措施。

（一）市政给水

（1）当市政给水管网连续供水时，消防给水系统可采用市政给水管网直接供水。

（2）用作两路消防供水的市政给水管网（图2-1）应符合下列要求：

① 市政给水厂应至少两条输水干管向市政给水管网输水。

② 市政给水管网应为环状管网。

③ 应至少有两条不同的市政给水干管上不少于两条引入管向消防给水系统供水。

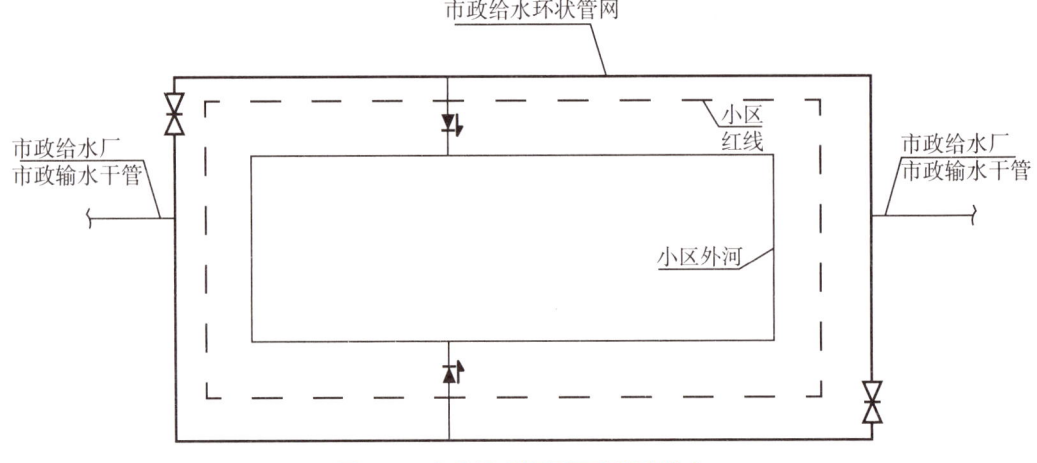

图2-1 市政给水管网两路消防供水

（二）消防水池（高位消防水池）

（1）符合下列规定之一时，应设置消防水池：

① 当生产、生活用水量达到最大时，市政给水管网或入户引入管不能满足室内、室外消防给水设计流量。

② 当采用一路消防供水或只有一条入户引入管，且室外消火栓设计流量大于20 L/s或建筑高度大于50 m时。

③ 市政消防给水设计流量小于建筑室内外消防给水设计流量。

（2）消防水池有效容积的计算应符合下列规定：

① 当市政给水管网能保证室外消防给水设计流量时，消防水池的有效容积应满足在火灾延续时间内室内消防用水量的要求。

② 当市政给水管网不能保证室外消防给水设计流量时，消防水池的有效容积应满足

火灾延续时间内室内消防用水量和室外消防用水量不足部分之和的要求。

（3）消防水池的给水管应根据其有效容积和补水时间确定，补水时间不宜大于48 h，但当消防水池有效总容积大于2 000 m³时，不应大于96 h。消防水池进水管管径应计算确定，且不应小于DN100。

（4）当消防水池采用两路消防供水且在火灾情况下连续补水能满足消防要求时，消防水池的有效容积应根据计算确定，但不应小于100 m³，当仅设有消火栓系统时不应小于50 m³。

（5）火灾时消防水池连续补水应符合下列规定：

① 消防水池应采用两路消防给水。

② 给水管的平均流速不宜大于1.5 m/s。

（6）消防水池的总蓄水有效容积大于500 m³时，宜设两个能独立使用的消防水池；当大于1 000 m³时，应设置能独立使用的两座消防水池。每个（或座）消防水池应设置独立的出水管，并应设置满足最低有效水位的连通管，且其管径应能满足消防给水设计流量的要求。

（7）储存室外消防用水的消防水池或供消防车取水的消防水池，应符合下列规定：

① 消防水池应设置取水口（井），且吸水高度不应大于6.0 m。

② 取水口（井）与建筑物（水泵房除外）的距离不宜小于15 m。

③ 取水口（井）与甲、乙、丙类液体储罐等构筑物的距离不宜小于40 m。

④ 取水口（井）与液化石油气储罐的距离不宜小于60 m，当采取防止辐射热保护措施时，可为40 m。

（8）消防用水与其他用水共用的水池，应采取确保消防用水量不作他用的技术措施（图2-2）。

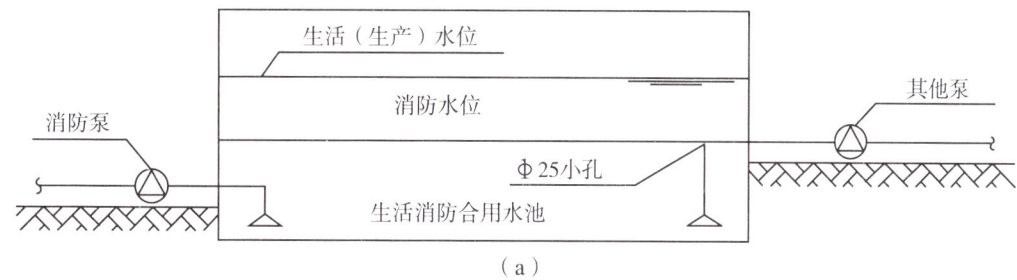

（a）

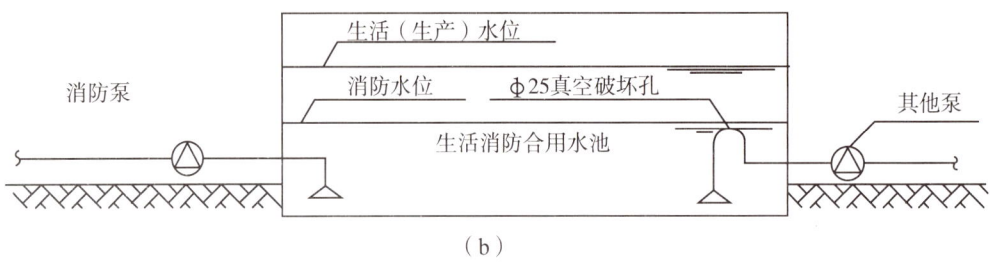

（b）

图 2-2 消防用水不作他用的措施

（9）消防水池的出水、排水和水位应符合下列规定：

① 消防水池的出水管应保证消防水池的有效容积能被全部利用。

② 消防水池应设置就地水位显示装置，并应在消防控制中心或值班室等地点设置显示消防水池水位的装置，同时应有最高和最低报警水位。

③ 消防水池应设置溢流水管和排水设施，并应采用间接排水。

（10）消防水池的通气管和呼吸管等应符合下列规定：

① 消防水池应设置通气管。

② 消防水池通气管、呼吸管和溢流水管等应采取防止虫、鼠等进入消防水池的技术措施。

（11）高位消防水池的最低有效水位应能满足其所服务的水灭火设施所需的工作压力和流量，且其有效容积应满足火灾延续时间内所需消防用水量，并应符合下列规定：

① 高位消防水池的有效容积、出水、排水和水位，应符合规定。

② 高位消防水池的通气管和呼吸管等应按要求设置。

③ 除可一路消防供水的建筑物外，向高位消防水池供水的给水管不应少于两条。

④ 当高层民用建筑采用高位消防水池供水的高压消防给水系统时，高位消防水池储存室内消防用水量确有困难，但火灾时补水可靠，其总有效容积不应小于室内消防用水量的50%。

⑤ 高层民用建筑高压消防给水系统的高位消防水池总有效容积大于200 m³时，宜设置蓄水有效容积相等且可独立使用的两格；当建筑高度大于100 m时应设置独立的两座。每格或座应有一条独立的出水管向消防给水系统供水；

⑥ 高位消防水池设置在建筑物内时，应采用耐火极限不低于2.00 h的隔墙和1.50 h的楼板与其他部位隔开，并应设甲级防火门；消防水池及其支撑框架与建筑构件应连接牢固。

二、高位消防水箱

高位消防水箱（图2-3）用于临时高压消防给水系统时，高位消防水箱的设置应符合下列规定：高层民用建筑、总建筑面积大于10 000 m²且层数超过2层的公共建筑和其他重要建筑，必须设置高位消防水箱；其他建筑应设置高位消防水箱，但当设置高位消防水箱确有困难，且采用安全可靠的消防给水形式时，可不设高位消防水箱，但应设稳压泵；当市政供水管网的供水能力在满足生产、生活最大小时用水量后，仍能满足初期火灾所需的消防流量和压力时，市政直接供水可替代高位消防水箱。

图2-3 高位消防水箱

（一）高位消防水箱的有效容积

高位消防水箱的有效容积应满足初期火灾消防用水量的要求（表2-1），并应符合下列规定：

（1）一类高层公共建筑，不应小于36 m³，但当建筑高度大于100 m时，不应小于50 m³，当建筑高度大于150 m时，不应小于100 m³。

（2）多层公共建筑、二类高层公共建筑和一类高层住宅，不应小于18 m³，当一类高层住宅建筑高度超过100 m时，不应小于36 m³。

（3）二类高层住宅，不应小于12 m³。

（4）建筑高度大于21 m的多层住宅，不应小于6 m³。

（5）工业建筑室内消防给水设计流量小于或等于25 L/s时，不应小于12 m³，大于25L/s时，不应小于18 m³。

（6）总建筑面积大于10 000 m²且小于30 000 m²的商店建筑，不应小于36 m³，总建筑面积大于30 000 m²的商店，不应小于50 m³。

表2-1 高位消防水箱有效容积要求

序号	建筑性质	建筑高度（m）	有效容积（m²）
1	一类高层公共建筑	—	>36
		>100	>50
		>150	≥100
2	多层公共建筑、二类高层公共建筑、一类高层住宅	—	≥18
		>100	≥36
3	二类高层住宅	—	≥12
4	多层住宅	>21	≥6
5	工业建筑（室内消防给水设计流量≤25 L/s）		≥12
	工业建筑（室内消防给水设计流量＞25 1./s）		≥18
6	商店建筑（总建筑面积＞10 000 m²且＜30 000 m²）	—	≥36
	商店建筑（总建筑面积＞30 000 m²）	—	≥50

注：1. 当第6项规定与第1项不一致时，应取其较大值。

2. 高位水箱容积指屋顶水箱，不含转输水箱兼高位水箱。

（二）高位消防水箱的设置

高位消防水箱的设置应高于其所服务的水灭火设施，且最低有效水位应满足水灭火设施最不利点处的静水压力，并应按下列规定确定：

（1）一类高层公共建筑，不应低于0.10 MPa，但当建筑高度超过100 m时，不应低于0.15 MPa。

（2）高层住宅、二类高层公共建筑、多层公共建筑，不应低于0.07 MPa，多层住宅不宜低于0.07 MPa。

（3）工业建筑不应低于0.10 MPa，当建筑体积小于20 000 m³时，不宜低于0.07 MPa。

（4）自动喷水灭火系统等自动喷水灭火系统应根据喷头灭火需求压力确定，但最小不应小于 0.10 MPa。

（5）当高位消防水箱不能满足以上的静压要求时，应设稳压泵。

三、消防水泵

消防水泵通过叶轮的旋转将能量传递给水，从而增加水的动能、压力能，并将其输送到灭火设备处，以满足各种灭火设备的水量、水压要求。它是消防给水系统的心脏。目前，消防给水系统中用的水泵多为离心泵，因为该类水泵具有适应范围广、型号多、供水连续、可随意调节流量等优点。这里的消防水泵主要是指水灭火系统中的消防给水泵，如消火栓泵、喷淋泵、消防转输泵等。

消防水泵的设置要求如下：

在临时高压消防给水系统、高压消防给水系统中均需设置消防水泵。在串联消防给水系统和重力消防给水系统中，除需设置消防水泵外，还需设置消防转输泵，用于提升水源至中间水箱或消防高位水箱。消火栓给水系统与自动喷水灭火系统宜分别设置消防水泵，当与消火栓系统合用消防水泵时，系统管道应在报警阀前分开。设置消防水泵和消防转输泵时均应设置备用泵，其性能应与工作泵性能一致。自动喷水灭火系统可按"用一备一"或"用二备一"的比例设置备用泵。《消防给水及消火栓系统技术规范》（GB 50974—2014）规定，下列情况下可不设置备用泵：建筑高度小于 54 m 的住宅和室外消防给水设计流量小于等于 25 L/s 的建筑；室内消防给水设计流量小于等于 10 L/s 的建筑。

四、稳压泵

稳压泵是在消防给水系统中用于稳定平时最不利点水压的给水泵。通常选用小流量、高扬程的水泵。稳压泵也应设置备用泵，通常可按"用一备一"原则选用，宜采用单吸单级或单吸多级离心泵，泵外壳和叶轮等主要部件的材质宜采用不锈钢。

（一）稳压泵流量的确定

稳压泵的设计流量不应小于消防给水系统管网的正常泄漏量和系统自动启动流量。当没有管网泄漏量数据时，稳压泵的设计流量宜按消防给水设计流量的 1%～3% 计，且不宜小于 1 L/s。

（二）稳压泵设计压力的确定

稳压泵的设计压力应符合下列要求：

（1）稳压泵的设计压力应满足系统自动启动和管网充满水的要求。

（2）稳压泵的设计压力应保持系统自动启泵压力设置点处的压力在准工作状态时大于系统设置自动启泵压力值，且增加值宜为 0.07～0.10 MPa。

（3）稳压泵的设计压力应保持系统最不利点处水灭火设施在准工作状态时的静水压力应大于 0.15 MPa。

（4）设置稳压泵的临时高压消防给水系统应设置防止稳压泵频繁启停的技术措施，当采用气压水罐时，其调节容积应根据稳压泵启泵次数不大于 15 次/h 计算确定，但有效储水容积不宜小于 150 L。

（5）稳压泵吸水管应设置明杆闸阀，稳压泵出水管应设置消声止回阀和明杆闸阀。

五、水泵接合器

消防水泵接合器（图 2-4）是供消防车向消防给水管网输送消防用水的预留接口。它既可用于补充消防水量，也可用于提高消防给水管网的水压。

在发生火灾的情况下，当建筑物内的消防水泵发生故障或室内消防用水不足时，消防车从室外取水，通过水泵接合器将水送到室内消防给水管网，供灭火使用。

（a）多用式消防水泵接合器　（b）墙壁式水泵接合器

（c）地上式水泵接合器　（d）地下式水泵接合器

图 2-4　水泵接合器

（一）设置范围

下列场所的室内消火栓给水系统应设置消防水泵接合器：

（1）高层民用建筑。

（2）设有消防给水的住宅、超过五层的其他多层民用建筑。

（3）超过2层或建筑面积大于10 000 m^{2}的地下或半地下建筑（室）、室内消火栓设计流量大于10L/s平战结合的人防工程。

（4）高层工业建筑和超过四层的多层工业建筑。

（5）城市交通隧道。

（6）自动喷水灭火系统、水喷雾灭火系统、泡沫灭火系统和固定消防炮灭火系统等水灭火系统，均应设置消防水泵接合器。

（二）设置要求

消防水泵接合器的给水流量宜按每个10～15 L/s计算。每种水灭火系统的消防水泵接合器设置的数量应按系统设计流量经计算确定，但当计算数量超过3个时，可根据供水可靠性适当减少。

临时高压消防给水系统向多栋建筑供水时，消防水泵接合器应在每座建筑附近就近设置。消防水泵接合器的供水范围，应根据当地消防车的供水流量和压力确定。

消防给水为竖向分区供水时，在消防车供水压力范围内的分区，应分别设置水泵接合器；当建筑高度超过消防车供水高度时，消防给水应在设备层等方便操作的地点设置手抬泵或移动泵接力供水的吸水口和加压接口。

水泵接合器应设在室外便于消防车使用的地点，且距室外消火栓或消防水池的距离不宜小于15 m，并不宜大于40 m。墙壁消防水泵接合器的安装高度距地面宜为0.70 m；与墙面上的门、窗、孔、洞的净距离不应小于2.0 m，且不应安装在玻璃幕墙下方；地下消防水泵接合器的安装，应使进水口与井盖底面的距离不大于0.4 m，且不应小于井盖的半径（图2-5）。

水泵接合器处应设置永久性标志铭牌，并应标明供水系统、供水范围和额定压力。

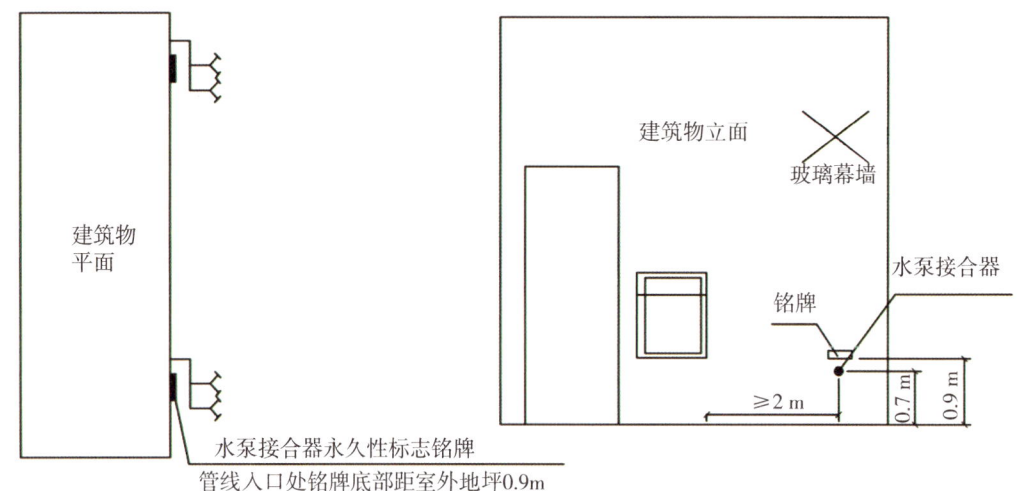

图 2-5　水泵接合器的设置要求

六、消防给水管道及阀门

（一）室外消防给水管道

室外消防给水采用两路消防供水时应采用环状管网，但当采用一路消防供水时可采用枝状管网；向室外、室内环状消防给水管网供水的输水干管不应少于两条，当其中一条发生故障时，其余的输水干管应仍能满足消防给水设计流量。管道的直径应根据流量、流速和压力要求经计算确定，但不应小于DN100。

（二）室内消防给水管道

室内消火栓系统管网应布置成环状，当室外消火栓设计流量不大于 20 L/s，且室内消火栓不超过 10 个时，除下列情形外，可布置成枝状：

（1）向两栋或两座及以上建筑供水时。

（2）向两种及以上水灭火系统供水时。

（3）采用设有高位消防水箱的临时高压消防给水系统时。

（4）向两个及以上报警阀控制的自动喷水灭火系统供水时。

当由室外生产生活消防合用系统直接供水时，合用系统除应满足室外消防给水设计流量以及生产和生活最大小时设计流量的要求外，还应满足室内消防给水系统的设计流量和压力要求；室内消防管道管径应根据系统设计流量、流速和压力要求经计算确定；室内消火栓竖管管径应根据竖管最低流量经计算确定，但不应小于 DN100。

室内消火栓给水管网宜与自动喷水等其他水灭火系统的管网分开设置；当合用消防泵时，供水管路沿水流方向应在报警阀前分开设置。

（三）阀门

消防给水系统的阀门选择应符合下列规定：

（1）埋地管道的阀门宜采用带启闭刻度的暗杆闸阀，当设置在阀门井内时可采用耐腐蚀的明杆闸阀。

（2）室内架空管道的阀门宜采用蝶阀、明杆闸阀或带启闭刻度的暗杆闸阀等。

（3）室外架空管道宜采用带启闭刻度的暗杆闸阀或耐腐蚀的明杆闸阀。

（4）埋地管道的阀门应采用球墨铸铁阀门，室内架空管道的阀门应采用球墨铸铁或不锈钢阀门，室外架空管道的阀门应采用球墨铸铁阀门或不锈钢阀门。

（5）消防给水系统管道的最高点处宜设置自动排气阀。

（6）消防水泵出水管上的止回阀宜采用水锤消除止回阀，当消防水泵供水高度超过 24 m 时，应采用水锤消除器。当消防水泵出水管上设有囊式气压水罐时，可不设水锤消除设施。

（7）消防给水系统的室内外消火栓、阀门等设置位置，应设置永久性固定标识。

第二节　消火栓系统

市政消火栓和建筑室外消火栓应采用湿式消火栓系统。

室内环境温度不低于 4 ℃，且不高于 70 ℃ 的场所，应采用湿式室内消火栓系统。

室内环境温度低于 4 ℃ 或高于 70 ℃ 的场所，宜采用干式消火栓系统。

建筑高度不大于 27 m 的多层住宅建筑设置室内湿式消火栓系统确有困难时，可设置干式消防竖管。

严寒、寒冷等冬季结冰地区城市隧道及其他构筑物的消火栓系统，应采取防冻措施，并宜采用干式消火栓系统和干式室外消火栓。

一、市政消火栓

市政消火栓宜采用地上式室外消火栓；在严寒、寒冷等冬季结冰地区宜采用干式地上式室外消火栓，严寒地区宜增置消防水鹤。当采用地下式室外消火栓，地下消火栓井的直径不宜小于 1.5 m，且当地下式室外消火栓的取水口在冰冻线以上时，应采取保温措施。

市政消火栓宜采用直径 DN150 的室外消火栓，室外地上式消火栓应有一个直径为 150 mm 或 100 mm 和两个直径为 65 mm 的栓口，室外地下式消火栓应有直径为 100 mm 和 65 mm 的栓口各一个。

市政消火栓宜在道路的一侧设置，并宜靠近十字路口，但当市政道路宽度超过 60 m 时，应在道路的两侧交叉错落设置市政消火栓。

市政桥桥头和城市交通隧道出入口等市政公用设施处，应设置市政消火栓。

市政消火栓的保护半径不应超过 150 m，间距不应大于 120 m。

市政消火栓应布置在消防车易于接近的人行道和绿地等地点，且不应妨碍交通，并应符合下列规定：

（1）市政消火栓距路边不宜小于 0.5 m，并不应大于 2.0 m。

（2）市政消火栓距建筑外墙或外墙边缘不宜小于 5.0 m。

（3）市政消火栓应避免设置在机械易撞击的地点，确有困难时，应采取防撞措施。

当市政给水管网设有市政消火栓时，其平时运行工作压力不应小于 0.14 MPa，火灾时水力最不利市政消火栓的出流量不应小于 15 L/s，且供水压力从地面算起不应小于 0.10 MPa。

严寒地区在城市主要干道上设置消防水鹤的布置间距宜为 1 000 m，连接消防水鹤的市政给水管的管径不宜小于 DN200。火灾时消防水鹤的出流量不宜低于 30 L/s，且供水压力从地面算起不应小于 0.10 MPa。

地下式市政消火栓应有明显的永久性标志。

二、室外消火栓

室外消火栓系统是设置在建筑外的供水设施，主要供消防车取水，经增压后向建筑内的供水管网供水或实施灭火，也可以直接连接水带、水枪出水灭火。室外消火栓系统主要由市政供水管网或室外消防给水管网、消防水池、消防水泵和室外消火栓组成。按安装形式不同可分为地上式和地下式两种（图 2-6）。地上消火栓适用于温度较高的地方，地下消火栓适用于寒冷地区。

（a）地上式室外消火栓　　　　（b）地下式室外消火栓

图2-6　室外消火栓

（一）室外消火栓设置范围

（1）在城市、居住区、工厂、仓库等的规划和建筑设计时，必须同时设计消防给水系统，城市、居住区应设市政消火栓。

（2）民用建筑、厂房（仓库）、储罐（区）、堆场应设室外消火栓。

（3）耐火等级不低于二级，且建筑物体积小于等于3 000 m³的戊类厂房或居住区人数不超过500人且建筑物层数不超过两层的居住区，可不设置室外消防给水。

（二）室外消火栓设置要求

（1）室外消火栓应沿道路设置，当道路宽度大于60 m时，宜在道路两边设置消火栓，并宜靠近十字路口。

（2）甲、乙、丙类液体储罐区和液化石油气储罐区的消火栓应设置在防火堤或防护墙外，距罐壁15 m范围内的消火栓，不应计算在该罐可使用的数量内。

（3）室外消火栓的间距不应大于120 m。

（4）室外消火栓的保护半径不应大于150 m，在市政消火栓保护半径150 m以内，当室外消防用水量小于等于15 L/s时，可不设置室外消火栓。

（5）室外消火栓的数量应按其保护半径和室外消防用水量等综合计算确定，每个室外消火栓的用水量应按 10 ～ 15L/s 计算，与保护对象的距离在 5 ～ 40 m 范围内的市政消火栓，可计入室外消火栓的数量内。

（6）室外消火栓宜采用地上式消火栓。地上式消火栓应有 1 个 DN150 或 DN100 和 2 个 DN65 的栓口。采用室外地下式消火栓时，应有 DN100 和 DN65 的栓口各 1 个。寒冷地区设置的室外消火栓应有防冻措施。

（7）消火栓距路边不应大于 2 m，距房屋外墙不宜小于 5 m。

（8）工艺装置区内的消火栓应设置在工艺装置的周围，其间距不宜大于 60 m，当工艺装置区宽度大于 120 m 时，宜在该装置区内的道路边设置消火栓。

（9）室外消火栓宜沿建筑周围均匀布置，且不宜集中布置在建筑一侧；建筑消防扑救面一侧的室外消火栓数量不宜少于 2 个。

（10）人防工程、地下工程等建筑应在出入口附近设置室外消火栓，且距出入口的距离不宜小于 5 m，并不宜大于 40 m。

（11）停车场的室外消火栓宜沿停车场周边设置，且与最近一排汽车的距离不宜小于 7 m，距加油站或油库不宜小于 15 m。

（12）建筑的室外消火栓、阀门、消防水泵接合器等设置地点应设置相应的永久性固定标识。

（13）寒冷地区设置市政消火栓、室外消火栓确有困难的，可设置水鹤等为消防车加水的设施，其保护范围可根据需要确定。

三、室内消火栓

室内消火栓是扑救建筑内火灾的主要设施，是使用最普遍的消防设施之一，在消防灭火的使用中因性能可靠、成本低廉而被广泛采用（图 2-7）。

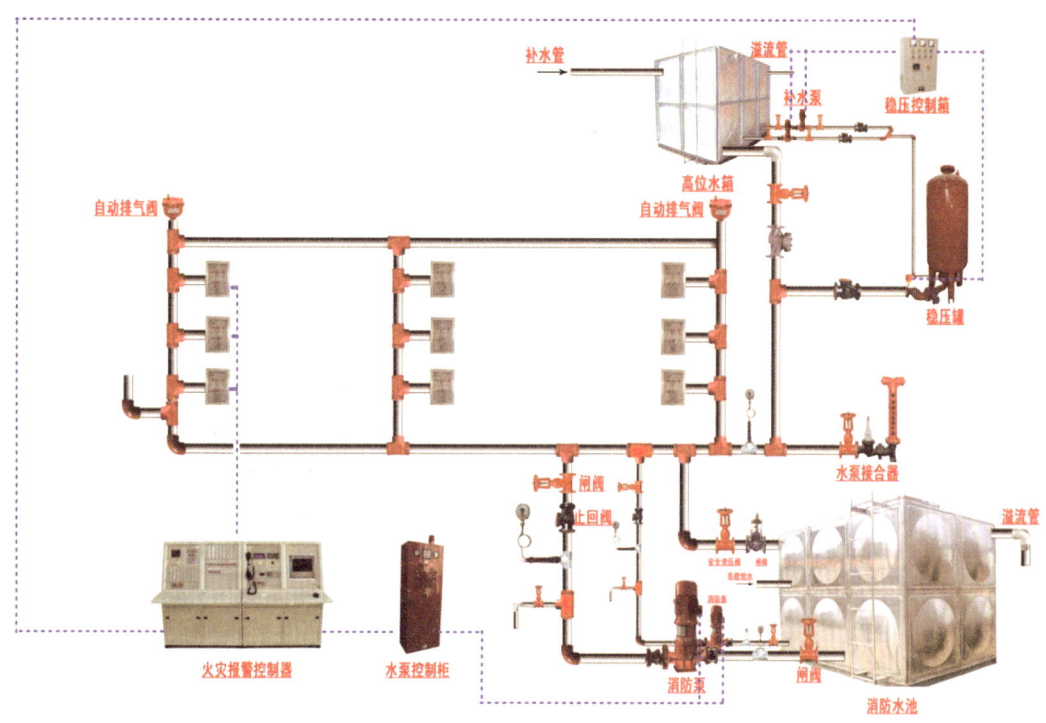

图 2-7 室内消火栓给水系统实物示意图

（一）室内消火栓组成

室内消火栓通常安装在消火栓箱内，与消防水带和水枪等器材配套使用。

1. 消火栓箱

消火栓箱按安装方式可分为明装式、暗装式、半暗装式；按箱门形式可分为左开门式、右开门式、双开门式、前后开门式；按箱门材料可分为全钢型、钢框镶玻璃型、铝合金框镶玻璃型、其他材料型。消火栓箱设置应符合下列规定：

（1）栓口出水方向宜向下或与设置消火栓的墙面成 90° 角，栓口不应安装在门轴侧。

（2）如设计未要求，栓口中心距地面应为 1.1 m，但每栋建筑物应一致，允许偏差 ±20 mm。

（3）阀门的设置位置应便于操作使用，阀门的中心距箱侧面为 140 mm，距箱后内表面为 100 mm，允许偏差 ±5 mm。

（4）室内消火栓箱的安装应平正、牢固，暗装的消火栓箱不能破坏隔墙的耐火等级。

（5）消火栓箱体安装的垂直度允许偏差为 ±3 mm。

（6）消火栓箱门的开启不应小于160°。

（7）不论消火栓箱的安装形式如何（明装、暗装、半暗装），不能影响疏散宽度。

2. 消防水带

（1）消防水带按安置方式可分为卷盘式、挂置式、托架式、卷置式（图2-8）。

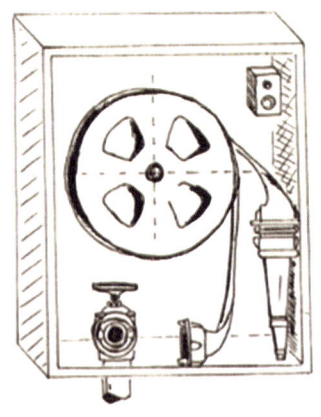

（a）卷盘式消火栓箱

（b）挂置式消火栓箱

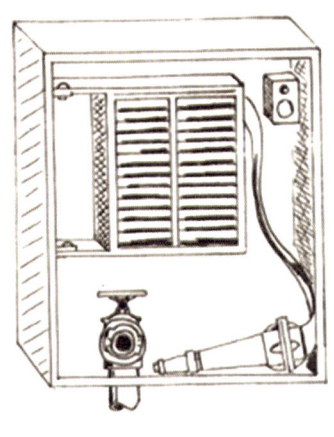

（c）托架式消火栓箱

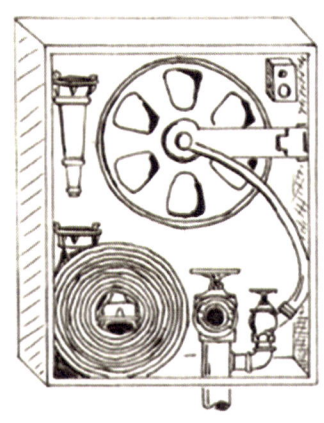

（d）卷置式消火栓箱

图2-8 消火栓箱

（2）消防水带按衬里材料可分为橡胶衬里消防水带［图2-9（a）］、乳胶衬里消防水带、聚氨酯（TPU）衬里消防水带［图2-9（b）］、PVC衬里消防水带、消防软管。

（a）橡胶衬里消防水带　　　（b）聚氨酯衬里消防水带

图 2-9　消防水带按衬里分类

（3）消防水带按结构可分为单层编织消防水带、双层编织消防水带、内外涂层消防水带（图 2-10）。

（a）单层编织消防水带　　（b）双层编织消防水带　　（c）内外涂层消防水带

图 2-10　消防水带的结构分类

（4）消防水带按编织层编织方式可分为平纹消防水带、斜纹消防水带。

3. 消防水枪

消防水枪（图 2-11）按照喷水方式可分为直流水枪、喷雾水枪和多用途水枪。

（a）　　　　　　　（b）　　　　　　　（c）

图 2-11　消防水枪分类

（二）室内消火栓系统设置场所

下列建筑或场所应设置室内消火栓系统：

（1）建筑占地面积大于 300 m² 的厂房和仓库。

（2）高层公共建筑和建筑高度大于 21 m 的住宅建筑。

注：建筑高度不大于 27 m 的住宅建筑，设置室内消火栓系统确有困难时，可只设置干式消防竖管和不带消火栓箱的 DN65 的室内消火栓。

（3）体积大于 5 000 m³ 的车站、码头、机场的候车（船、机）建筑、展览建筑、商店建筑、旅馆建筑、医疗建筑、老年人照料设施和图书馆建筑等单、多层建筑。

（4）特等、甲等剧场，超过 800 个座位的其他等级的剧场和电影院等以及超过 1 200 个座位的礼堂、体育馆等单、多层建筑。

（5）建筑高度大于 15 m 或体积大于 10 000 m³ 的办公建筑、教学建筑和其他单、多层民用建筑。

（6）下列建筑或场所，可不设置室内消火栓系统，但宜设置消防软管卷盘或轻便消防水龙：

① 耐火等级为一、二级且可燃物较少的单、多层丁、戊类厂房（仓库）。

② 耐火等级为三、四级且建筑体积不大于 3 000 m³ 的丁类厂房；耐火等级为三、四级且建筑体积不大于 5 000 m³ 的戊类厂房（仓库）。

③ 粮食仓库、金库、远离城镇且无人值班的独立建筑。

④ 存有与水接触能引起燃烧爆炸的物品的建筑。

⑤ 室内无生产、生活给水管道，室外消防用水取自储水池且建筑体积不大于 5 000 m³ 的其他建筑。

（7）国家级文物保护单位的重点砖木或木结构的古建筑，宜设置室内消火栓系统。

（8）人员密集的公共建筑、建筑高度大于 100 m 的建筑和建筑面积大 200 m² 的商业服务网点内应设置消防软管卷盘或轻便消防水龙。高层住宅建筑的户内宜配置轻便消防水龙。

（9）老年人照料设施内应设置与室内供水系统直接连接的消防软管卷盘，消防软管卷盘的设置间距不应大于 30.0 m。

（三）室内消火栓的设置要求

室内消火栓的配置应符合下列要求：

（1）应采用 DN65 室内消火栓，并可与消防软管卷盘或轻便水龙设置在同一箱体内。

（2）应配置公称直径 65 有内衬里的消防水带，长度不宜超过 25.0 m；消防软管卷盘应配置内径不小于 Φ19 的消防软管，其长度宜为 30.0 m；轻便水龙应配置公称直径 25 有内衬里的消防水带，长度宜为 30.0 m。

（3）宜配置当量喷嘴直径 16 mm 或 19 mm 的消防水枪，但当消火栓设计流量为 2.5 L/s 时宜配置当量喷嘴直径 11 mm 或 13 mm 的消防水枪；消防软管卷盘和轻便水龙应配置当量喷嘴直径 6 mm 的消防水枪。

设置室内消火栓的建筑，包括设备层在内的各层均应设置消火栓。屋顶设有直升机停机坪的建筑，应在停机坪出入口处或非电器设备机房处设置消火栓，且距停机坪机位边缘的距离不应小于 5.0 m。消防电梯前室应设置室内消火栓，并应计入消火栓使用数量。

室内消火栓的布置应满足同一平面有 2 支消防水枪的 2 股充实水柱同时达到任何部位的要求，但建筑高度小于或等于 24.0 m 且体积小于或等于 5 000 m³ 的多层仓库、建筑高度小于或等于 54 m 且每单元设置一部疏散楼梯的住宅，以及《消防给水及消火栓系统技术规范》（GB 50974—2014）中规定可采用 1 支消防水枪的场所，可采用 1 支消防水枪的 1 股充实水柱到达室内任何部位。

建筑室内消火栓栓口的安装高度应便于消防水龙带的连接和使用，其距地面高度宜为 1.1 m；其出水方向应便于消防水带的敷设，并宜与设置消火栓的墙面成 90° 角或向下。

室内消火栓宜按直线距离计算其布置间距，并应符合下列规定：

（1）消火栓按 2 支消防水枪的 2 股充实水柱布置的建筑物，消火栓的布置间距不应大于 30.0 m。

（2）消火栓按 1 支消防水枪的 1 股充实水柱布置的建筑物，消火栓的布置间距不应大于 50.0 m。

室内消火栓栓口压力和消防水枪充实水柱，应符合下列规定：

（1）消火栓栓口动压不应大于 0.50 MPa，当大于 0.70 MPa 时必须设置减压装置。

（2）高层建筑、厂房、库房和室内净空高度超过 8 m 的民用建筑等场所，消火栓栓口动压不应小于 0.35 MPa，且消防水枪充实水柱应按 13 m 计算；其他场所，消火栓栓口动压不应小于 0.25 MPa，且消防水枪充实水柱应按 10 m 计算。

第三节 消防给水系统的控制与操作

一、消防水泵控制柜的设置要求

消防水泵控制柜应设置在消防水泵房或专用消防水泵控制室内,并应符合下列要求:

(1)消防水泵控制柜在平时应使消防水泵处于自动启泵状态。

(2)当自动喷水灭火系统为开式系统,且设置自动启动确有困难时,经论证后消防水泵可设置在手动启动状态,并应确保24 h有人工值班。

(3)消防水泵控制柜设置在专用消防水泵控制室时,其防护等级不应低于IP30;与消防水泵设置在同一空间时,其防护等级不应低于IP55。

(4)消防水泵控制柜应采取防止被水淹没的措施。在高温潮湿环境下,消防水泵控制柜内应设置自动防潮除湿的装置。

(5)消防水泵控制柜应设置机械应急启泵功能,并应保证在控制柜内的控制线路发生故障时由有管理权限的人员在紧急时启动消防水泵。机械应急启动时,应确保消防水泵在报警5.0 min内正常工作。

(6)消防水泵控制柜前面板的明显部位应设置紧急时打开柜门的装置。

(7)消防水泵控制柜应有显示消防水泵工作状态和故障状态的输出端子及远程控制消防水泵启动的输入端子。控制柜应具有自动巡检可调、显示巡检状态和信号等功能,且对话界面应有汉语语言,图标应便于识别和操作。

二、消防水泵的启动

消防水泵应能手动启停和自动启动,且应确保从接到启泵信号到水泵正常运转的自动启动时间不应大于2 min。消防水泵不应设置自动停泵的控制功能,停泵应由具有管理权限的工作人员根据火灾扑救情况确定。

消防水泵应由消防水泵出水干管上设置的压力开关、高位消防水箱出水管上的流量开关,或报警阀压力开关等开关信号直接自动启动。消防水泵房内的压力开关宜引入消防水泵控制柜内。

消火栓按钮不宜作为直接启动消防水泵的开关，但可作为发出报警信号的开关或启动干式消火栓系统的快速启闭装置等。

稳压泵应由消防给水管网或气压水罐上设置的稳压泵自动启停泵压力开关或压力变送器控制。

消防水泵、稳压泵应设置就地强制启停泵按钮，并应有保护装置。

当消防给水分区供水采用转输消防水泵时，转输泵宜在消防水泵启动后再启动；当消防给水分区供水采用串联消防水泵时，上区消防水泵宜在下区消防水泵启动后再启动。

三、消防控制室或值班室的控制和显示功能

消防控制柜或控制盘应设置专用线路连接的手动直接启泵按钮；消防控制柜或控制盘应能显示消防水泵和稳压泵的运行状态；消防控制柜或控制盘应能显示消防水池、高位消防水箱等水源的高水位、低水位报警信号，以及正常水位。

第四节　消防水泵房

消防水泵是消防给水系统的心脏。在火灾延续时间内，人员和水泵机组都需要坚持工作。因此，消防水泵房应符合下列规定：

（1）独立建造的消防水泵房耐火等级不应低于二级。

（2）附设在建筑物内的消防水泵房，应采用耐火极限不低于2.0 h的隔墙和1.50 h的楼板与其他部位隔开，其疏散门应直通安全出口，且开向疏散走道的门应采用甲级防火门；不应设置在地下三层及以下，或室内地面与室外出入口地坪高差大于10 m的地下楼层；通风宜按6次/h设计。

（3）消防水泵房应设置排水设施并应采取防水淹没的技术措施。

（4）消防水泵房应至少有一个可以搬运最大设备的门。

第三章 自动喷水灭火系统

自动喷水灭火系统是扑救、控制建筑物初期火灾的最为有效的自救灭火设施之一,是应用最为广泛、用量最大的自动灭火系统。自动喷水灭火系统具有自动探测火灾、自动灭(控)火的双重效能,具有安全可靠、经济实用、灭火成功率高等优点。自动喷水灭火系统及其组件的技术参数选定、设置标准以及施工安装质量、维护保养水平,直接关系到自动喷水灭火系统扑救、控制建筑初期火灾的成功率,是自动喷水灭火系统效能发挥的关键。

第一节 系统的构成

自动喷水灭火系统由洒水喷头、水流报警装置(水流指示器、压力开关)、报警阀组等组件,以及管道、供水设施等组成。根据喷头的形式,自动喷水灭火系统可分为闭式系统和开式系统。根据系统的用途和配置情况,自动喷水灭火系统又分为湿式系统、干式系统、预作用系统、重复启闭预作用系统、防护冷却系统、雨淋系统、水幕系统(防火分隔水幕和防护冷却水幕)等。自动喷水灭火系统的分类如图3-1所示。

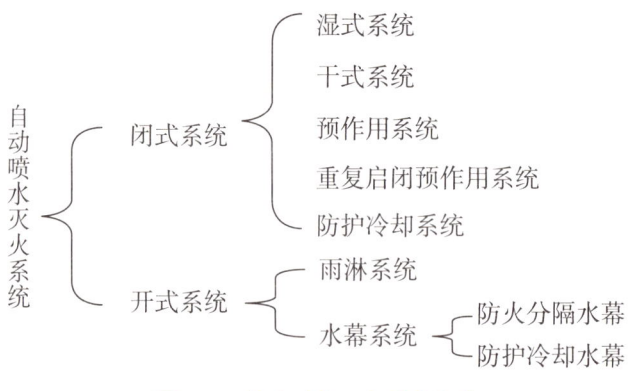

图3-1 自动喷水灭火系统分类

一、闭式系统构成

闭式系统通常分为湿式系统、干式系统和预作用系统。

湿式系统由闭式喷头、湿式报警阀组、水流指示器或压力开关、供水与配水管道以及供水设施等组成，在准工作状态时，配水管道内充满用于启动系统的有压水。湿式系统的组成如图 3-2 所示。

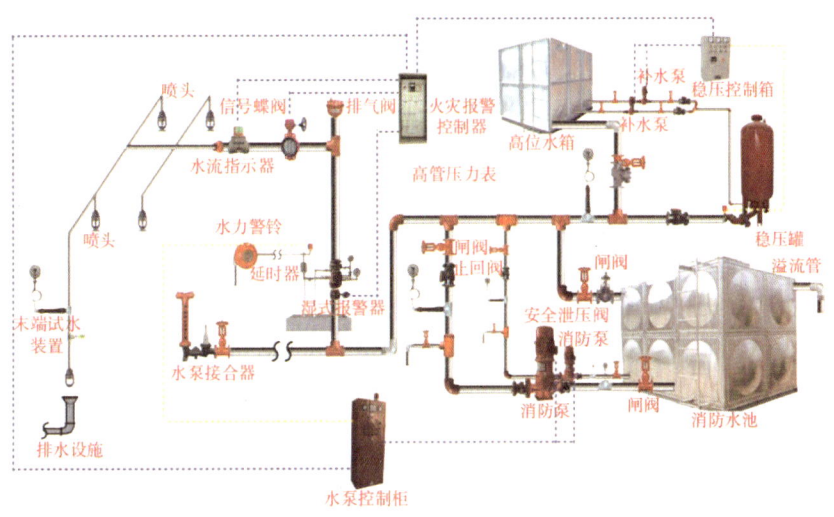

图 3-2 湿式系统

干式系统由闭式喷头、干式报警阀组、水流指示器或压力开关、供水与配水管道、充气设备以及供水设施等组成，在准工作状态时，配水管道内充满用于启动系统的有压气体。干式系统的组成如图 3-3 所示。

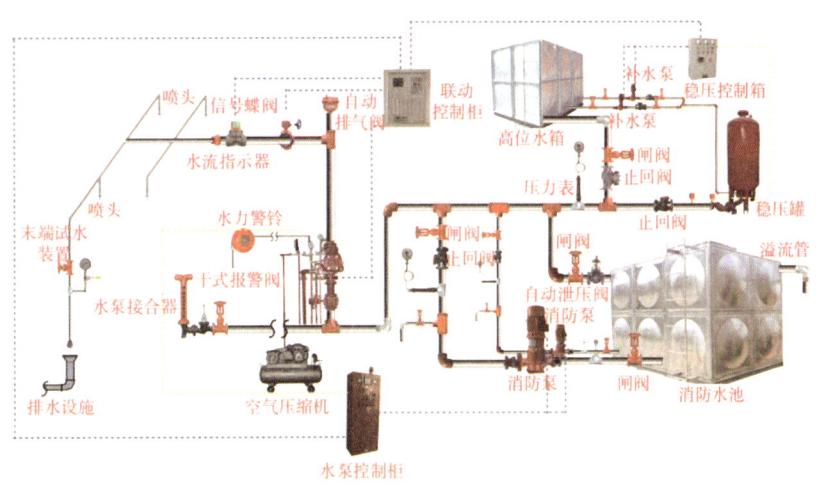

图 3-3 干式系统

预作用系统由闭式喷头、预作用装置、水流报警装置、供水与配水管道、充气设备和供水设施等组成。在准工作状态时，配水管道内不充水，发生火灾时，由火灾报警系统、充气管道上的压力开关连锁控制预作用装置和启动消防水泵，并转换为湿式系统。预作用系统的组成如图 3-4 所示。

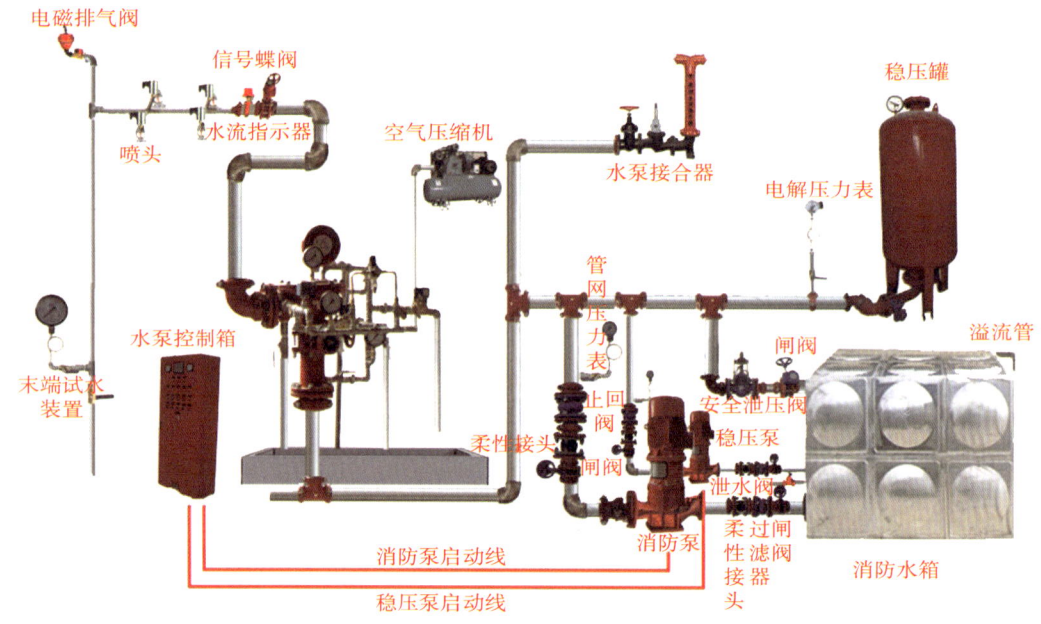

图 3-4　预作用系统

二、开式系统构成

开式系统通常分为雨淋系统和水幕系统。雨淋报警阀启动装置通常采用电动系统、液动或者气动系统等。电动系统由火灾探测器、电磁阀和联动控制系统组成，液动或者气动系统则由充水或者充气的传动管、闭式喷头、压力开关等组成。开式系统的组成如图 3-5 所示。

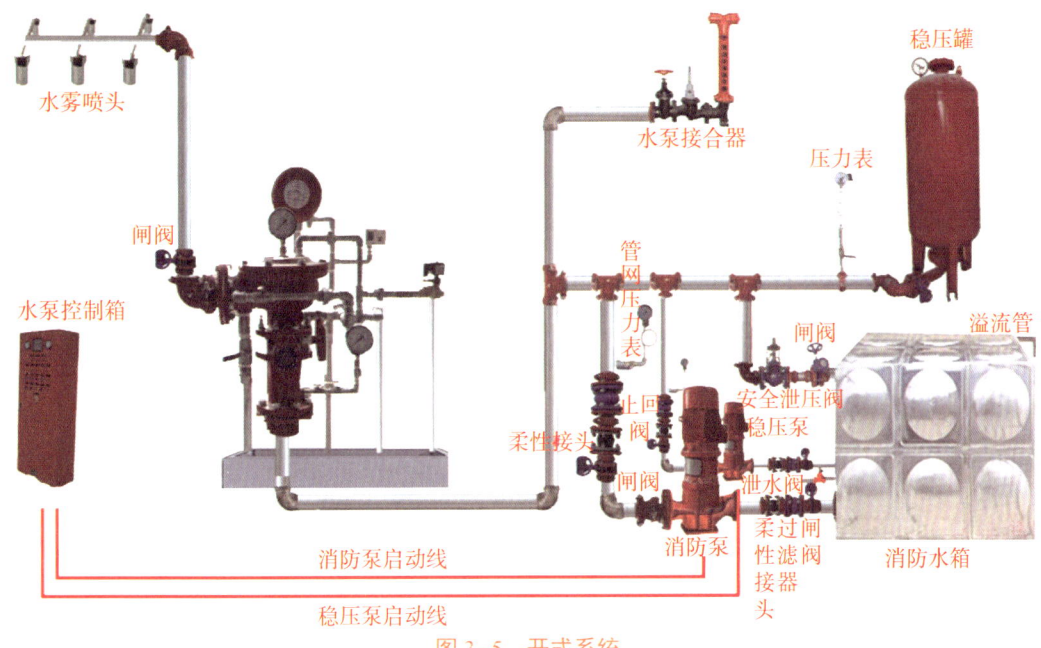

图 3-5 开式系统

第二节 自动喷水灭火系统的适用范围与设置部位

一、自动喷水灭火系统的适用范围

自动喷水灭火系统选型应根据设置场所的建筑特征、环境条件和火灾特点等选择相应的开式或闭式系统。

环境温度不低于 4 ℃ 且不高于 70 ℃ 的场所，应采用湿式系统。

环境温度低于 4 ℃ 或高于 70 ℃ 的场所，应采用干式系统。

系统处于准工作状态时严禁误喷或严禁管道充水的场所以及用于替代干式系统的场所，应采用预作用系统。

灭火后必须及时停止喷水的场所，应采用重复启闭预作用系统。

火灾的水平蔓延速度快，闭式洒水喷头的开放不能及时使喷水有效覆盖着火区域的场所；净空高度超过一定高度且必须迅速扑救初期火灾的场所，应采用雨淋系统。

二、设置自动喷水灭火系统的场所和部位

（一）厂房设置自动喷水灭火系统

除《建筑设计防火规范（2018 年版）》（GB 50016—2014）另有规定和不宜用水保护和

灭火的场所外，下列厂房或生产部位应设置自动灭火系统，并宜采用自动喷水灭火系统：

（1）不小于50 000纱锭的棉纺厂的开包、清花车间，不小于5 000锭的麻纺厂的分级、梳麻车间，火柴厂的烤梗、筛选部位。

（2）占地面积大于1 500 m²或总建筑面积大于3 000 m²的单、多层制鞋、制衣、玩具及电子等类似生产的厂房。

（3）占地面积大于1 500 m²的木器厂房。

（4）泡沫塑料厂的预发、成型、切片、压花部位。

（5）高层乙、丙类厂房。

（6）建筑面积大于500 m²的地下或半地下丙类厂房。

（二）仓库设置自动喷水灭火系统

除《建筑设计防火规范（2018年版）》（GB 50016—2014）另有规定和不宜用水保护和灭火的场所外，下列仓库应设置自动灭火系统，并宜采用自动喷水灭火系统：

（1）每座占地面积大于1 000 m²的棉、毛、丝、麻、化纤、毛皮及其制品的仓库（单层占地面积不大于2 000 m²的棉花库房，可不设置自动喷水灭火系统）。

（2）每座占地面积大于600 m²的火柴仓库。

（3）邮政建筑内建筑面积大于500 m²的空邮袋库。

（4）可燃、难燃物品的高架仓库和高层仓库。

（5）设计温度高于0 ℃的高架冷库，设计温度高于0 ℃且每个防火分区建筑面积大于1 500 m²的非高架冷库。

（6）总建筑面积大于500 m²的可燃物品地下仓库。

（7）每座占地面积大于1 500 m²或总建筑面积大于3 000 m²的其他单层或多层丙类物品仓库。

（三）高层民用建筑设置自动喷水灭火系统

除《建筑设计防火规范（2018年版）》（GB50016）另有规定和不宜用水保护及灭火的场所外，下列高层民用建筑或场所应设置自动灭火系统，并宜采用自动喷水灭火系统：

（1）一类高层公共建筑（除游泳池、溜冰场外）及其地下、半地下室。

（2）二类高层公共建筑及其地下、半地下室的公共活动用房、走道、办公室和旅馆的客房、可燃物品库房、自动扶梯底部。

（3）高层民用建筑内的歌舞娱乐放映游艺场所。

（4）建筑高度大于100 m的住宅建筑。

（四）单、多层民用建筑设置自动喷水灭火系统

除规范另有规定和不适用水保护或灭火的场所外，下列单、多层民用建筑或场所应设置自动灭火系统，并宜采用自动喷水灭火系统：

（1）特等、甲等剧场，超过1 500个座位的其他等级的剧场，超过2 000个座位的会堂或礼堂，超过3 000个座位的体育馆，超过5 000人的体育场的室内人员休息室与器材间等。

（2）任一层建筑面积大于1 500 m²或总建筑面积大于3 000 m²的商店、餐饮和旅馆建筑以及医院中同样建筑规模的病房楼、门诊楼和手术部。

（3）设置送回风道（管）的集中空气调节系统且总建筑面积大于3 000 m²的办公建筑等。

（4）藏书量超过50万册的图书馆。

（5）大、中型幼儿园，老年人照料设施。

（6）总建筑面积大于500 m²的地下或半地下商店。

（7）设置在地下或半地下或地上四层及以上楼层的歌舞娱乐放映游艺场所（除游泳场所外），设置在首层、二层和三层且任一层建筑面积大于300 m²的地上歌舞娱乐放映游艺场所（除游泳场所外）。

第三节　系统设计主要参数

一、火灾危险等级

自动喷水灭火系统设置场所的火灾危险等级分为4类8级，即轻危险级、中危险级（Ⅰ级、Ⅱ级）、严重危险级（Ⅰ级、Ⅱ级）和仓库危险级（Ⅰ级、Ⅱ级、Ⅲ级），具体如表3-1所示。

轻危险级：一般是指可燃物品较少、火灾放热速率较低、外部增援和人员疏散较容易的场所。

中危险级：一般是指内部可燃物数量、火灾放热速率中等，火灾初期不会引起剧烈燃烧的场所。大部分民用建筑和工业建筑厂房划归中危险级。根据此类场所种类多、范围广

的特点，中危险级可再分为中危险级Ⅰ级和中危险级Ⅱ级。

严重危险级：一般是指火灾危险性大，且可燃物品数量多，火灾发生时容易引起猛烈燃烧并可能迅速蔓延的场所。

仓库危险级：根据仓库储存物品及其包装材料的火灾危险性，将仓库火灾危险等级划分为Ⅰ、Ⅱ、Ⅲ级。仓库危险级Ⅰ级一般是指储存食品、烟酒以及用木箱、纸箱包装的不燃或难燃物品的场所；仓库危险级Ⅱ级一般是指储存木材、纸、皮革等物品和用各种塑料瓶、盒包装的不燃物品及各类物品混杂储存的场所；仓库危险级Ⅲ级一般是指储存A组塑料与橡胶及其制品等物品的场所。

表3-1 设置场所火灾危险等级分类

火灾危险等级		设置场所分类
轻危险级		住宅建筑，幼儿园、老年人建筑，建筑高度为24 m及以下的旅馆、办公楼，仅在走道设置闭式系统的建筑等
中危险级	Ⅰ级	1. 高层民用建筑：旅馆、办公楼、综合楼、邮政楼、金融电信楼、指挥调度楼、广播电视楼（塔）等； 2. 公共建筑（含单多层）：医院、疗养院；图书馆（书库除外）、档案馆、展览馆（厅）；影剧院、音乐厅和礼堂（舞台除外）及其他娱乐场所；火车站、机场及码头的建筑；总建筑面积小于5 000 m²的商场、总建筑面积小于1 000 m²的地下商场等 3. 文化遗产建筑：木结构古建筑、国家文物保护单位等 4. 工业建筑：食品、家用电器、玻璃制品等工厂的备料与生产车间等；冷藏库、钢屋架等建筑构件
	Ⅱ级	1. 民用建筑：书库、舞台（葡萄架除外）、汽车停车场（库）、总建筑面积5 000 m²及以上的商场、总建筑面积1 000 m²及以上的地下商场、净空高度不超过8 m、物品高度不超过3.5 m的超级市场等 2. 工业建筑：棉毛麻丝及化纤的纺织、织物及制品、木材木器及胶合板、谷物加工、烟草及制品、饮用酒（啤酒除外）、皮革及制品、造纸及纸制品、制药等工厂的备料与生产车间等
严重危险级	Ⅰ级	印刷厂、酒精制品、可燃液体制品等工厂的备料与车间、净空高度不超过8 m、物品高度超过3.5 m的超级市场等
	Ⅱ级	易燃液体喷雾操作区域、固体易燃物品、可燃的气溶胶制品、溶剂清洗、喷涂油漆、沥青制品等工厂的备料及生产车间、摄影棚、舞台葡萄架下部等
仓库危险级	Ⅰ级	食品，烟酒，木箱，纸箱包装的不燃、难燃物品等
	Ⅱ级	木材、纸、皮革、谷物及制品、棉毛麻丝化纤及制品、家用电器、电缆、B组塑料与橡胶及其制品、钢塑混合材料制品、各种塑料瓶盒包装的不燃、难燃物品及各类物品混杂储存的仓库等
	Ⅲ级	A组塑料与橡胶及其制品、沥青制品等

二、系统设计基本参数

自动喷水灭火系统的设计参数应根据建筑物的不同用途、规模及其火灾危险等级等因素确定。

（一）民用建筑和厂房的设计基本参数

民用建筑和厂房采用湿式系统时的设计基本参数不应低于表3-2的规定。

表3-2 民用建筑和厂房采用湿式系统的设计基本参数

火灾危险等级		最大净空高度 h（m）	喷水强度 [L/(min·m²)]	作用面积（m²）
轻危险级			4	160
中危险级	Ⅰ级	$H \leqslant 8$	6	160
	Ⅱ级		8	
严重危险级	Ⅰ级		12	260
	Ⅱ级		16	

注：系统最不利点洒水喷头的工作压力不应低于0.05 MPa。

（二）民用建筑和厂房高大空间场的设计基本参数

民用建筑和厂房高大空间场所采用湿式系统的设计基本参数不应低于表3-3的规定。当民用建筑高大空间场所的最大净空高度大于12 m且小于或等于18 m时，应采用非仓库型特殊应用喷头。最大净空高度超过8 m的超级市场采用的湿式系统，其设计基本参数应按仓库湿式系统设计基本参数执行。

表3-3 民用建筑和厂房高大空间场所采用湿式系统的设计基本参数

适用场所		最大净空高度 h（m）	喷水强度 [L/(min·m²)]	作用面积（m²）	喷头间距 S（m）
民用建筑	中庭、体育馆、航站楼等	$8<h \leqslant 12$	12	160	$1.8 \leqslant S \leqslant 3.0$
		$12<h \leqslant 18$	15		
	影剧院、音乐厅、会展中心等	$8<h \leqslant 12$	15		
		$12<h \leqslant 18$	20		
厂房	制衣制鞋、玩具、木器、电子生产车间等	$8<h \leqslant 12$	15		
	棉纺厂、麻纺厂、泡沫塑料生产车间等		20		

第四节 系统组件及设置要求

一、洒水喷头

（一）洒水喷头的分类

根据结构组成、安装位置、热敏元件、保护面积、应用场所和灵敏度，洒水喷头可分为不同的类型，如图3-6所示。

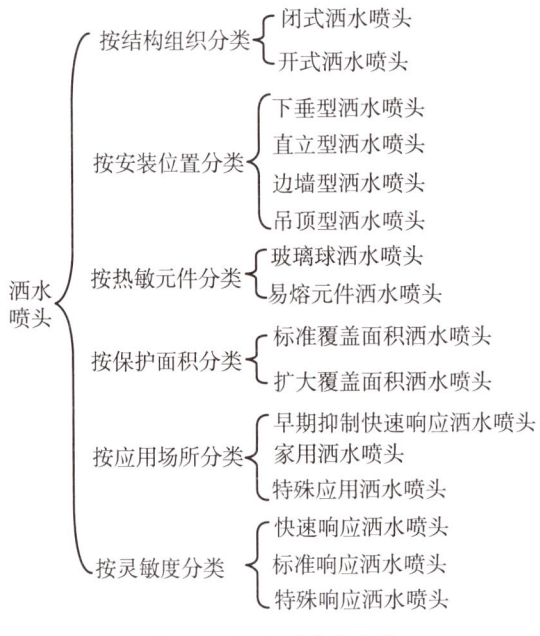

图3-6 洒水喷头的分类

（二）洒水喷头的选型

以湿式系统的洒水喷头的选型为例，具体如下：

不做吊顶的场所，当配水支管布置在梁下时，应采用直立型洒水喷头。

吊顶下布置的洒水喷头，应采用下垂型洒水喷头或吊顶型洒水喷头。

顶板为水平面的轻危险级、中危险级Ⅰ级住宅建筑、宿舍、旅馆建筑客房、医疗建筑病房和办公室，可采用边墙型洒水喷头。

易受碰撞的部位，应采用带保护罩的洒水喷头或吊顶型洒水喷头。

顶板为水平面，且无梁、通风管道等障碍物影响喷头洒水的场所，可采用扩大覆盖面积洒水喷头。

住宅建筑和宿舍、公寓等非住宅类居住建筑宜采用家用洒水喷头。

不宜选用隐蔽式洒水喷头，确需采用时，应仅适用于轻危险级和中危险级Ⅰ级场所。

对于公共娱乐场所，中庭环廊，医院、疗养院的病房及治疗区域，老年、少儿、残疾人的集体活动场所，超出消防水泵接合器供水高度的楼层，地下商业场所，宜采用快速响应洒水喷头。当采用快速响应洒水喷头时，系统应为湿式系统。

同一隔间内应采用相同热敏性能的洒水喷头，雨淋系统的防护区内应采用相同的洒水喷头。

（三）常用喷头的布置

1. 直立型、下垂型标准覆盖面积洒水喷头的布置

直立型、下垂型标准覆盖面积洒水喷头的布置，包括同一根配水支管上喷头的间距及相邻配水支管的间距，应根据设置场所的火灾危险等级、洒水喷头类型和工作压力确定，不应大于表3-4的规定，且不应小于1.8 m。

表3-4　直立型、下垂型标准覆盖面积洒水喷头的布置

火灾危险等级	正方形布置的边长（m）	矩形或平行四边形布置的长边边长（m）	一只喷头的最大保护面积（m²）	喷头与端墙的距离（m）	
				最大	最小
轻危险级	4.4	4.5	20.0	2.2	0.1
中危险级Ⅰ级	3.6	4.0	12.5	1.8	
中危险级Ⅱ级	3.4	3.6	11.5	1.7	
严重危险级、仓库危险级	3.0	3.6	9.0	1.5	

2. 直立型、下垂型扩大覆盖面积洒水喷头的布置

直立型、下垂型扩大覆盖面积洒水喷头应采用正方形布置，其布置间距不应大于表3-5的规定，且不应小于2.4 m。

表 3-5 直立型、下垂型扩大覆盖面积洒水喷头的布置间距

火灾危险等级	正方形布置的边长（m）	一只喷头的最大保护面积（m²）	喷头与端墙的距离（m）	
			最大	最小
轻危险级	5.4	29.0	2.7	0.1
中危险级Ⅰ级	4.8	23.0	2.4	
中危险级Ⅱ级	4.2	17.5	2.1	
严重危险级	3.6	13.0	1.8	

3. 边墙型标准覆盖面积洒水喷头的布置

边墙型标准覆盖面积洒水喷头的最大保护跨度与间距，应符合表 3-6 的规定：

表 3-6 边墙型标准覆盖面积洒水喷头的最大保护跨度与间距

火灾危险等级	配水支管上喷头的最大间距（m）	单排喷头的最大保护跨度（m）	两排相对喷头的最大保护跨度（m）
轻危险级	3.6	3.6	7.2
中危险级Ⅰ级	3.0	3.0	6.0

注：1. 两排相对洒水喷头应交错布置。

2. 室内跨度大于两排相对喷头的最大保护跨度时，应在两排相对喷头中间增设一排喷头。

4. 边墙型扩大覆盖面积洒水喷头布置

边墙型扩大覆盖面积洒水喷头的最大保护跨度和配水支管上的洒水喷头间距，应按洒水喷头工作压力下能够喷湿对面墙和邻近端墙距溅水盘 1.2 m 高度以下的墙面确定，且保护面积内的喷水强度应符合民用建筑和工业厂房采用湿式系统的设计基本参数的规定。

5. 直立型、下垂型早期抑制快速响应洒水喷头、特殊应用洒水喷头和家用洒水喷头的布置

除吊顶型洒水喷头及吊顶下设置的洒水喷头外，直立型、下垂型早期抑制快速响应喷头、特殊应用洒水喷头和家用洒水喷头溅水盘与顶板的距离应符合表 3-7 的规定。

表 3-7　喷头溅水盘与顶板的距离（mm）

喷头类型		喷头溅水盘与顶板的距离
早期抑制快速响应洒水喷头	直立型	$100 \leq S_L \leq 150$
	下垂型	$150 \leq S_L \leq 360$
特殊应用洒水喷头		$150 \leq S_L \leq 200$
家用沧海洒水喷头		$25 \leq S_L \leq 100$

6. 图书馆、档案馆、商场、仓库中通道上方洒水喷头的布置

图书馆、档案馆、商场、仓库中的通道上方宜设有洒水喷头。喷头与被保护对象的水平距离不应小于 0.30 m，喷头溅水盘与被保护对象的最小垂直距离不应小于表 3-8 的规定，安装方法如图 3-7 所示。

表 3-8　喷头溅水盘与保护对象的最小垂直距离（mm）

喷头类型	最小垂直距离
标准覆盖面积洒水喷头、扩大覆盖面积洒水喷头	450
特殊应用洒水喷头、早期抑制快速响应洒水喷头	900

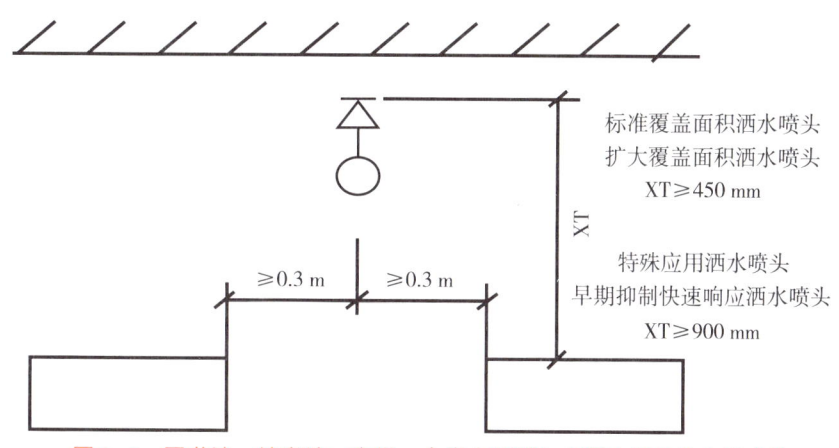

图 3-7　图书馆、档案馆、商场、仓库中通道上方洒水喷头的布置方法

7. 货架内置洒水喷头的布置

货架内置洒水喷头宜与顶板下洒水喷头交错布置，其溅水盘与上方层板的距离应符合相关规定，与其下部储物顶面的垂直距离不应小于 150 mm。当货架内置洒水喷头上方有孔洞、缝隙时，可在洒水喷头的上方设置挡水板。挡水板（图 3-8）应为正方形或圆形金

属板，其平面面积不宜小于 0.12 m²，周围弯边的下沿宜与洒水喷头的溅水盘平齐。

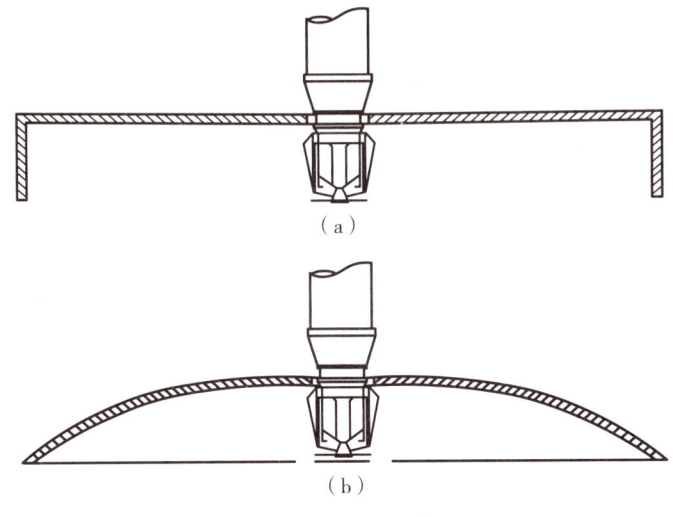

图 3-8 挡水板示意图

8. 通透性吊顶场所洒水喷头的布置

装设网格、栅板类通透性吊顶的场所，当通透面积占吊顶总面积的比例大于 70% 时，喷头应设置在吊顶上方，通透性吊顶开口部位的净宽度不应小于 10 mm，且开口部位的厚度不应大于开口的最小宽度。喷头间距及溅水盘与吊顶上表面的距离应符合表 3-9 的规定。

表 3-9 通透性吊顶场所喷头布置要求

火灾危险等级	喷头间距 S（m）	喷头溅水盘与吊顶上表面的最小距离（mm）
轻危险级、中危险级 I 级	$S \leqslant 3.0$	450
	$3.0 < S \leqslant 3.6$	600
	$S > 3.6$	900
中危险级 II 级	$S \leqslant 3.0$	600
	$S > 3.0$	900

9. 闷顶和技术夹层内洒水喷头的布置

净空高度大于 800 mm 的闷顶和技术夹层内应设置洒水喷头，当闷顶内敷设的配电线路采用不燃材料套管或封闭式金属线槽保护，风管保温材料等采用不燃、难燃材料制作且无其他可燃物时，闷顶和技术夹层内可不设置洒水喷头。

10. 防火分隔水幕的喷头布置

防火分隔水幕的喷头布置，应保证水幕的宽度不小于 6 m。采用水幕喷头时，喷头不应少于 3 排；采用开式洒水喷头时，喷头不应少于 2 排。防护冷却水幕的喷头宜布置成单排。

11. 防护冷却系统喷头的布置

当防火卷帘、防火玻璃墙等防火分隔设施需采用防护冷却系统保护时，喷头应根据可燃物的情况，在防火分隔设施的一侧或两侧布置；外墙可只在需要保护的一侧布置。

12. 斜面顶板或吊顶场所的喷头布置

当顶板或吊顶为斜面时，喷头应垂直于斜面，并应按斜面距离确定喷头间距。坡屋顶的屋脊处应设一排喷头，当屋顶坡度不小于 1/3 时，喷头溅水盘至屋脊的垂直距离不应大于 800 mm；当屋顶坡度小于 1/3 时，喷头溅水盘至屋脊的垂直距离不应大于 600 mm（图 3-9）。

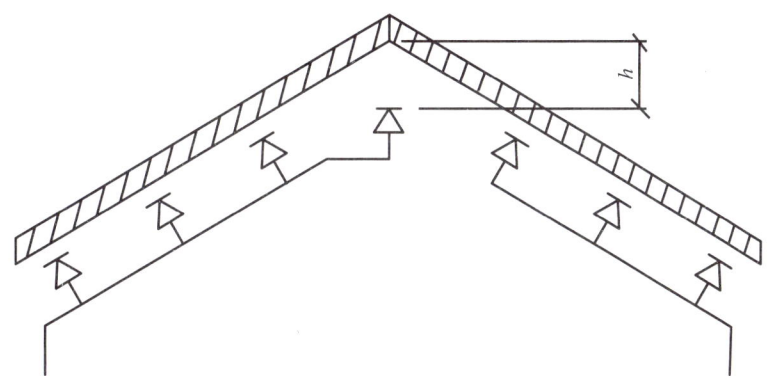

图 3-9 层脊处设置喷头示意图

13. 喷头布置的其他要求

同一场所内的洒水喷头应布置在同一个平面上，并应贴近顶板安装，使闭式洒水喷头处于有利于接触火灾热气流的位置。除吊顶型洒水喷头及吊顶下设置的洒水喷头外，直立型、下垂型标准覆盖面积洒水喷头和扩大覆盖面积洒水喷头溅水盘与顶板的距离不应小于 75 mm，且不应大于 150 mm（图 3-10）。当在梁或其他障碍物的下方布置洒水喷头时，溅水盘与顶板的距离不应大于 300 mm，同时溅水盘与梁等障碍物底面的垂直距离不应小于 25 mm，且不应大于 100 mm。密肋梁板下方的洒水喷头，溅水盘与密肋梁板底面的垂直距离不应小于 25 mm，且不应大于 100 mm。当在梁间布置洒水喷头时，洒水喷头与梁的距离应符合规定。确有困难时，溅水盘与顶板的距离不应大于 550 mm。梁间布置的洒水喷头，溅水盘与顶板距离达到 550 mm 仍不能符合规定时，应在梁底面的下方增设洒水喷头。

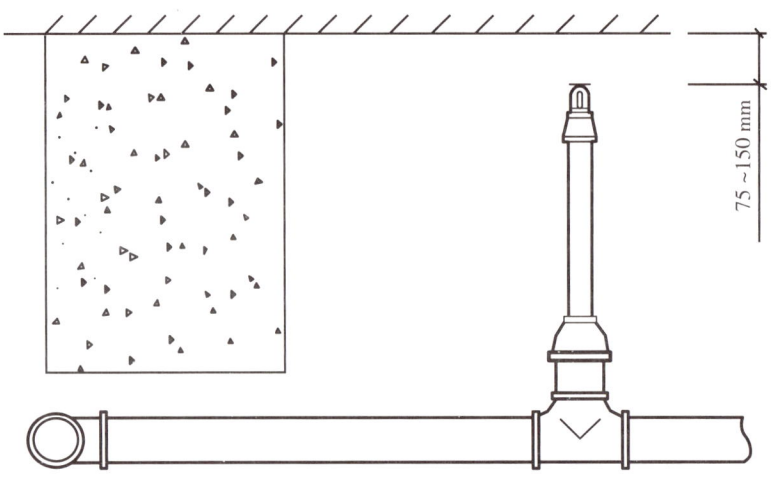

图 3-10 直立型、下垂型标准覆盖面积洒水喷头和扩大覆盖面积洒水喷头溅水盘与顶板的距离

二、报警阀组

报警阀组分为湿式报警阀组、干式报警阀组、雨淋报警阀组和预作用报警装置。湿式报警阀是湿式系统的专用阀门,只允许水流入系统并在规定压力、流量下驱动配套部件报警的一种单向阀。湿式报警阀组的主要元件为止回阀,开启条件与入口压力及出口流量有关,它与延迟器、水力警铃、压力开关、控制阀等组成报警阀组(图 3-11)。

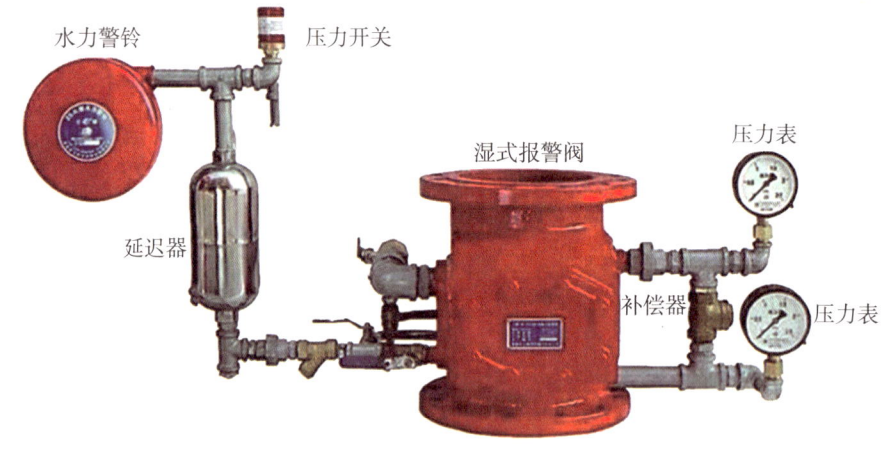

图 3-11 湿式报警阀组

(一)报警阀的工作原理

以湿式报警阀为例,其在准工作状态时,阀瓣上、下充满水,水的压强近似相等,由于阀瓣上面与水接触的面积大于下面与水接触的面积,因此阀瓣受到的水压合力向下。在

水压力及自重的作用下，阀瓣处于关闭状态（图3-12）。当水源压力出现波动或冲击时，通过补偿器（或补水单向阀）使上、下腔压力保持一致，水力警铃不发出警报，压力开关不接通，阀瓣仍处于准工作状态。补偿器具有防止误报或误操作功能。当发生火灾时，闭式喷头破裂喷水灭火时，补偿器来不及补水，阀瓣上面的水压下降，当其下降到使下腔的水压足以开启阀瓣时，下腔内的水便向洒水管网破裂喷头供水，同时水沿着报警阀的环形槽进入报警口，流向延迟器、水力警铃，警铃发出声响警报，压力开关开启，发出电接点信号并启动自动喷水灭火系统的供水泵（图3-13、图3-14）。

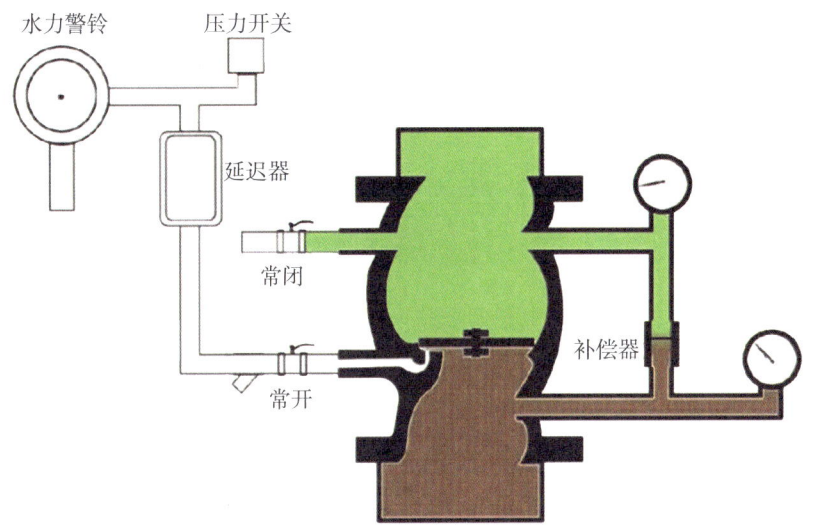

图3-12 湿式报警阀伺应状态

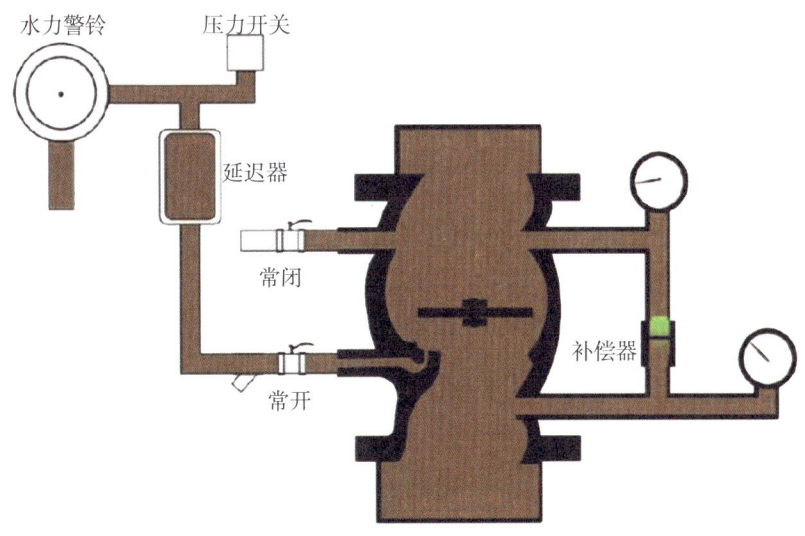

图3-13 湿式报警阀工作状态

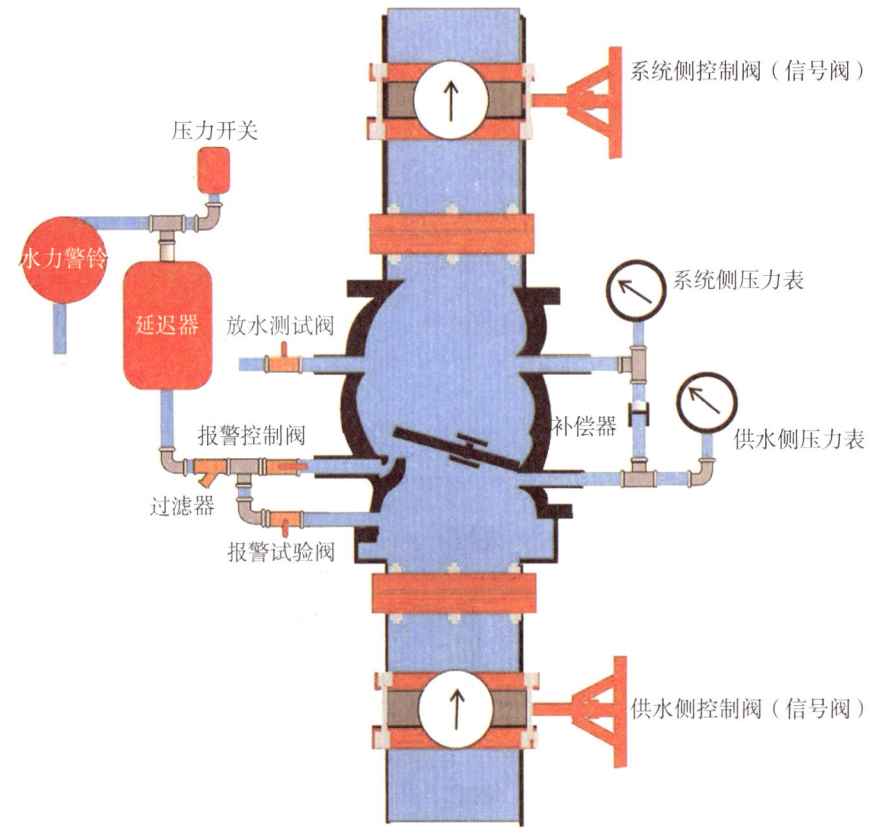

图 3-14 湿式报警阀组阀瓣开启状态

（二）报警阀组的设置要求

自动喷水灭火系统应根据不同的系统设置相应的报警阀组。保护室内钢屋架等建筑构件的闭式系统，应设独立的报警阀组。水幕系统应设独立的报警阀组或感温雨淋报警阀。报警阀组宜设在安全及易于操作的地点，距地面的高度宜为 1.2 m。设置报警阀组的部位应设有排水设施。一个报警阀组控制的洒水喷头数，对于湿式系统、预作用系统不宜超过 800 只；干式系统不宜超过 500 只；串联接入湿式系统配水干管的其他自动喷水灭火系统，应分别设置独立的报警阀组，其控制的洒水喷头数计入湿式报警阀组控制的洒水喷头总数。当配水支管同时设置保护吊顶下方和上方空间的洒水喷头时，应只将数量较多一侧的洒水喷头计入报警阀组控制的洒水喷头总数。每个报警阀组供水的最高与最低位置洒水喷头，其高程差不宜大于 50 m。

雨淋报警阀组的电磁阀，在入口处应设过滤器。并联设置雨淋报警阀组的雨淋系统，其雨淋报警阀控制腔的入口应设止回阀。

控制阀安装在报警阀的入口处，用于在系统检修时关闭系统。控制阀应保持在常开位置，保证系统时刻处于警戒状态。连接报警阀进出口的控制阀应采用信号阀。当不采用信号阀时，控制阀应设锁定阀位的锁具。

三、延迟器

延迟器是一个罐式容器，入口与报警阀的报警水流通道连接，出口与压力开关和水力警铃连接。延迟器入口前安装有过滤器。在准工作状态下，延迟器可防止因压力波动而产生误报警。当配水管道发生渗漏时，有可能引起湿式报警阀阀瓣的微小开启，使水进入延迟器。但是，由于水的流量小，进入延迟器的水会从延迟器底部的节流孔排出，使延迟器无法充满水，更不能从出口流向压力开关和水力警铃。只有当湿式报警阀开启，经报警通道进入延迟器的水将延迟器注满并由出口溢出时，才能驱动水力警铃和压力开关。

四、水力警铃

水力警铃（图3-15）是一种靠水力驱动的机械警铃，安装在报警阀组的报警管道上。报警阀开启后，水流进入水力警铃并形成一股高速射流，冲击水轮带动铃锤快速旋转，敲击铃盖发出声响警报。

水力警铃的工作压力不应小于0.05 MPa，应设在有人值班的地点附近或公共通道的外墙上；与报警阀连接的管道，其管径应为20 mm，总长不宜大于20 m。

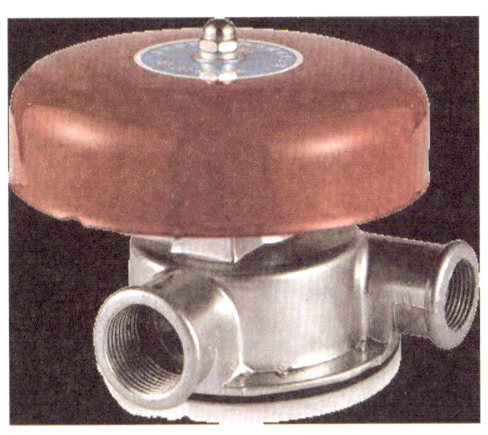

图3-15 水力警铃

五、水流指示器

水流指示器是在自动喷水灭火系统中将水信号转换成电信号的一种水流报警装置，一般用于湿式、干式、预作用等系统中,功能是及时报告火灾发生的部位。在设置闭式自动喷水灭火系统的建筑内,除报警阀组控制的洒水喷头只保护不超过防火分区面积的同层场所外,每个防火分区、每个楼层均应设水流指示器;仓库内顶板下洒水喷头与货架内置洒水喷头应分别设置水流指示器;当水流指示器入口前设置控制阀时,应采用信号阀。

六、压力开关

压力开关是一种压力传感器,其作用是实现报警和启动消防水泵。安装在系统管网或报警阀延迟器出口后的报警管道上。自动喷水灭火系统应采用压力开关控制稳压泵,并应能调节启停泵压力。雨淋系统和防火分隔水幕,其水流报警装置应采用压力开关。

七、末端试水装置

每个报警阀组控制的最不利点洒水喷头处应设末端试水装置(图3-16),其他防火分区、楼层均应设直径为25 mm的试水阀。末端试水装置应由试水阀、压力表以及试水接头组成。试水接头出水口的流量系数,应等同于同楼层或防火分区内的最小流量系数洒水喷头。末端试水装置的出水,应采取孔口出流的方式排入排水管道,排水立管宜设伸顶通气管,且管径不应小于75 mm。

末端试水装置和试水阀应有标识,距地面的高度宜为1.5 m,并应采取不被他用的措施。

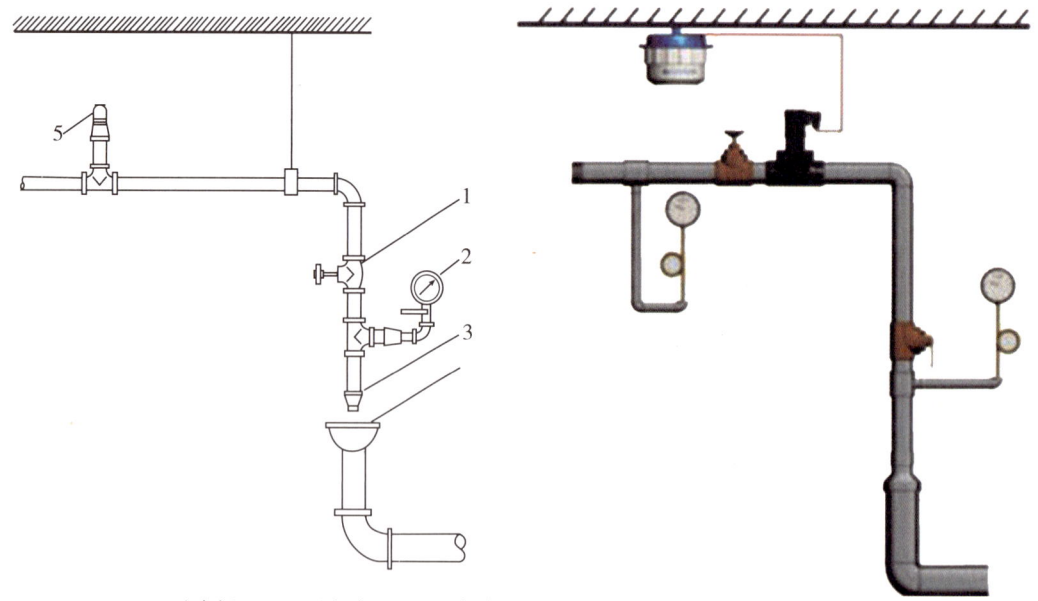

1—试水阀;2—压力表;3—试水接头;4—排水漏斗;5—最不利点处喷头

图3-16 末端试水装置

八、管道

（一）管道的工作压力

自动喷水灭火系统配水管道的工作压力不应大于 1.20 MPa，并不应设置其他用水设施。轻危险级、中危险级场所中各配水管入口的压力均不宜大于 0.40 MPa。

（二）管道的材质

自动喷水灭火系统的配水管道应采用内外壁热镀锌钢管、涂覆钢管、铜管、不锈钢管。当报警阀入口前管道采用不防腐的钢管时，应在报警阀前设置过滤器。

（三）管材及安装

当自动喷水灭火系统设置场所的火灾危险等级为轻危险级或中危险级Ⅰ级时，可采用氯化聚氯乙烯（PVC-C）管。采用氯化聚氯乙烯（PVC-C）管材及管件时，系统应选用湿式系统，并采用快速响应洒水喷头；配水管及配水支管的直径不应超过 DN80，且不应穿越防火分区；当设置在有吊顶场所时，吊顶内应无其他可燃物，吊顶材料应为不燃或难燃装修材料；当设置在无吊顶场所时，该场所应为轻危险级场所，顶板应为水平、光滑顶板，且喷头溅水盘与顶板的距离不应大于 100 mm。

（四）连接喷头数量

配水管两侧每根配水支管控制的标准流量洒水喷头数量，轻危险级、中危险级场所不应超过 8 只，同时在吊顶上下设置喷头的配水支管，上下侧均不应超过 8 只。严重危险级及仓库危险级场所均不应超过 6 只。

（五）动作要求

干式系统、由火灾自动报警系统和充气管道上设置的压力开关开启预作用装置的预作用系统，其配水管道充水时间不宜大于 1 min；雨淋系统和仅由火灾自动报警系统联动开启预作用装置的预作用系统，其配水管道充水时间不宜大于 2 min。

（六）管径

短立管及末端试水装置的连接管，其管径不应小于 25 mm。干式系统、预作用系统的供气管道，采用钢管时，管径不宜小于 15 mm；采用铜管时，管径不宜小于 10 mm。

第五节　工作原理

这里以湿式系统的工作原理为例（图 3-17）进行探讨。湿式系统在准工作状态时，由消防水箱或稳压泵、气压给水设备等稳压设施维持管道内的充水压力。发生火灾时，在火灾温度的作用下，闭式喷头的热敏元件动作，喷头开启并开始喷水。此时，管网中的水由静止变为流动，水流指示器动作送出电信号，在火灾报警控制器上显示某一区域喷水的信息。由于持续喷水泄压造成湿式报警阀的上部水压低于下部水压，在压力差的作用下，原来处于关闭状态的湿式报警阀自动开启。此时，压力水通过湿式报警阀流向管网，同时打开通向水力警铃的通道，延迟器充满水后，水力警铃发出声响警报，高位消防水箱流量开关或系统管网压力开关动作并输出信号直接启动供水泵，供水泵投入运行后，完成系统的启动过程。

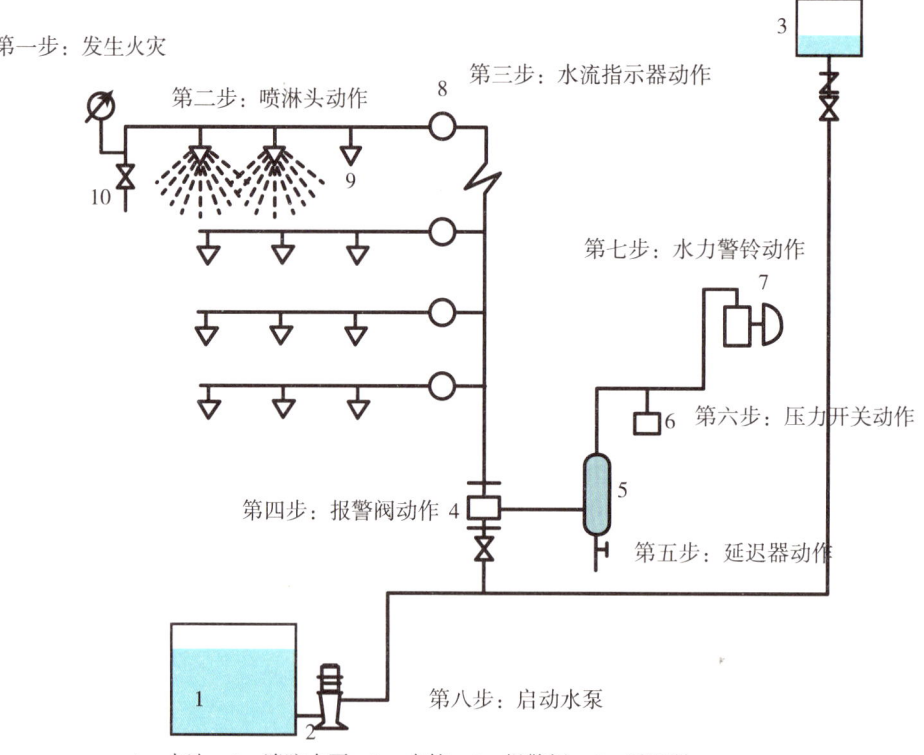

1—水池；2—消防水泵；3—水箱；4—报警阀；5—延迟器；
6—压力开关；7—水力警铃；8—水流指示器；9—喷头；10—试验装置

图 3-17　湿式系统的工作原理

第六节　系统控制

自动喷水灭火系统的消防水泵应同时具备自动控制、消防控制室（盘）远程控制和消防水泵现场机械应急操作的启动方式。消防控制室（盘）应能显示水流指示器、压力开关、信号阀、消防水泵、消防水池及水箱水位、有压气体管道气压，以及电源和备用动力等是否处于正常状态的反馈信号，并应能控制消防水泵、电磁阀、电动阀等的操作。其中，自动控制启动方式应根据系统的不同类型而有所区别。

一、湿式系统和干式系统的自动控制

湿式系统、干式系统应由消防水泵出水干管上设置的压力开关、高位消防水箱出水管上的流量开关和报警阀组压力开关直接自动启动消防水泵。干式系统配水管道充水时间不宜大于 1 min。

二、预作用系统的自动控制

预作用系统应由火灾自动报警系统、消防水泵出水干管上设置的压力开关、高位消防水箱出水管上的流量开关和报警阀组压力开关直接自动启动消防水泵。由火灾自动报警系统和充气管道上设置的压力开关开启预作用装置的预作用系统，其配水管道充水时间不宜大于 1 min；仅由火灾自动报警系统联动开启预作用装置的预作用系统，其配水管道充水时间不宜大于 2 min。

三、预作用装置的自动控制

预作用装置的自动控制方式可采用仅由火灾自动报警系统直接控制，或由火灾自动报警系统和充气管道上设置的压力开关控制的方式。当处于准工作状态时严禁误喷的场所，宜采用仅由火灾自动报警系统直接控制的预作用系统；当处于准工作状态时严禁管道充水的场所和用于替代干式系统的场所，宜采用由火灾自动报警系统和充气管道上设置的压力开关控制的预作用系统。快速排气阀入口前的电动阀应在启动消防水泵的同时开启。

第七节　系统维护管理

自动喷水灭火系统的维护管理是系统正常完好、有效使用的基本保障。从事维护管理

人员应经过消防专业培训，应熟悉自动喷水灭火系统的原理、性能和操作维护规程，按照表 3-10 中维护管理内容和周期要求进行检查。

表 3-10　自动喷水灭火系统维护管理工作检查项目

部位	工作内容	周期
水源控制阀、报警控制装置	目测巡检完好状况及开闭状态	每日
电源	接通状态、电压	每日
内燃机驱动消防水泵	启动试运转	每月
喷头	检查完好状况、清除异物、备用量	每月
系统所有控制阀门	检查铅封、锁链完好状况	每月
电动消防水泵	启动试运转	每月
稳压泵	启动试运转	每月
消防气压给水设备	检测气压、水位	每月
蓄水池、高位水箱	检测水位及消防储备水不被他用的措施	每月
电磁阀	启动试验	每季
信号阀	启闭状态	每月
水泵接合器	检查完好状况	每月
水流指示器	试验报警	每季
室外阀门井中控制阀门	检查开启状况	每季
报警阀、试水阀	放水试验、启动性能	每月
泵流量检测	启动、放水试验	每年
水源	测试供水能力	每年
水泵接合器	通水试验	每年
过滤器	排渣、完好状态	每月
储水设备	检查完好状态	每年
系统联动试验	系统运行功能	每年
内燃机	油箱油位驱动泵运行	每月
设置储水设备的房间	检查室温	每天（寒冷季节）

自动喷水灭火系统发生故障需停水进行修理前，应向主管值班人员报告，取得维护负责人的同意，并临场监督，加强防范措施后方能动工。

第八节 检查方法

自动喷水灭火系统，应根据《建筑消防设施检测技术规程》（XF 503—2004）中有关自动喷水灭火系统的规定，按以下方法进行检查。

一、确认控制状态

检查湿式、干式、预作用系统是否设置在自动控制状态。

二、湿式报警阀组的检查

湿式报警阀组应有注明系统名称和保护区域的标志牌，标志牌应完好、清晰，阀体上水流指示永久性标识应易于观察，与水流方向一致。压力表显示应符合设定值。控制阀应全部开启，并用锁具固定手轮，启闭标志应明显；采用信号阀时，反馈信号应正确。报警阀等组件应灵敏可靠；压力开关动作应向消防控制设备反馈信号。

三、水流指示器的检查

应有明显标志，信号阀应全开，并应反馈启闭信号。信号阀安装在水流指示器前的管道上，与水流指示器间的距离不宜小于 300 m。水流指示器的启动与复位应灵敏可靠，并同时反馈信号。

四、喷头的检查

喷头的选型应符合设置场所要求，闭式喷头玻璃泡色标应符合设计要求。检查喷头外观是否有变形和附着物、悬挂物；是否有漏水或者被拆除情况；是否有影响喷头正常使用的吊顶装修，或者新增装饰物、隔断、高大家具以及其他障碍物。

五、末端试水装置的检查

检查末端试水装置设置是否正确，如位置是否便于操作和观察、有无排水设施；压力表是否能准确显示系统最不利点处的静压值。

六、系统功能的检查

（一）湿式系统的检查

开启末端试水装置后，出水压力不应低于 0.05 MPa。水流指示器、湿式报警阀、压力开关应及时动作。报警阀动作后，距水力警铃 3 m 远处的声压级不应低于 70 dB。开启末端试水装置后 5 min 内，应自动启动消防水泵。消防控制设备应准确接收并显示水流指示器、压力开关、流量开关及消防水泵的反馈信号。

（二）干式系统的检查

开启末端试水装置阀门后，报警阀、压力开关应动作，联动启动排气阀入口电动阀与消防水泵，水流指示器报警。报警阀动作后，距水力警铃 3 m 远处的声压级不应低于 70 dB。开启末端试水装置后 1 min，其出水压力不应低于 0.05 MPa。消防控制设备应显示水流指示器、压力开关、流量开关、电动阀及消防水泵的反馈信号。

（三）预作用系统的检查

火灾报警控制器确认火灾后，应自动启动预作用装置（雨淋阀）、排气阀入口电动阀及消防水泵；水流指示器、压力开关、流量开关应动作，距水力警铃 3 m 远处的声压级不应低于 70 dB。火灾报警控制器确认火灾后 2 min，末端试水装置的出水压力不应低于 0.05 MPa。消防控制设备应显示电磁阀、电动阀、水流指示器及压力开关、流量开关以及消防水泵的反馈信号。

第四章 火灾自动报警系统

火灾自动报警系统是火灾探测报警与消防联动控制系统的简称，是以实现火灾早期探测和报警、向各类消防设备发出控制信号并接收设备反馈信号，进而实现预定消防功能为基本任务的一种自动消防设施。火灾自动报警系统一般设置在工业与民用建筑内部和其他可对生命和财产造成危害的火灾危险场所，与自动灭火系统、防排烟系统以及防火分隔设施等其他消防设施一起构成完整的建筑消防系统。

第一节 火灾自动报警系统的组成及组件

火灾自动报警系统主要由火灾探测器、手动火灾报警按钮、火灾声光警报器、消防应急广播、消防专用电话、消防控制室图形显示装置、区域显示器、火灾报警控制器和消防联动控制器等组成（图4-1）。

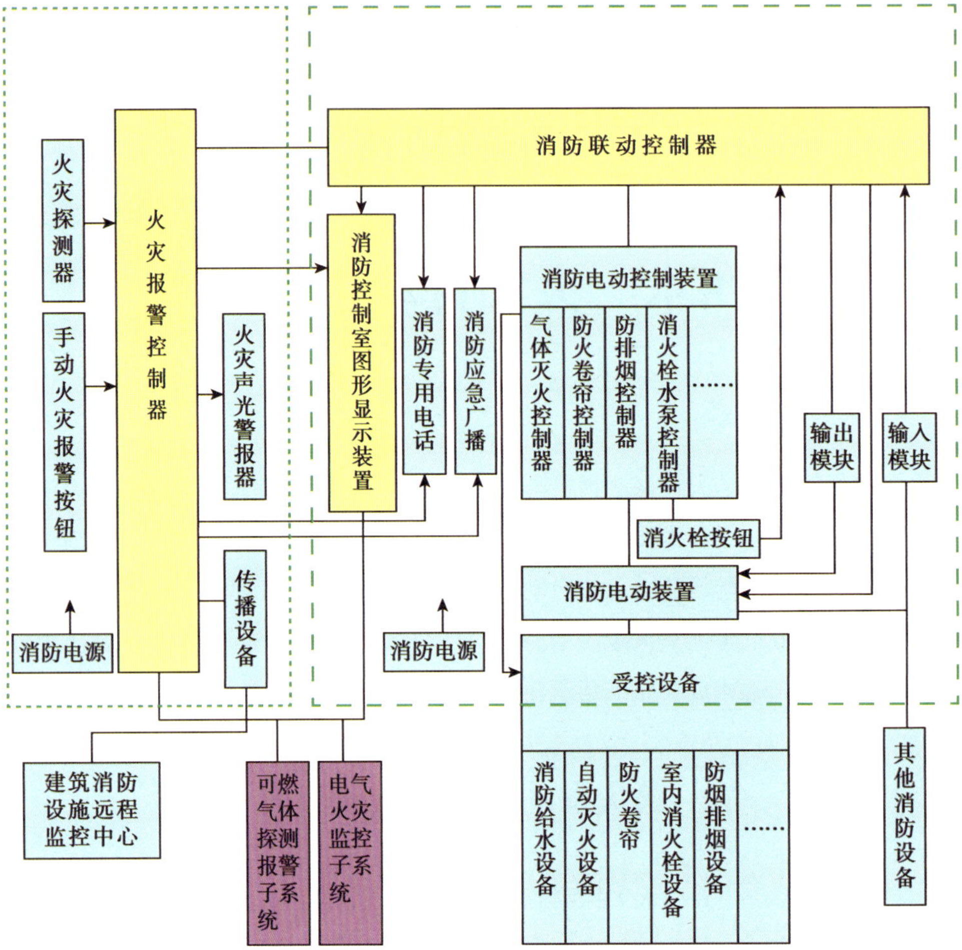

图 4-1 火灾自动报警系统的组成

一、火灾探测器

火灾探测器根据其探测火灾特征参数的不同，可以分为感温、感烟、感光、气体、复合等五种基本类型，具体如图 4-2。

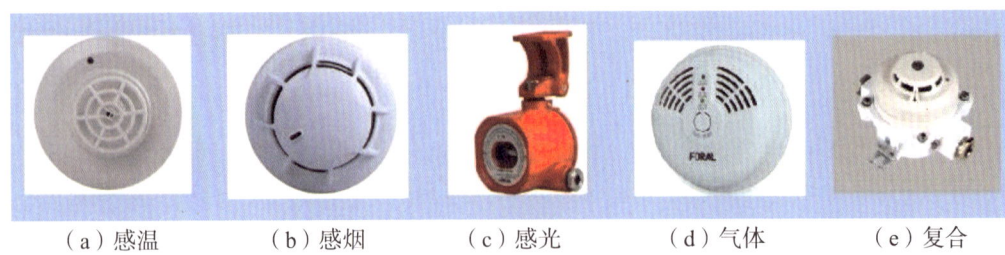

(a) 感温　　(b) 感烟　　(c) 感光　　(d) 气体　　(e) 复合

图 4-2 火灾探测器类型

（1）感温火灾探测器是指响应异常温度、温升速率和温差变化等参数的探测器。

（2）感烟火灾探测器是指响应悬浮在大气中的燃烧和热解产生的固体或液体微粒的探测器，进一步可分为离子感烟、光电感烟、红外光束、吸气型等火灾探测器。

（3）感光火灾探测器是指响应火焰发出的特定波段电磁辐射的探测器，又称火焰探测器，进一步可分为紫外、红外及复合式等火灾探测器。

（4）气体火灾探测器是指响应燃烧或热解产生的气体的火灾探测器。

（5）复合火灾探测器是指将多种探测原理集于一身的探测器，它进一步可分为烟温复合、红外紫外复合等火灾探测器。

二、手动火灾报警按钮

手动火灾报警按钮安装在公共场所，当人工确认火灾发生后按下按钮上的有机玻璃片，可向火灾报警控制器发出信号，火灾报警控制器接收到报警信号后，显示出报警按钮的编号或位置并发出报警音响（图4-3）。每个防火分区应至少设置一个手动火灾报警按钮。从一个防火分区内的任何位置到最邻近的手动火灾报警按钮的步行距离不应大于30 m。手动火灾报警按钮宜设置在疏散通道或出入口处。手动火灾报警按钮应设置在明显和便于操作的部位。当采用壁挂方式安装时，其底边距地高度宜为1.3～1.5 m，且应有明显的标志。

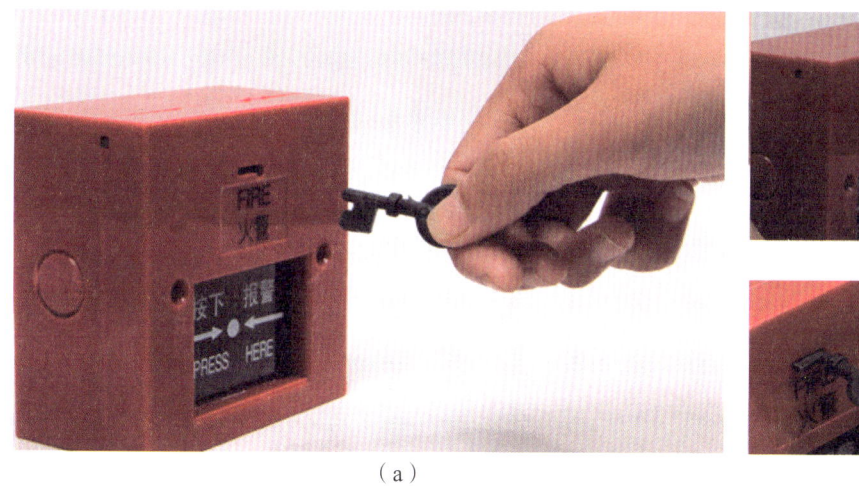

图4-3　手动火灾报警按钮

三、火灾声光警报器

火灾声光警报器（图4-4）应设置在每个楼层的楼梯口、消防电梯前室、建筑内部拐角等处的明显部位，且不宜与安全出口指示标志灯具设置在同一面墙上。每个报警区域内应均匀设置火灾警报器，其声压级不应小于60 dB；在环境噪声大于60 dB的场所，其声压级应高于背景噪声15 dB。当火灾警报器采用壁挂方式安装时，底边距地面高度应大于2.2 m。

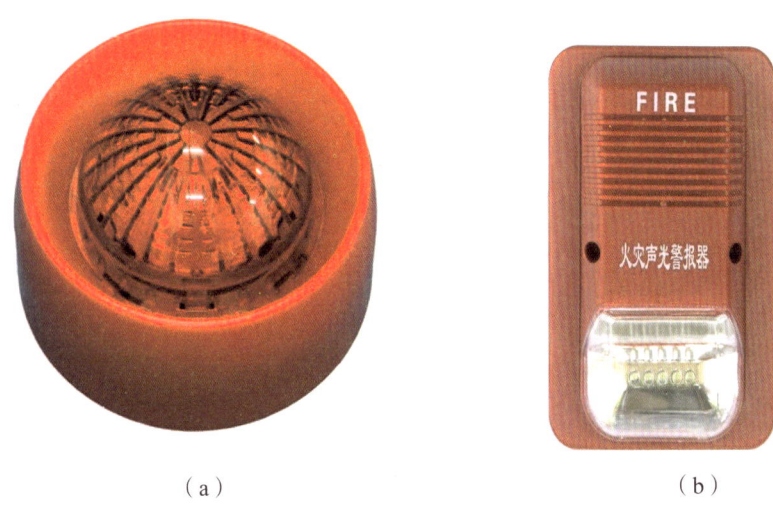

（a）　　　　　　　　　　（b）

图4-4　火灾声光警报器

四、消防应急广播

消防应急广播是火灾逃生疏散和灭火指挥的重要设备，在整个消防控制管理系统中起着极其重要的作用。在火灾发生时，应急广播信号通过音源设备发出，经过功率放大后，由广播切换模块切换到广播指定区域的音箱实现应急广播（图4-5）。消防应急广播扬声器的设置，应符合下列要求：

（1）民用建筑内扬声器应设置在走道和大厅等公共场所。每个扬声器的额定功率不应小于3 W，其数量应能保证从一个防火分区内的任何部位到最近一个扬声器的直线距离不大于25 m，走道末端距最近的扬声器距离不应大于12.5 m。

（2）在环境噪声大于60 dB的场所设置的扬声器，在其播放范围内最远点的播放声压级应高于背景噪声15 dB。

（3）客房设置专用扬声器时，其功率不宜小于1 W。

（4）壁挂扬声器的底边距地面高度应大于2.2 m。

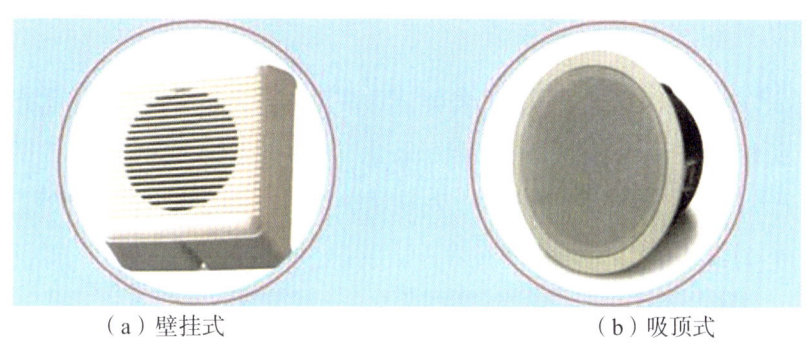

图 4-5 消防应急广播扬声器

五、消防专用电话

消防专用电话网络应为独立的消防通信系统。消防控制室应设置消防专用电话总机。多线制消防专用电话系统中的每个电话分机应与总机单独连接。电话分机或电话插孔（图4-6）的设置，应符合下列要求：

（1）消防水泵房、发电机房、配变电室、计算机网络机房、主要通风和空调机房、防排烟机房、灭火控制系统操作装置处或控制室、企业消防站、消防值班室、总调度室、消防电梯机房及其他与消防联动控制有关且经常有人值班的机房均应设置消防专用电话分机。消防专用电话分机应固定安装在明显且便于使用的部位，并应有区别于普通电话的标识。

（2）设有手动火灾报警按钮或消火栓按钮等处，宜设置电话插孔，并宜选择带有电话插孔的手动灾报警按钮。

（3）各避难层应每隔20 m设置一个消防专用电话分机或电话插孔。

（4）电话插孔在墙上安装时，其底边距地面高度宜为1.3～1.5 m。

（5）消防控制室、消防值班室或企业消防站等处，应设置可直接报警的外线电话。

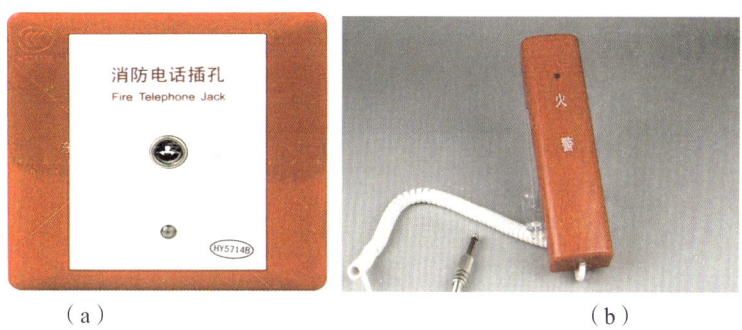

图 4-6 消防专用电话

六、消防控制室图形显示装置

消防控制室中安装的用来显示现场各类消防设备在建筑中布局、工作状态及其他消防安全信息的显示装置。消防控制室图形显示装置（图4-7）应设置在消防控制室内，消防控制室图形显示装置与火灾报警控制器、消防联动控制器、电气火灾监控器、可燃气体报警等消防设备之间，应采用专用线路连接。

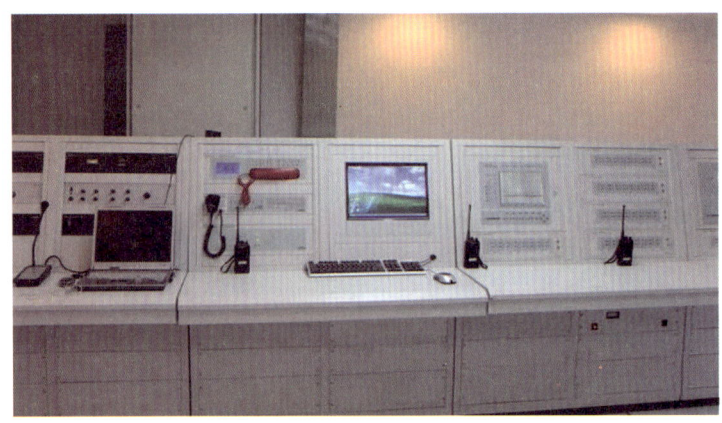

图4-7　消防控制室图形显示装置

七、区域显示器

每个报警区域宜设置一台区域显示器（图4-8）；宾馆、饭店等场所应在每个报警区域设置一台区域显示器。当一个报警区域包括多个楼层时，宜在每个楼层设置一台仅显示本楼层的区域显示器。区域显示器应设置在出入口等明显和便于操作的部位。当采用壁挂方式安装时，其底边距地高度宜为1.3～1.5 m。

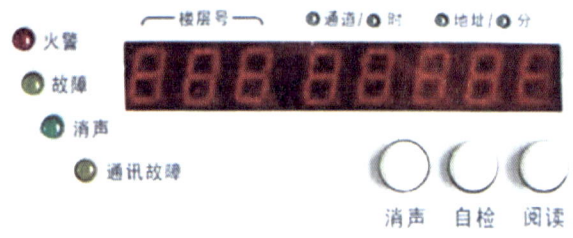

图4-8　区域显示器

八、火灾报警控制器和消防联动控制器

火灾报警控制器（图4-9）是在火灾自动报警系统中，用以接收、显示和传递火灾报警信号，并能发出控制信号和具有其他辅助功能的控制指示设备。火灾报警控制器担负着为火灾探测器提供稳定的工作电源；监视探测器及系统自身的工作状态；接收、转换、处理火灾探测器输出的报警信号；指示报警的具体部位及时间；进行声光报警；同时执行相应辅助控制等诸多任务。消防联动控制器是接收火灾报警控制器或其他火灾触发器件发出的火灾报警信号，根据设定的控制逻辑发出控制信号，控制各类消防设备实现相应功能的控制设备。在消防实践中，火灾报警控制器（联动型）的使用较普遍。这种设备同时具备了火灾报警控制器与消防联动控制器的功能。

火灾报警控制器和消防联动控制器应设置在消防控制室内或有人员值班的房间和场所。火灾报警控制器和消防联动控制器安装在墙上时，其主显示屏高度宜为1.5～1.8 m，其靠近门轴的侧面距墙不小于0.5 m，正面操作距离不应小于1.2 m，集中报警系统和控制中心报警系统中的区域火灾报警控制器在满足下列条件时，可设置在无人员值班的场所：

（1）本区域内无需要手动控制的消防联动设备。

（2）本区域火灾报警控制器的所有信息在集中火灾报警控制器上均有显示，且能接收集中火灾报警控制器的联动控制信号，并自动启动相应的消防设备。

（3）设置的场所只有值班人员可以进入。

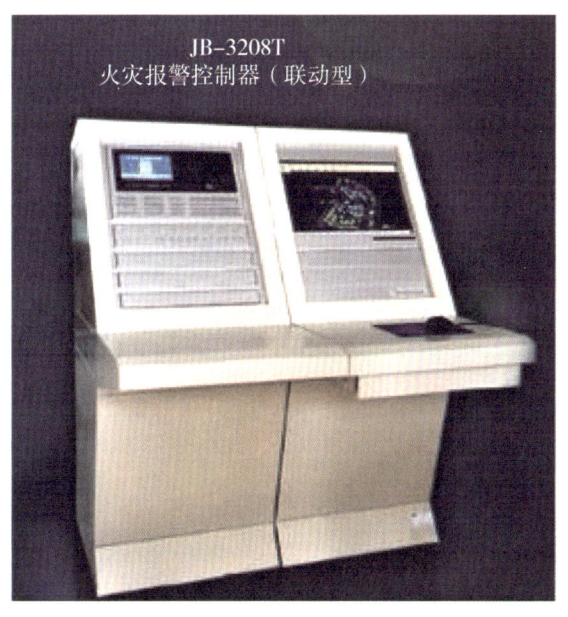

图4-9　火灾报警控制器

第二节 消防控制室

一、消防控制室的基本要求

具有消防联动功能的火灾自动报警系统的保护对象中应设置消防控制室。消防控制室内设置的消防设备应包括火灾报警控制器、消防联动控制器、消防控制室图形显示装置、消防专用电话总机、消防应急广播控制装置、消防应急照明和疏散指示系统控制装置、消防电源监控器等设备或具有相应功能的组合设备。

消防控制室应设有用于火灾报警的外线电话。应有相应的竣工图纸、各分系统控制逻辑关系说明、设备使用说明书、系统操作规程、应急预案、值班制度、维护保养制度及值班记录等文件资料。

消防控制室严禁穿过与消防设施无关的电气线路及管路，不应设置在电磁场干扰较强及其他影响消防控制室设备工作的设备用房附近，送、回风管的穿墙处应设防火阀。

消防控制室内设备的布置应符合下列规定（图4-10、图4-11）：

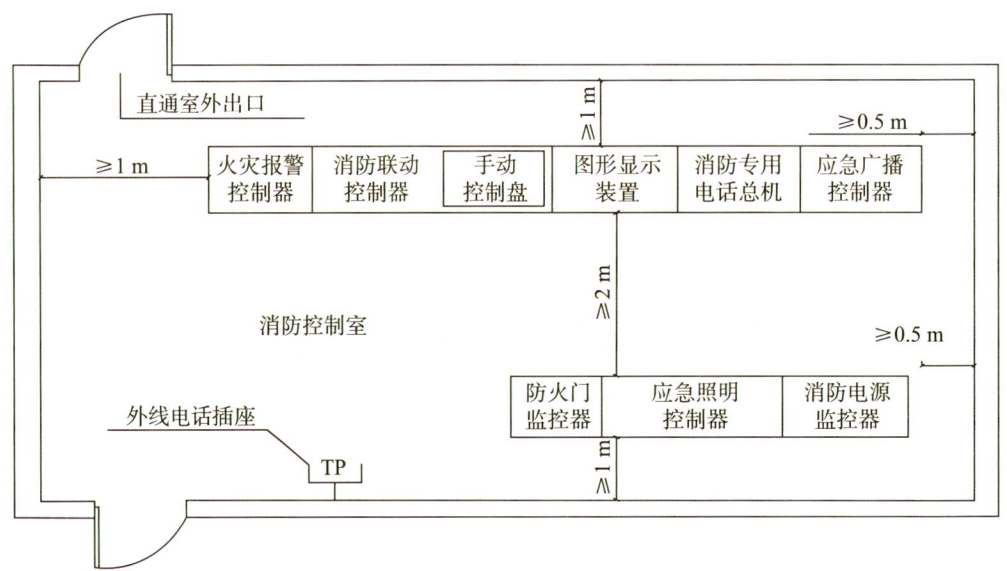

图4-10　消防控制室设备双列布置示意图

（1）设备面盘前的操作距离，单列布置时不应小于1.5 m；双列布置时不应小于2 m。

（2）在值班人员经常工作的一面，设备面盘至墙的距离不应小于3 m。

（3）设备面盘后的维修距离不宜小于1 m。

（4）设备面盘的排列长度大于4 m时，其两端应设置宽度不小于1 m的通道。

（5）与建筑其他弱电系统合用的消防控制室内，消防设备应集中设置，并应与其他设备间有明显间隔。

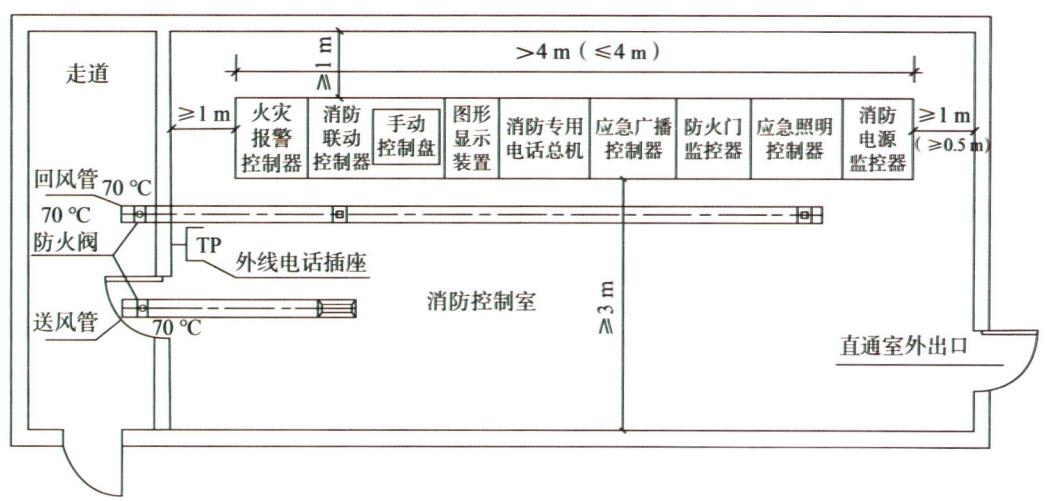

图4-11 消防控制室设备单列布置示意图

消防控制室内应保存下列纸质和电子档案资料：

（1）建（构）筑物竣工后的总平面布局图、建筑消防设施平面布置图、建筑消防设施系统图及安全出口布置图、重点部位位置图等。

（2）消防安全管理规章制度、应急灭火预案、应急疏散预案等。

（3）消防安全组织结构图，包括消防安全责任人、管理人、专职、义务消防人员等内容。

（4）消防安全培训记录、灭火和应急疏散预案的演练记录。

（5）值班情况、消防安全检查情况及巡查情况的记录。

（6）消防设施一览表，包括消防设施的类型、数量、状态等内容。

（7）消防系统控制逻辑关系说明、设备使用说明书、系统操作规程、系统和设备维护保养制度等。

（8）设备运行状况、接报警记录、火灾处理情况、设备检修检测报告等资料，这些资料应能定期保存和归档。

二、消防控制室管理要求

应实行每日24h专人值班制度，每班不应少于2人，值班人员应持有消防设施操作员资格证（图4-12）。消防设施日常维护管理应符合《建筑消防设施的维护管理》（GB 25201—2010）的要求，应确保火灾自动报警系统、灭火系统和其他联动控制设备处于正常工作状态，不得将应处于自动状态的设在手动状态。应确保高位消防水箱、消防水池、气压水罐等消防储水设施水量充足，确保消防泵出水管阀门、自动喷水灭火系统管道上的阀门常开；确保消防水泵、防排烟风机、防火卷帘等消防用电设备的配电柜启动开关处于自动位置（通电状态）。

图 4-12　消防设施操作员资格证

三、消防控制室的值班应急程序

接到火灾警报后，值班人员应立即以最快方式确认；火灾确认后，值班人员应立即确认火灾报警联动控制开关处于自动状态，同时拨打"119"报警，报警时应说明着火单位地点、起火部位、着火物种类、火势大小、报警人姓名和联系电话；值班人员应立即启动单位内部应急疏散和灭火预案，并同时报告单位负责人。

第三节　火灾探测器的设置要求

一、火灾探测器的设置规定

探测区域的每个房间应至少设置一只火灾探测器。

二、保护面积和保护半径

感烟探测器和感温火灾探测器的保护面积和保护半径，应按表 4-1 确定。

表 4-1 感烟探测器、感温探测器的保护面积和保护半径

火灾探测器的种类	地面面积 S (m²)	房间高度 h (m)	一只探测器的保护面积 A 和保护半径 R					
			屋顶坡度 θ					
			$\theta \leq 15°$		$15° < \theta \leq 30°$		$\theta > 30°$	
			A (m²)	R (m)	A (m²)	R (m)	A (m²)	R (m)
感烟探测器	$S \leq 80$	$h \leq 12$	80	6.7	80	7.2	80	8.0
	$S > 80$	$6 < h \leq 12$	80	6.7	100	8.0	120	9.9
		$h \leq 6$	60	5.8	80	7.2	100	9.0
感温探测器	$S \leq 30$	$h \leq 8$	30	4.4	30	4.9	30	5.5
	$S > 30$	$h \leq 8$	20	3.6	30	4.9	40	6.3

注：建筑高度不超过 14 m 的封闭探测空间，且火灾初期会产生大量的烟时，可设置点型感烟火灾探测器。

三、与梁等障碍物的安装距离

在有梁的顶棚上设置点型感烟火灾探测器、感温火灾探测器时，应符合下列规定（图 4-13）：

（1）当梁突出顶棚的高度小于 200 mm 时，可不计梁对探测器保护面积的影响。

（2）当梁突出顶棚的高度为 200～600 mm 时，应按《火灾自动报警系统设计规范》（GB 50116—2013）附录 F、附录 G 确定梁对探测器保护面积的影响和一只探测器能够保护的梁间区域的数量。

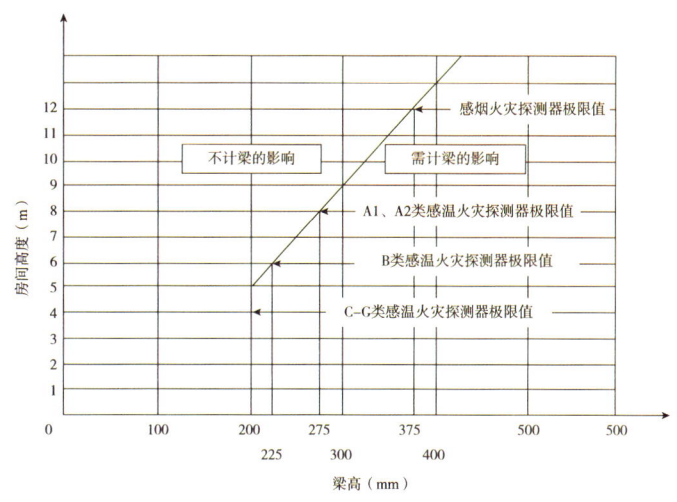

图 4-13 不同高度房间梁对探测器设置的影响

有梁的顶棚上设置点型感烟火灾探测器、感温火灾探测器的要求如表4-2所示。

（3）当梁突出顶棚的高度超过600 mm时，被梁隔断的每个梁间区域应至少设置一只探测器。

表4-2　有梁的顶棚上设置点型感烟火灾探测器、感温火灾探测器的要求

探测器的保护面积 A（m^2）		梁隔断的梁间区域面积 Q（m^2）	一只探测器保护的梁间区域的个数（个）
感温探测器	20	$Q > 12$	1
		$8 < Q \leq 12$	2
		$6 < Q \leq 8$	3
		$4 < Q \leq 6$	4
		$Q \leq 4$	5
	30	$Q > 18$	1
		$12 < Q \leq 18$	2
		$9 < Q \leq 12$	3
		$6 < Q \leq 9$	4
		$Q \leq 6$	5
感烟探测器	60	$Q > 36$	1
		$24 < Q \leq 36$	2
		$18 < Q \leq 24$	3
		$12 < Q \leq 18$	4
		$Q \leq 12$	5
	80	$Q > 48$	1
		$32 < Q \leq 48$	2
		$24 < Q \leq 32$	3
		$16 < Q \leq 24$	4
		$Q \leq 16$	5

当梁间净距小于1 m时，可不计梁对探测器保护面积的影响。

四、在走道上的安装要求

在宽度小于 3 m 的内走道顶棚上设置点型探测器时，宜居中布置。感温火灾探测器的安装间距不应超过 10 m；感烟火灾探测器的安装间距不应超过 15 m；探测器至端墙的距离，不应大于探测器安装间距的 1/2（图 4-14）。

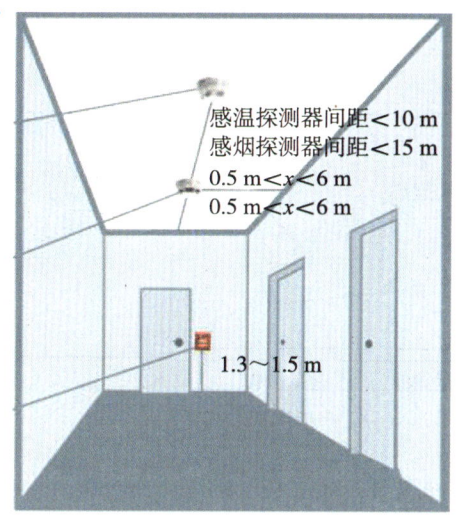

图 4-14　走道上的火灾探测器安装图

五、与其他障碍物的距离

点型探测器至墙壁、梁边的水平距离，不应小于 0.5 m。点型探测器周围 0.5 m 内，不应有遮挡物。

点型探测器至空调送风口边的水平距离不应小于 1.5 m，并宜接近回风口安装。探测器至多孔送风顶棚孔口的水平距离不应小于 0.5 m（图 4-15）。

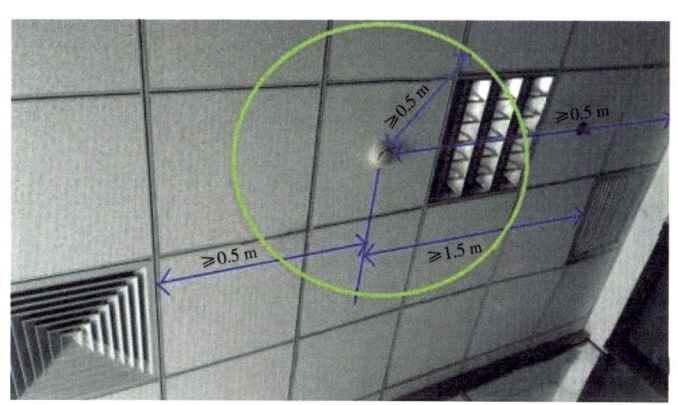

图 4-15　点型探测器与其他障碍物的距离

房间被书架、设备或隔断等分隔,其顶部至顶棚或梁的距离小于房间净高的 5% 时,每个被隔开的部分应至少安装一只点型探测器(图 4-16)。

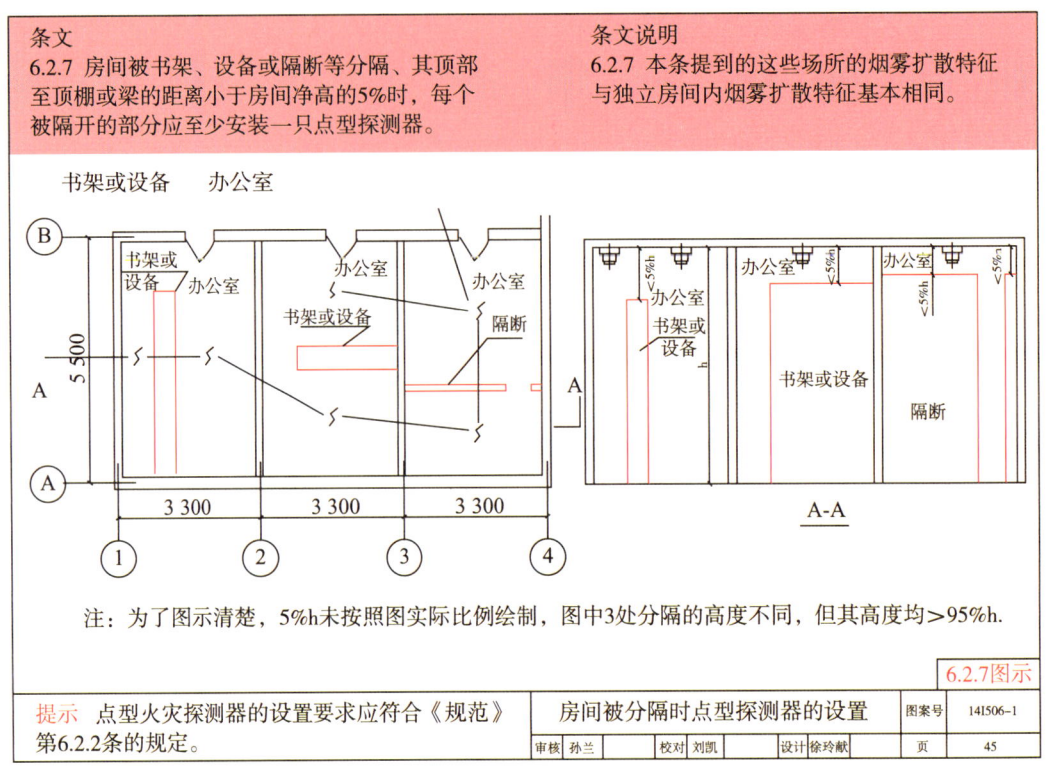

图 4-16 房间被分隔时点型探测器的设置

当屋顶有热屏障时,点型感烟火灾探测器下表面至顶棚或屋顶的距离,应符合表 4-3 的规定。

表 4-3 感烟探测器下表面至顶棚或屋顶的距离

探测器的安装高度 h (m)	感烟探测器下表面至顶棚或屋顶的距离 d (mm)					
	顶棚或屋顶坡度 θ					
	$\theta \leqslant 15°$		$15° < \theta \leqslant 30°$		$\theta > 30°$	
	最小	最大	最小	最大	最小	最大
$h \leqslant 6$	30	200	200	300	300	500
$6 < h \leqslant 8$	70	250	250	400	400	600
$8 < h \leqslant 10$	100	300	300	500	500	700
$10 < h \leqslant 12$	150	350	350	600	600	800

六、在格栅吊顶场所的设置要求

感烟火灾探测器在格栅吊顶场所的设置，应符合下列规定（图4-17）：

（1）镂空面积与总面积的比例不大于15%时，探测器应设置在吊顶下方。

（2）镂空面积与总面积的比例大于30%时，探测器应设置在吊顶上方。

（3）镂空面积与总面积的比例为15%～30%时，探测器的设置部位应根据实际试验结果确定。

（4）探测器设置在吊顶上方且火警确认灯无法观察时，应在吊顶下方设置火警确认灯。

（5）地铁站台等有活塞风影响的场所，镂空面积与总面积的比例为30%～70%时，探测器宜同时设置在吊顶上方和下方。

条文
6.2.7 感烟火灾探测器在隔栅吊顶场所的设置，应符合下列规定：
1.镂空面积与总面积的比例不大于15%时，探测器应设置在吊顶下方。
2.镂空面积与总面积的比例大于30%时，探测器应设置在吊顶上方。
3.镂空面积与总面积的比例为15%~30%时，探测器的知识部位应根据实际试验结果确定。
4.探测器设置在吊顶上方且火警确认灯无法观察时，应在吊顶下方设置火警确认灯。
5.地铁站台等有活塞风影响的场所，镂空面积与总面积的比例为30%~70%时，探测器宜同时设置在吊顶上方和下方。
条文说明
6.2.18 本条规定是根据实际试验结果确定的。

序号	镂空面积与总面积的比例	感烟探测器设置位置
1	≤15%	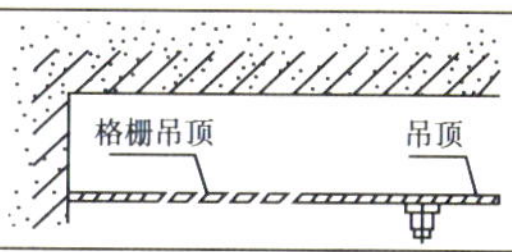 格栅吊顶 / 吊顶
2	>30%	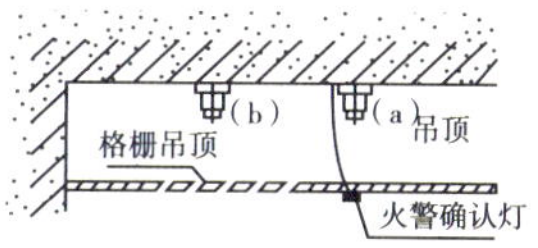 格栅吊顶 / 吊顶 (b)(a) 火警确认灯
3	15%~30%	应根据实际实验结果确定
4	30%~70% 注：有活塞风影响的场所	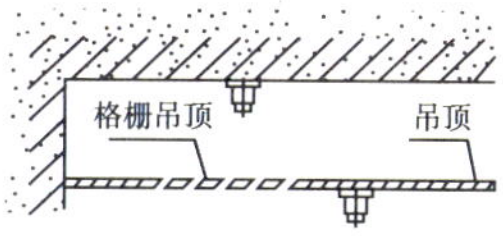 格栅吊顶 / 吊顶

注：
1.当感烟火灾探测器在吊顶上方设置无法观察到火警确认灯时，应在吊顶下方设置火警确认灯，见左表序号2图中（a）。
2.当感烟火灾探测器在格栅墙吊顶镂空面积上方安装，可以观察到火警确认灯时，不需在格栅吊顶下方设置火警确认灯，见左表序号2图中（b）。
3.地铁站台的活塞风为：当列车在站中运行时，空气被列车带动而顺着列车运行前进的方向流动，所形成的风成为活塞风。

6.2.18图示

提示
1.条文中的总面积为一个场所吊顶的全面积，镂空面积为格栅吊顶铁空面积。
2.探测器设在吊顶上方时宜设置在格栅吊顶镂空面积的上方，见序号2图中（b）。

感烟火灾探测器在隔栅吊顶场所的设置

图案号 14X505-1
审核 丁宏军　校对 刘凯　设计 徐玲献　页 52

图4-17 感烟火灾探测器在格栅吊顶场所的设置

七、其他安装要求

锯齿形屋顶和坡度大于15°的人字形屋顶，应在每个屋脊处设置一排点型探测器，探测器下表面至屋顶最高处的距离，应符合《火灾自动报警系统设计规范》(GB 50116—2013)的规定。点型探测器宜水平安装。当倾斜安装时，倾斜角不应大于45°。在电梯井、升降机井设置点型探测器时，其位置宜在井道上方的机房顶棚上。

第四节 火灾自动报警系统的形式及设置条件

火灾自动报警系统的形式有区域报警系统、集中报警系统和控制中心报警系统。

一、区域报警系统

系统应由火灾探测器、手动火灾报警按钮、火灾声光警报器及火灾报警控制器等组成，系统中可包括消防控制室图形显示装置和指示楼层的区域显示器（图4-18）。火灾报警控制器应设置在有人值班的场所。系统设置消防控制室图形显示装置时，该装置应具有传输有关信息的功能；系统未设置消防控制室图形显示装置时，应设置火警传输设备。

设置条件：仅需要报警，不需要联动自动消防设备的保护对象宜采用。

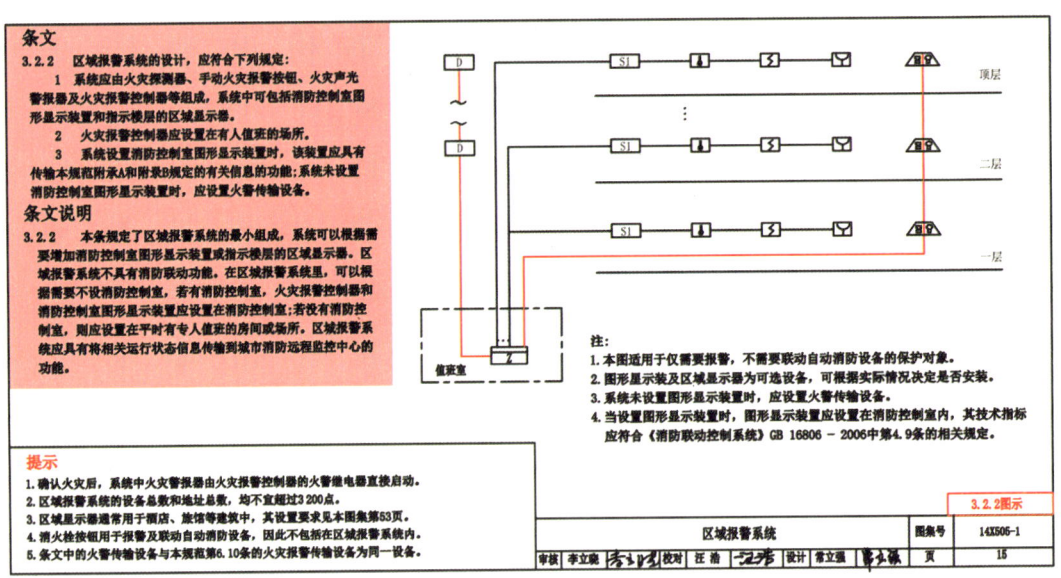

图4-18 区域报警系统图

二、集中报警系统

系统应由火灾探测器、手动火灾报警按钮、火灾声光警报器、消防应急广播、消防专用电话、消防控制室图形显示装置、火灾报警控制器、消防联动控制器等组成（图4-19）。系统中的火灾报警控制器、消防联动控制器和消防控制室图形显示装置、消防应急广播的控制装置、消防专用电话总机等起集中控制作用的消防设备，应设置在消防控制室内。系统设置的消防控制室图形显示装置应具有传输有关信息的功能。

设置条件：需要报警，需要联动自动消防设备，且只设置一台具有集中控制功能的火灾报警控制器和消防联动控制器的保护对象，应采用集中报警系统，并应设置一个消防控制室。

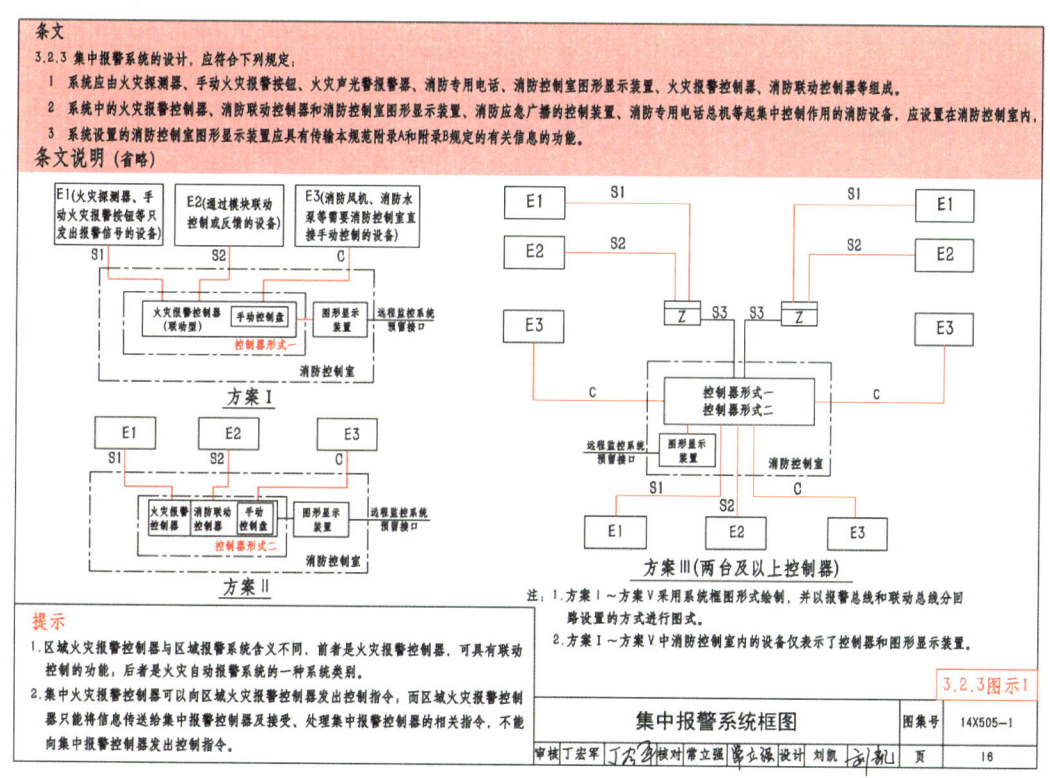

图4-19 集中报警系统图

三、控制中心报警系统

设置两个及以上消防控制室的保护对象，或已设置两个及以上集中报警系统的保护对象，应采用控制中心报警系统。控制中心报警系统组件与集中报警系统相同（图4-20）。

当有两个及以上消防控制室时,应确定一个主消防控制室。主消防控制室应能显示所有火灾报警信号和联动控制状态信号,并应能控制重要的消防设备;各分消防控制室内消防设备之间可互相传输、显示状态信息,但不应互相控制。系统设置的消防控制室图形显示装置应具有传输有关信息的功能。

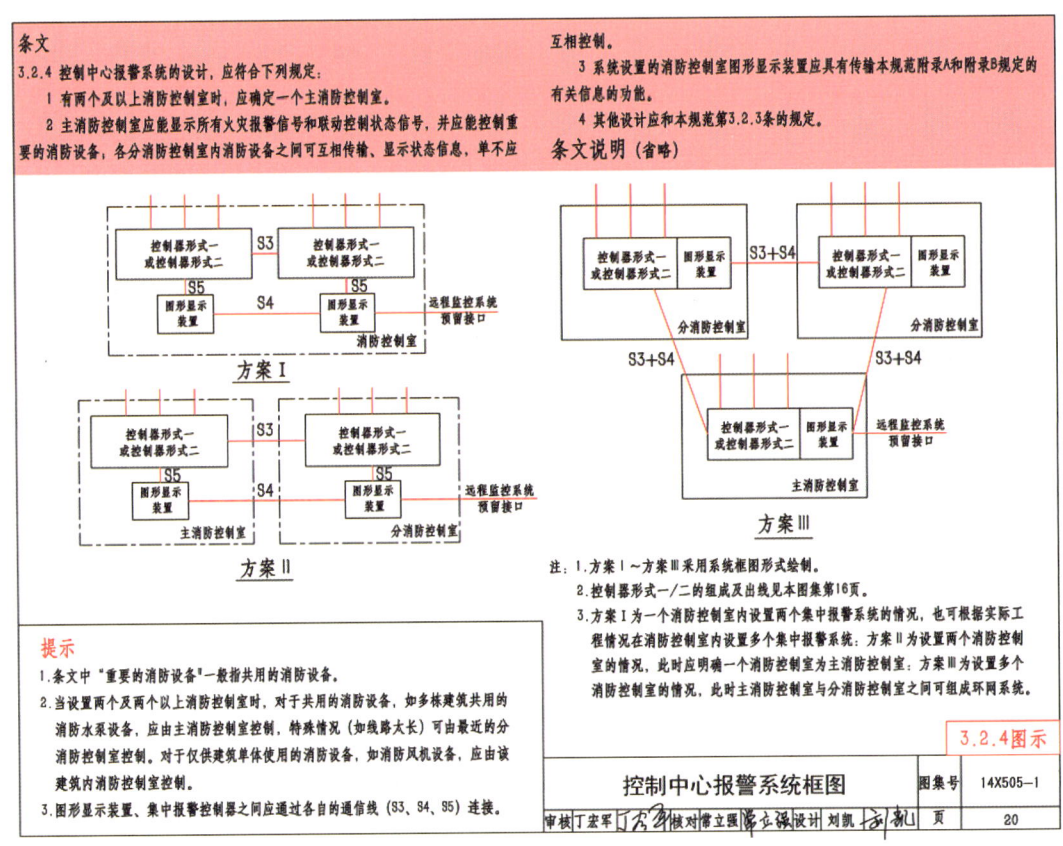

图 4-20 控制中心报警系统图

第五节 火灾自动报警系统设置场所

一、公共建筑和工业建筑设置火灾自动报警系统

下列建筑或场所应设置火灾自动报警系统:

(1)任一层建筑面积大于 1 500 m² 或总建筑面积大于 3 000 m² 的制鞋、制衣、玩具、

电子等类似用途的厂房。

（2）每座占地面积大于 1 000 m² 的棉、毛、丝、麻、化纤及其制品的仓库，占地面积大于 500 m² 或总建筑面积大于 1 000 m² 的卷烟仓库。

（3）任一层建筑面积大于 1 500 m² 或总建筑面积大于 3 000 m² 的商店、展览、财贸金融、客运和货运等类似用途的建筑，总建筑面积大于 500 m² 的地下或半地下商店。

（4）图书或文物的珍藏库、每座藏书超过 50 万册的图书馆、重要的档案馆。

（5）地市级及以上广播电视建筑、邮政建筑、电信建筑，城市或区域性电力、交通和防灾等指挥调度建筑。

（6）特等、甲等剧场，座位数超过 1 500 个的其他等级的剧场或电影院，座位数超过 2 000 个的会堂或礼堂，座位数超过 3 000 个的体育馆。

（7）大、中型幼儿园的儿童用房等场所，老年人照料设施，任一层建筑面积大于 1 500 m² 或总建筑面积大于 3 000 m² 的疗养院的病房楼、旅馆建筑和其他儿童活动场所，不少于 200 床位的医院门诊楼、病房楼和手术部等。

（8）歌舞娱乐放映游艺场所。

（9）净高大于 2.6 m 且可燃物较多的技术夹层，净高大于 0.8 m 且有可燃物的闷顶或吊顶内。

（10）电子信息系统的主机房及其控制室、记录介质库，特殊贵重或火灾危险性大的机器、仪表、仪器设备室、贵重物品库房。

（11）二类高层公共建筑内建筑面积大于 50 m² 的可燃物品库房和建筑面积大于 500 m² 的营业厅。

（12）其他一类高层公共建筑。

（13）设置机械排烟、防烟系统，雨淋或预作用自动喷水灭火系统，固定消防水炮灭火系统，气体灭火系统等需与火灾自动报警系统联锁动作的场所或部位。

（14）老年人照料设施中的老年人用房及其公共走道，均应设置火灾探测器和声警报装置或消防广播。

二、住宅设置火灾自动报警系统

建筑高度大于 100 m 的住宅，应设置火灾自动报警系统。

建筑高度大于 54 m 但不大于 100 m 的住宅建筑，其公共部位应设置火灾自动报警系统，套内宜设置火灾探测器。建筑高度不大于 54 m 的高层住宅建筑，其公共部位宜设置火灾自动报警系统。当设置需联动控制的消防设施时，公共部位应设置火灾自动报警系统。高层住宅建筑的公共部位应设置具有语音功能的火灾声警报装置或应急广播。

建筑内可能散发可燃气体的场所应设置可燃气体报警装置。

第六节　消防联动控制

一、重要设备设置联动、手动控制方式

消防水泵、防烟和排烟风机的控制设备，除应采用联动控制方式外，还应在消防控制室设置手动直接控制装置。

二、湿式系统和干式系统的联动控制设计

联动控制方式应由湿式报警阀压力开关的动作信号作为触发信号，直接控制启动喷淋消防泵，联动控制不应受消防联动控制器处于自动或手动状态影响（图4-21）。

手动控制方式应将喷淋消防泵控制箱（柜）的启动、停止按钮用专用线路直接连接至设置在消防控制室内的消防联动控制器的手动控制盘，直接手动控制喷淋消防泵的启动、停止。

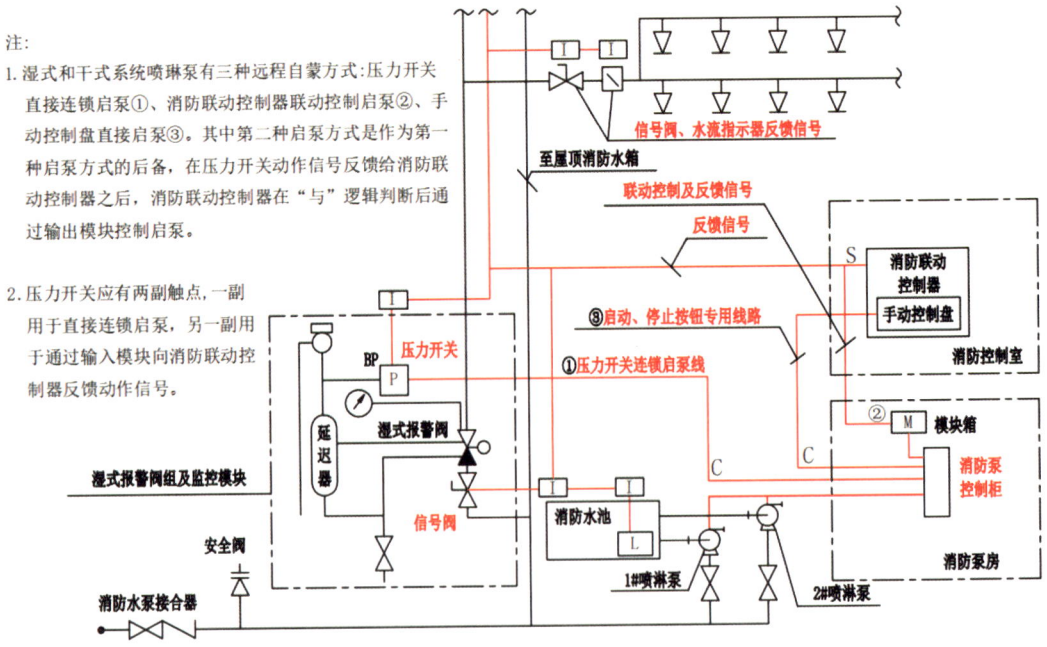

图4-21　联动控制系统图

水流指示器、信号阀、压力开关、喷淋消防泵的启动和停止的动作信号应反馈至消防联动控制器。

三、消火栓系统联动控制设计

联动控制方式应由消火栓系统出水干管上设置的低压压力开关、高位消防水箱出水管上设置的流量开关或报警阀压力开关等信号作为触发信号，直接控制启动消火栓泵，联动控制不应受消防联动控制器处于自动或手动状态影响（图4-22）。当设置消火栓按钮时，消火栓按钮的动作信号应作为报警信号及启动消火栓泵的联动触发信号，由消防联动控制器联动控制消火栓泵的启动。

手动控制方式应将消火栓泵控制箱（柜）的启动、停止按钮用专用线路直接连接至设置在消防控制室内的消防联动控制器的手动控制盘，并应直接手动控制消火栓泵的启动、停止。

消火栓泵的动作信号应反馈至消防联动控制器。

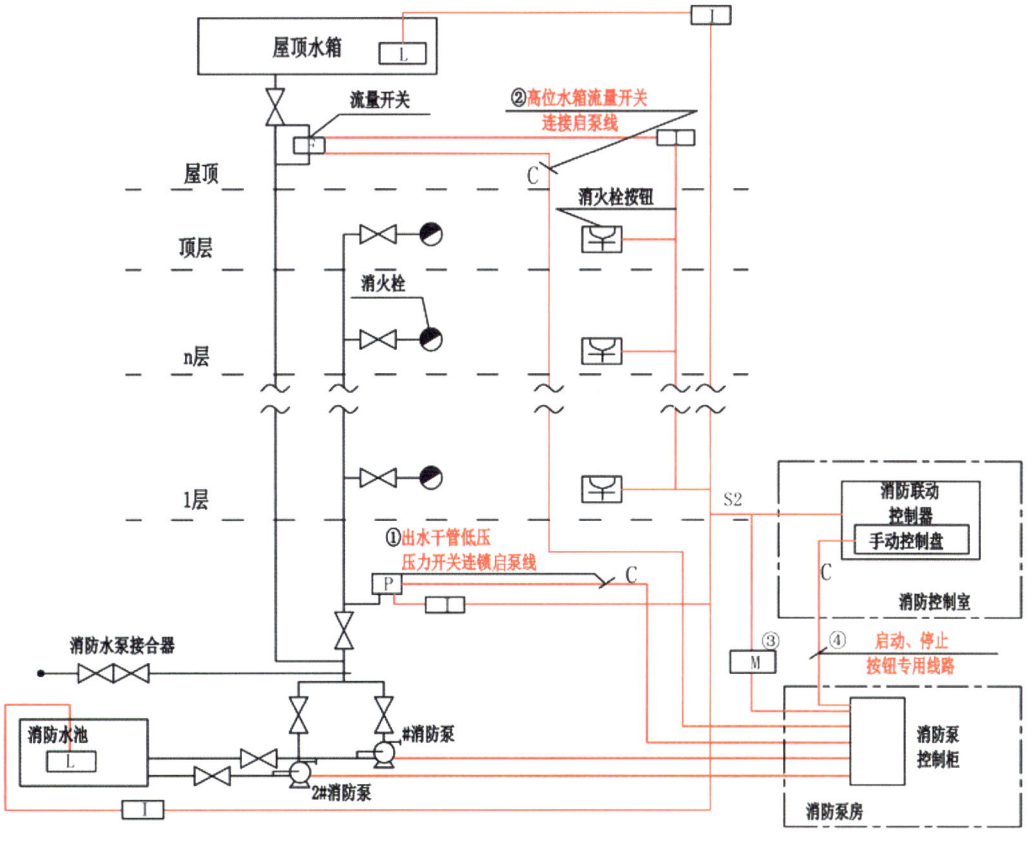

图4-22 消火栓系统联动控制图

四、防烟系统的联动控制方式

机械防烟系统应由加压送风口所在防火分区内的两只独立的火灾探测器或一只火灾探测器与一只手动火灾报警按钮的报警信号，作为送风口开启和加压送风机启动的联动触发信号，并应由消防联动控制器联动控制相关层前室等需要加压送风场所的加压送风口开启和加压送风机启动。

电动挡烟垂壁应由同一防烟分区内且位于电动挡烟垂壁附近的两只独立的感烟火灾探测器的报警信号，作为电动挡烟垂壁降落的联动触发信号，并应由消防联动控制器联动控制电动挡烟垂壁的降落。

五、排烟系统的联动控制方式

机械排烟系统由同一防烟分区内的两只独立的火灾探测器的报警信号，作为排烟口、排烟窗或排烟阀开启的联动触发信号，并应由消防联动控制器联动控制排烟口、排烟窗或排烟阀的开启，同时停止该防烟分区的空气调节系统（图4-23）。

排烟口、排烟窗或排烟阀开启的动作信号，作为排烟风机启动的联动触发信号，并应由消防联动控制器联动控制排烟风机的启动。

防烟系统、排烟系统的手动控制方式应能在消防控制室内的消防联动控制器上手动控制送风口、电动挡烟垂壁、排烟口、排烟窗、排烟阀的开启或关闭及防烟风机、排烟风机等设备的启动或停止，防烟、排烟风机的启动、停止按钮应采用专用线路直接连接至设置在消防控制室内的消防联动控制器的手动控制盘，并应直接手动控制防烟、排烟风机的启动、停止。

送风口、排烟口、排烟窗或排烟阀开启和关闭的动作信号，防烟、排烟风机启动和停止及电动防火阀关闭的动作信号，均应反馈至消防联动控制器。

排烟风机入口处的总管上设置的280℃排烟防火阀在关闭后应直接联动控制风机停止，排烟防火阀及风机的动作信号应反馈至消防联动控制器。

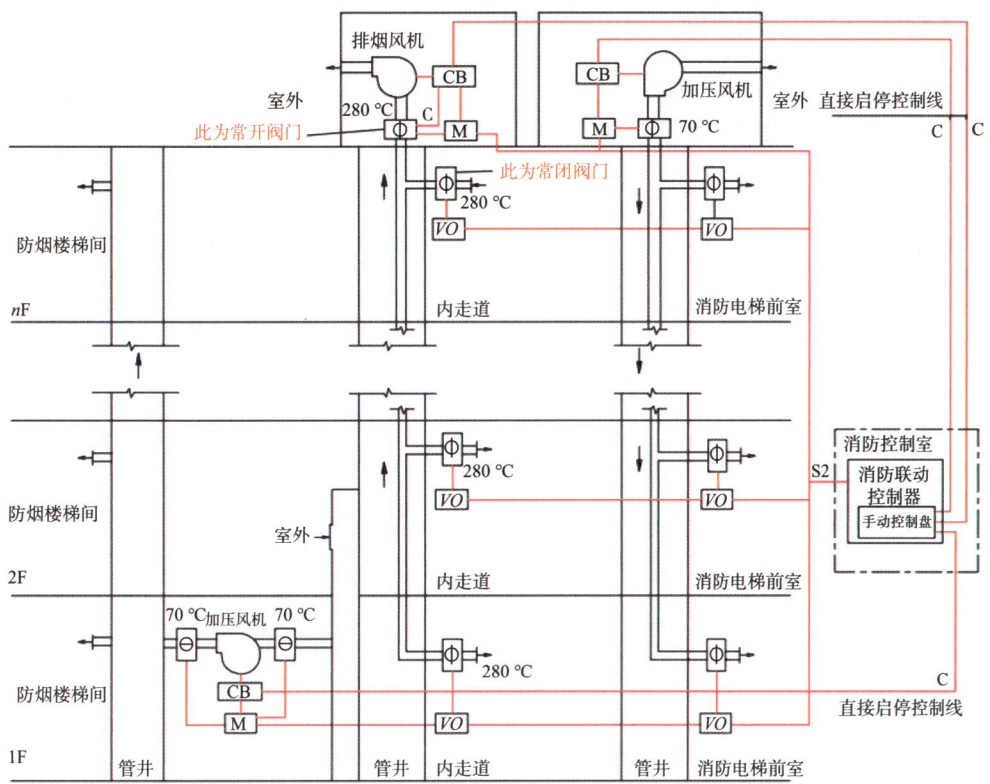

图 4-23 排烟系统联动控制系统图

六、防火门系统的联动控制设计

防火门监控系统应由常开防火门所在防火分区内的两只独立的火灾探测器或一只火灾探测器与一只手动火灾报警按钮的报警信号，作为常开防火门关闭的联动触发信号。联动触发信号应由火灾报警控制器或消防联动控制器发出，并应由消防联动控制器或防火门监控器联动控制防火门关闭（图 4-24）。

疏散通道上各防火门的开启、关闭及故障状态信号应反馈至防火门监控器。

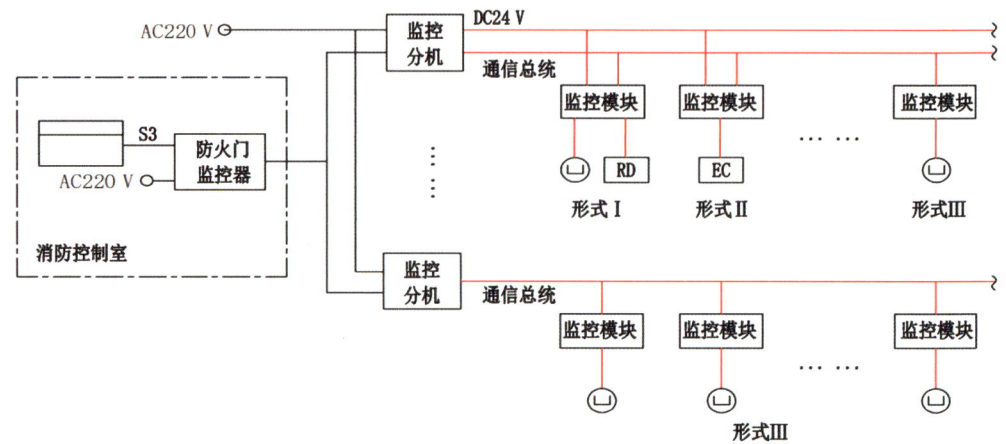

图 4-24　防火门监控系统图

七、防火卷帘的联动控制

防火卷帘的升降应由防火卷帘控制器控制。

疏散通道上设置的防火卷帘的联动控制设计，应符合下列规定：

（1）联动控制方式，防火分区内任两只独立的感烟火灾探测器或任一只专门用于联动防火卷帘的感烟火灾探测器的报警信号应联动控制防火卷帘下降至距楼板面 1.8 m 处；任一只专门用于联动防火卷帘的感温火灾探测器的报警信号应联动控制防火卷帘下降到楼板面；在卷帘的任一侧距卷帘纵深 0.5～5 m 内应设置不少于 2 只专门用于联动防火卷帘的感温火灾探测器。

（2）手动控制方式应由防火卷帘两侧设置的手动控制按钮控制防火卷帘的升降。

非疏散通道上设置的防火卷帘的联动控制设计，应符合下列规定：

（1）联动控制方式应由防火卷帘所在防火分区内任两只独立的火灾探测器的报警信号，作为防火卷帘下降的联动触发信号，并应联动控制防火卷帘直接下降到楼板面。

（2）手动控制方式应由防火卷帘两侧设置的手动控制按钮控制防火卷帘的升降，并应能在消防控制室内的消防联动控制器上手动控制防火卷帘的降落。

（3）防火卷帘下降至距楼板面 1.8 m 处、下降到楼板面的动作信号和防火卷帘控制器直接连接的感烟、感温火灾探测器的报警信号，应反馈至消防联动控制器。

八、电梯的联动控制设计

（1）消防联动控制器应具有发出联动控制信号强制所有电梯停于首层或电梯转换层的

功能（图4-25）。

（2）电梯运行状态信息和停于首层或转换层的反馈信号应传送给消防控制室显示，轿厢内应设置能直接与消防控制室通话的专用电话。

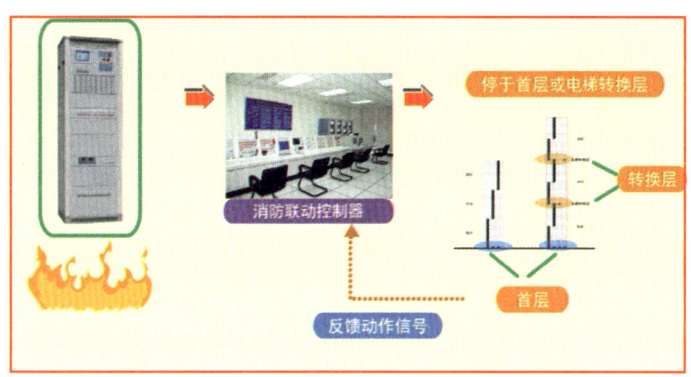

图4-25　电梯联动控制系统图

九、火灾警报和消防应急广播系统的联动控制设计

火灾自动报警系统应设置火灾声光警报器，并应在确认火灾后启动建筑内的所有火灾声光警报器。未设置消防联动控制器的火灾自动报警系统，火灾声光警报器应由火灾报警控制器控制；设置消防联动控制器的火灾自动报警系统，火灾声光警报器应由火灾报警控制器或消防联动控制器控制。

公共场所宜设置具有同一种火灾变调声的火灾声警报器；具有多个报警区域的保护对象，宜选用带有语音提示的火灾声警报器；学校、工厂等各类日常使用电铃的场所，不应使用警铃作为火灾声警报器。

火灾声警报器设置带有语音提示功能时，应同时设置语音同步器。同一建筑内设置多个火灾声警报器时，火灾自动报警系统应能同时启动和停止所有火灾声警报器工作。火灾声警报器单次发出火灾警报时间宜为8～20s，同时设有消防应急广播时，火灾声警报应与消防应急广播交替循环播放。

集中报警系统和控制中心报警系统应设置消防应急广播。消防应急广播系统的联动控制信号应由消防联动控制器发出。当确认火灾后，应同时向全楼进行广播。消防应急广播的单次语音播放时间宜为10～30s，应与火灾声警报器分时交替工作，可采取1次火灾声警报器播放、1次或2次消防应急广播播放的交替工作方式循环播放。

在消防控制室应能手动或按预设控制逻辑联动控制选择广播分区、启动或停止应急广播系统，并应能监听消防应急广播。在通过传声器进行应急广播时，应自动对广播内容进行录音。消防控制室内应能显示消防应急广播的广播分区的工作状态。

消防应急广播与普通广播或背景音乐广播合用时，应具有强制切入消防应急广播的功能。

十、消防应急照明和疏散指示系统的联动控制设计

集中控制型消防应急照明和疏散指示系统，应由火灾报警控制器或消防联动控制器启动应急照明控制器实现（图4-26）。

集中电源非集中控制型消防应急照明和疏散指示系统，应由消防联动控制器联动应急照明集中电源和应急照明分配电装置实现。

自带电源非集中控制型消防应急照明和疏散指示系统，应由消防联动控制器联动消防应急照明配电箱实现。

当确认火灾后，由发生火灾的报警区域开始，顺序启动全楼疏散通道的消防应急照明和疏散指示系统，系统全部投入应急状态的启动时间不应大于5 s。

十一、相关联动控制设计

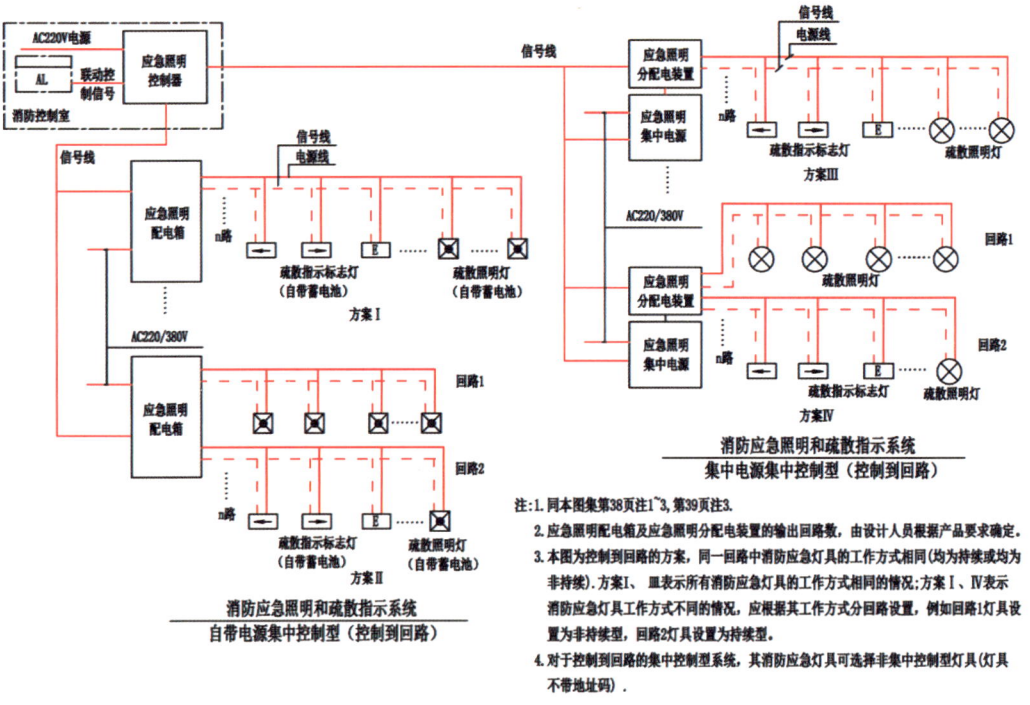

图4-26 应急照明和疏散指示系统联动控制系统图

消防联动控制器应具有切断火灾区域及相关区域的非消防电源的功能，当需要切断正

常照明时，宜在自动喷淋系统消火栓系统动作前切断。

消防联动控制器应具有自动打开涉及疏散的电动栅杆等的功能，宜开启相关区域安全技术防范系统的摄像机监视火灾现场。

消防联动控制器应具有打开疏散通道上由门禁系统控制的门和庭院电动大门的功能，并应具有打开停车场出入口挡杆的功能。

第五章 防烟排烟系统

防烟排烟系统是防烟系统和排烟系统的总称（图 5-1）。

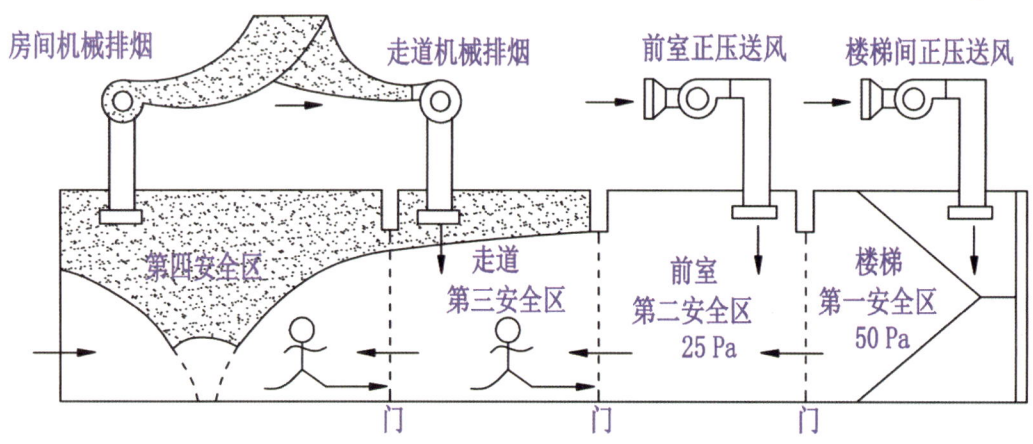

前室、楼梯间加压送风，走道排烟

图 5-1 防烟排烟示意图

防烟系统是通过采用自然通风方式，防止火灾烟气在楼梯间、前室、避难层（间）等空间内积聚，或通过采用机械加压送风方式阻止火灾烟气侵入楼梯间、前室、避难层（间）等空间的系统。

排烟系统是采用自然排烟或机械排烟的方式，将房间、走道等空间的火灾烟气排至建筑物外的系统。

第一节 防烟系统

防烟系统分为自然通风系统和机械加压送风系统。

一、系统组成及组件设置要求

自然通风系统通常指位于防烟楼梯间及其前室、消防电梯前室或合用前室外墙上的洞口或便于人工开启的普通外窗（图5-2）。

图5-2 外窗自然通风

机械加压送风的防烟设施包括加压送风机、加压送风管道、管井、加压送风口等（图5-3）。当防烟楼梯间加压送风而前室不送风时，楼梯间与前室的隔墙上还可能设有余压阀。

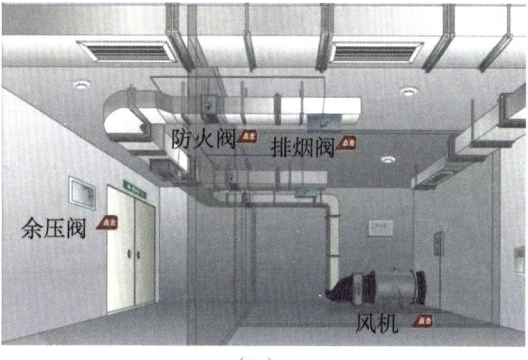

图5-3 机械加压送风系统

(一)加压送风机

机械加压送风机宜采用轴流风机或中、低压离心风机(图5-4)。

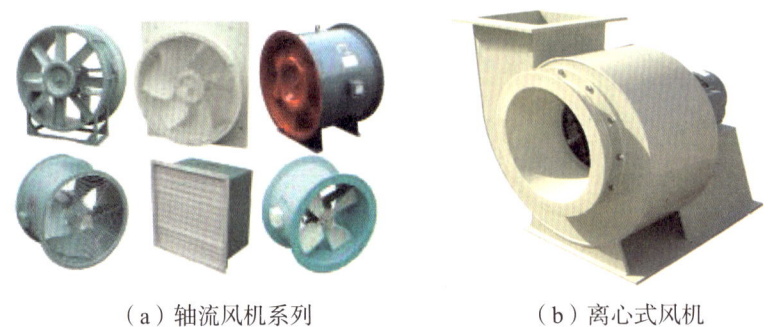

(a)轴流风机系列　　　(b)离心式风机

图5-4　风机

其设置应符合下列规定:

(1)送风机的进风口应直通室外,且应采取防止烟气被吸入的措施。

(2)送风机的进风口宜设在机械加压送风系统的下部。

(3)送风机的进风口不应与排烟风机的出风口设在同一面上。当确有困难时,送风机的进风口与排烟风机的出风口应分开布置,且竖向布置时,送风机的进风口应设置在排烟出口的下方,其两者边缘最小垂直距离不应小于6.0 m;水平布置时,两者边缘最小水平距离不应小于20.0 m(图5-5、图5-6)。

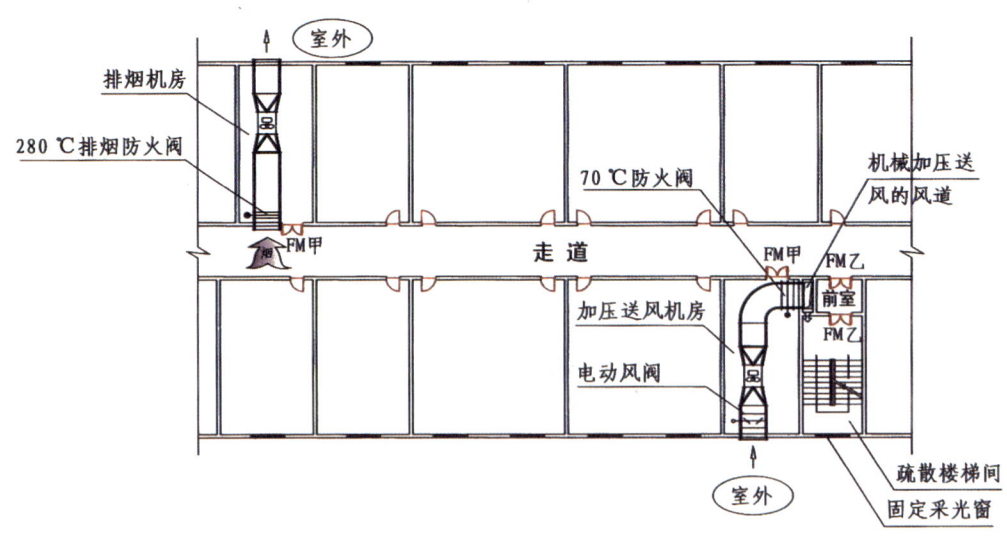

图5-5　机械加压送风系统设置要求(一)

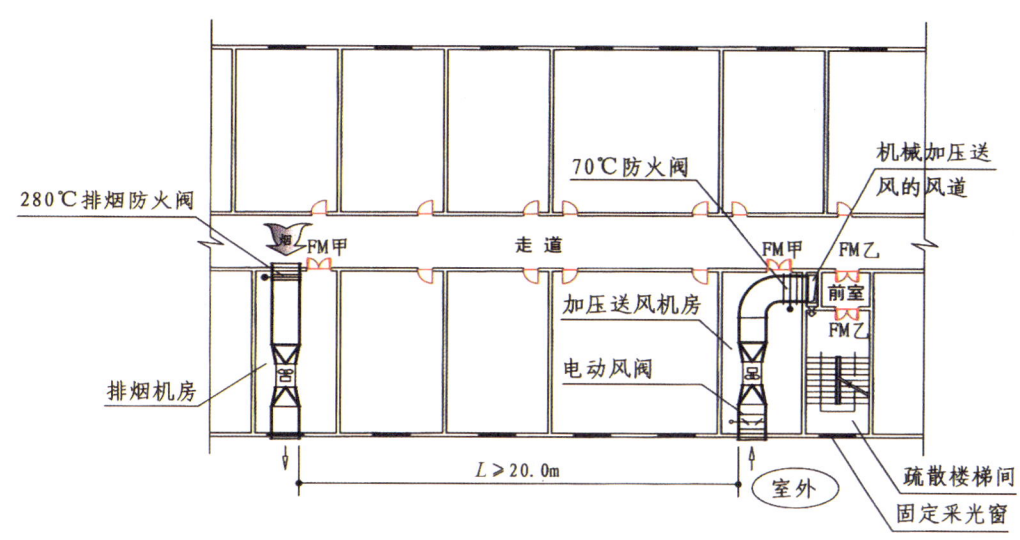

图 5-6　机械加压送风系统设置求（二）

（4）送风机宜设置在系统的下部，且应采取保证各层送风量均匀性的措施。

（5）送风机应设置在专用机房内，送风机房并应符合现行国家标准《建筑设计防火规范（2018年版）》（GB 50016—2014）的规定。

（6）当送风机出风管或进风管上安装单向风阀或电动风阀时，应采取火灾时自动开启阀门的措施。

（二）加压送风管道

机械加压送风系统应采用管道送风，且不应采用土建风道。送风管道应采用不燃材料制作且内壁应光滑。当送风管道内壁为金属时，设计风速不应大于 20 m/s；当送风管道内壁为非金属时，设计风速不应大于 15 m/s；送风管道的厚度应符合现行国家标准《通风与空调工程施工质量验收规范》（GB 50243—2016）的规定。

机械加压送风管道的设置和耐火极限应符合下列规定（图 5-7）：

（1）竖向设置的送风管道应独立设置在管道井内，当确有困难时，未设置在管道井内或与其他管道合用管道井的送风管道，其耐火极限不应低于 1.00 h。

（2）水平设置的送风管道，当设置在吊顶内时，其耐火极限不应低于 0.50 h；当未设置在吊顶内时，其耐火极限不应低于 1.00 h。

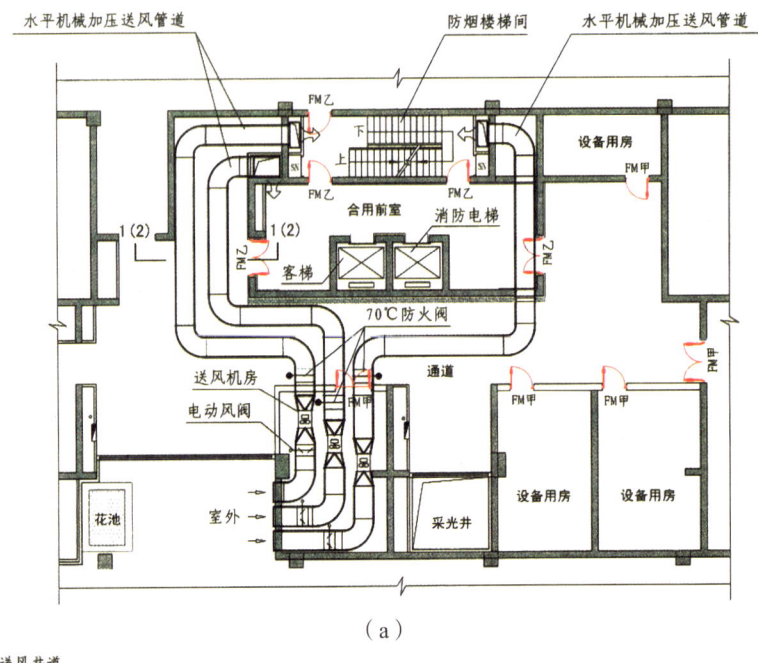

（a）

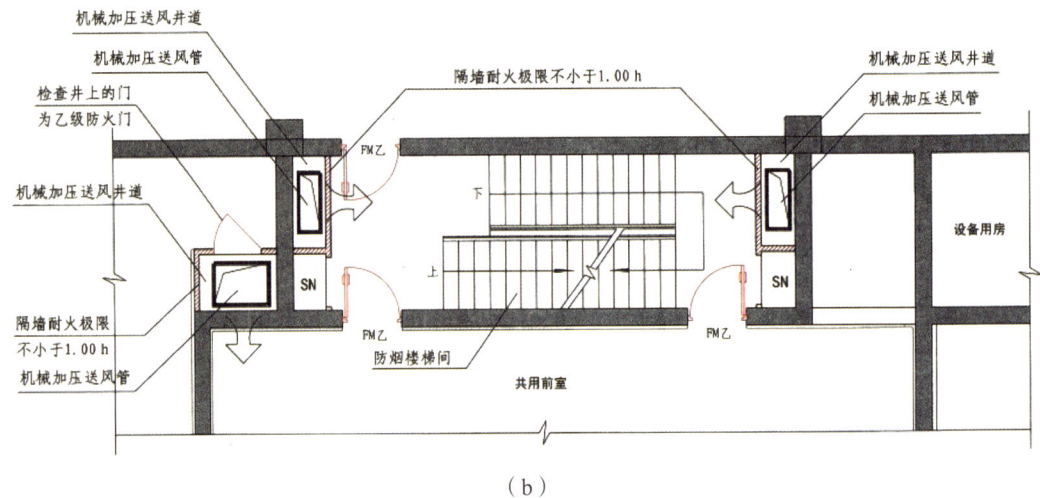

（b）

图5-7 机械加压送风管道设置要求（一）

（三）管井

机械加压送风系统的管道井应采用耐火极限不低于1.00 h的隔墙与相邻部位分隔，当墙上必须设置检修门时应采用乙级防火门。

（四）加压送风口

加压送风口分为常开式、常闭式和自垂百叶式。常开式即普通的固定叶片式百叶风口；常闭式采用手动或电动开启，常用于前室或合用前室；自垂百叶式平时靠百叶重力自行关闭，加压时自行开启，常用于防烟楼梯间。

加压送风口的设置（图5-8）应符合下列规定：

（1）除直灌式加压送风方式外，楼梯间宜每隔2～3层设一个常开式百叶送风口。

（2）前室应每层设一个常闭式加压送风口，并应设手动开启装置。

（3）送风口的风速不宜大于7 m/s。

（4）送风口不宜设置在被门挡住的部位。

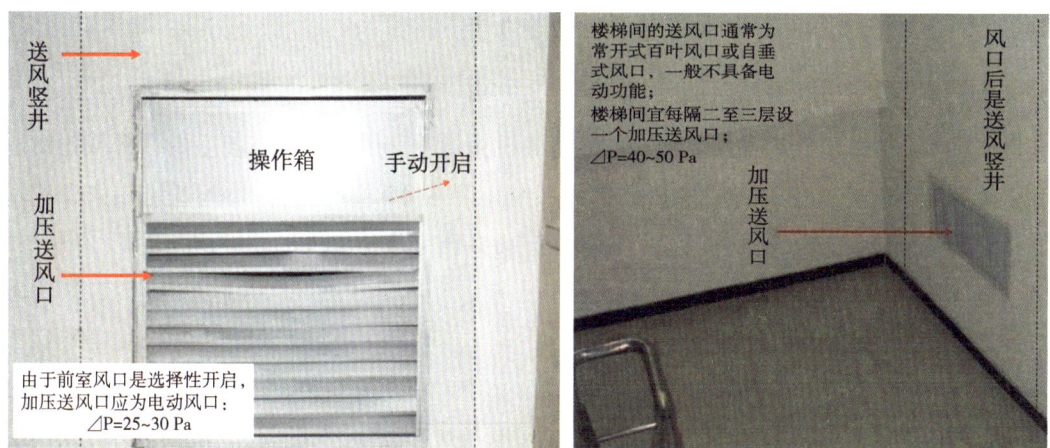

图5-8 送风口设置要求

二、系统设置部位及设置标准

建筑防烟系统的设计应根据建筑高度、使用性质等因素，采用自然通风系统或机械加压送风系统。

建筑高度大于50 m的公共建筑、工业建筑和建筑高度大于100 m的住宅建筑，其防烟楼梯间、独立前室、共用前室、合用前室及消防电梯前室应采用机械加压送风系统。

建筑高度小于或等于50 m的公共建筑、工业建筑和建筑高度小于或等于100 m的住宅建筑，其防烟楼梯间、独立前室、共用前室、合用前室（除共用前室与消防电梯前室合用外）及消防电梯前室应采用自然通风系统；当不能设置自然通风系统时，应采用机械加压送风系统。防烟系统的选择，应符合下列规定：

（1）当独立前室或合用前室满足下列条件之一时，楼梯间可不设置防烟系统

(图5-9):

① 采用全敞开的阳台或凹廊;

② 设有两个及以上不同朝向的可开启外窗,且独立前室两个外窗面积分别不小于2.0 m², 合用前室两个外窗面积分别不小于3.0 m²。

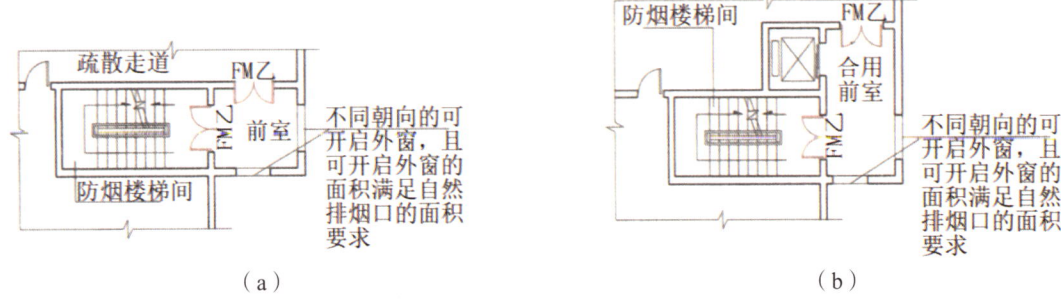

图5-9 独立前室或合用前室楼梯间不设送风系统条件

(2)当独立前室、共用前室及合用前室的机械加压送风口设置在前室的顶部或正对前室入口的墙面时,楼梯间可采用自然通风系统(图5-10);当机械加压送风口未设置在前室的顶部或正对前室入口的墙面时,楼梯间应采用机械加压送风系统。

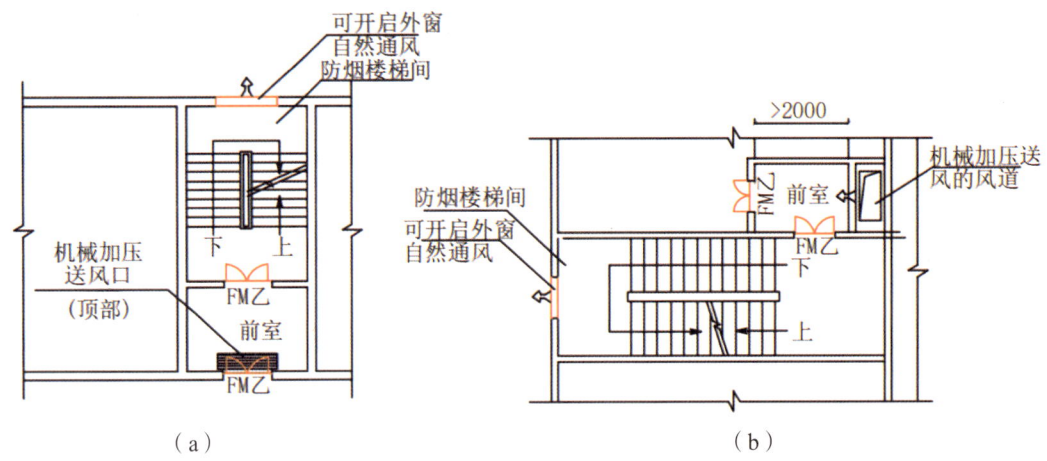

图5-10 独立前室、共用前室及合用前室设置机械加压送风

(3)当防烟楼梯间在裙房高度以上部分采用自然通风时,不具备自然通风条件的裙房的独立前室、共用前室及合用前室应采用机械加压送风系统,且独立前室、共用前室及合用前室送风口的设置方式应符合上述规定。

(4)建筑地下部分的防烟楼梯间前室及消防电梯前室,当无自然通风条件或自然通风不符合要求时,应采用机械加压送风系统。

（5）防烟楼梯间及其前室的机械加压送风系统的设置应符合下列规定：

① 建筑高度小于或等于50 m的公共建筑、工业建筑和建筑高度小于或等于100 m的住宅建筑，当采用独立前室且其仅有一个门与走道或房间相通时，可仅在楼梯间设置机械加压送风系统；当独立前室有多个门时，楼梯间、独立前室应分别独立设置机械加压送风系统（图5-11）。

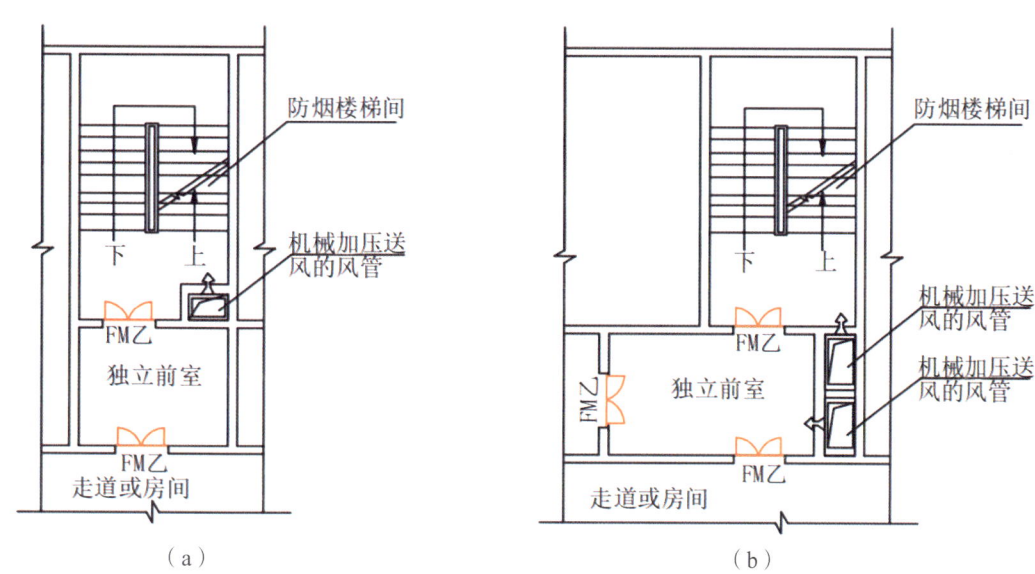

图5-11　前室、楼梯间设置机械防烟系统情况

② 当采用合用前室时，楼梯间、合用前室应分别独立设置机械加压送风系统。

③ 当采用剪刀楼梯时，其两个楼梯间及其前室的机械加压送风系统应分别独立设置。

（6）封闭楼梯间应采用自然通风系统，不能满足自然通风条件的封闭楼梯间，应设置机械加压送风系统。当地下、半地下建筑（室）的封闭楼梯间不与地上楼梯间共用且地下仅为一层时，可不设置机械加压送风系统，但首层应设置有效面积不小于1.2 m²的可开启外窗或直通室外的疏散门。

（7）避难层的防烟系统可根据建筑构造、设备布置等因素选择自然通风系统或机械加压送风系统。

（8）避难走道应在其前室及避难走道分别设置机械加压送风系统，但下列情况可仅在前室设置机械加压送风系统：

① 避难走道一端设置安全出口，且总长度小于30 m。

② 避难走道两端设置安全出口，且总长度小于60 m。

三、系统设置要求

（一）自然通风系统的设置要求

（1）采用自然通风方式的封闭楼梯间、防烟楼梯间，应在最高部位设置面积不小于 1.0 m² 的可开启外窗或开口（图5-12）。

（2）当建筑高度大于10 m时，尚应在楼梯间的外墙上每5层内设置总面积不小于 2.0 m² 的可开启外窗或开口，且布置间隔不大于3层。

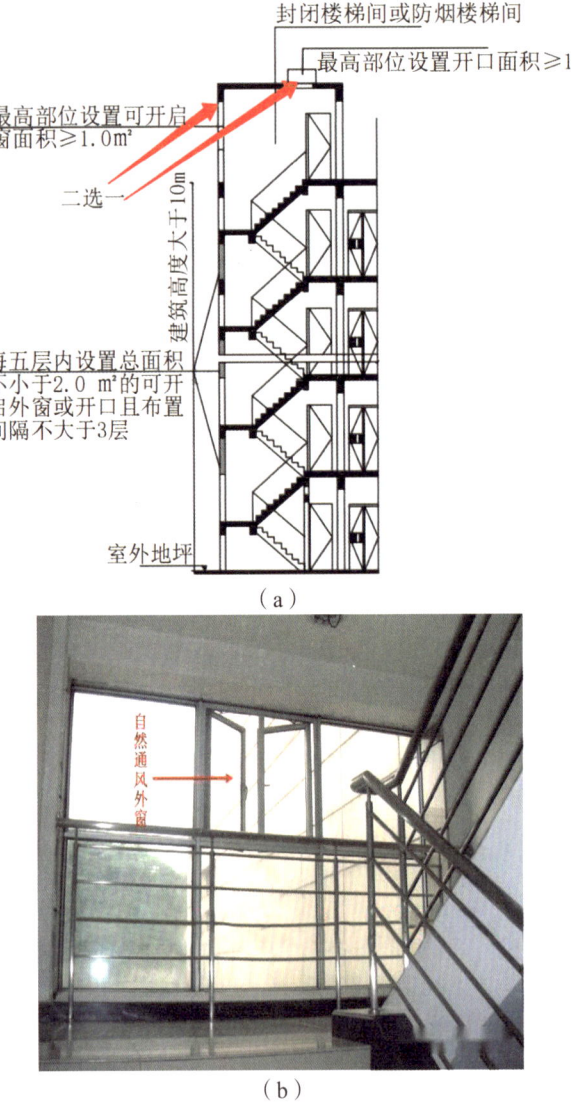

图5-12 自然通风系统设置要求（一）

（3）前室采用自然通风方式时，独立前室、消防电梯前室可开启外窗或开口的面积不应小于 2.0 m²，共用前室、合用前室不应小于 3.0 m²（图 5-13）。

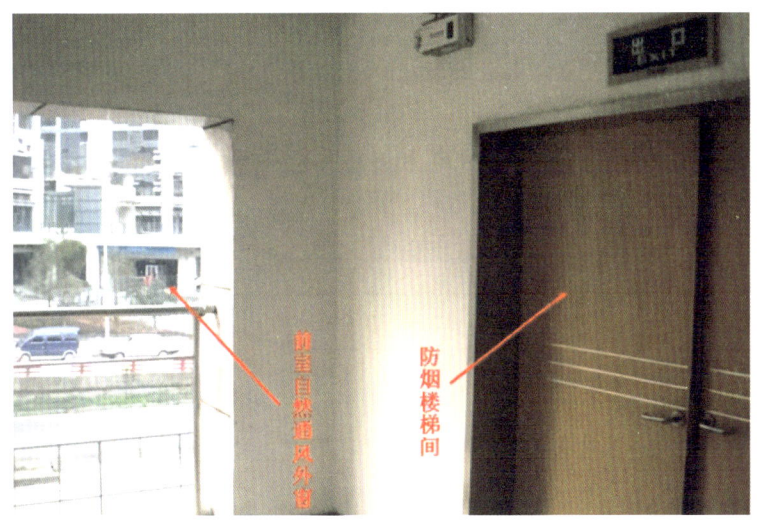

图 5-13　自然通风系统设置要求（二）

（4）采用自然通风方式的避难层（间）应设有不同朝向的可开启外窗，其有效面积不应小于该避难层（间）地面面积的 2%，且每个朝向的面积不应小于 2.0 m²。

（5）可开启外窗应方便直接开启，设置在高处不便于直接开启的可开启外窗应在距地面高度为 1.3～1.5 m 的位置设置手动开启装置。

（二）机械加压送风系统的设置要求

（1）建筑高度大于 100 m 的建筑，其机械加压送风系统应竖向分段独立设置，且每段高度不应超过 100 m。

（2）除《建筑防烟排烟系统技术标准》（GB 51251—2017）另有规定外，采用机械加压送风系统的防烟楼梯间及其前室应分别设置送风井（管）道、送风口（阀）和送风机。

（3）建筑高度小于或等于 50 m 的建筑，当楼梯间设置加压送风井（管）道确有困难时，楼梯间可采用直灌式加压送风系统（图 5-14），并应符合下列规定：

① 建筑高度大于 32 m 的高层建筑，应采用楼梯间两点部位送风的方式，送风口之间距离不宜小于建筑高度的 1/2。

② 送风量应按计算值或《建筑防烟排烟系统技术标准》（GB 51251—2017）规定的送风量增加 20%。

③ 加压送风口不宜设在影响人员疏散的部位。

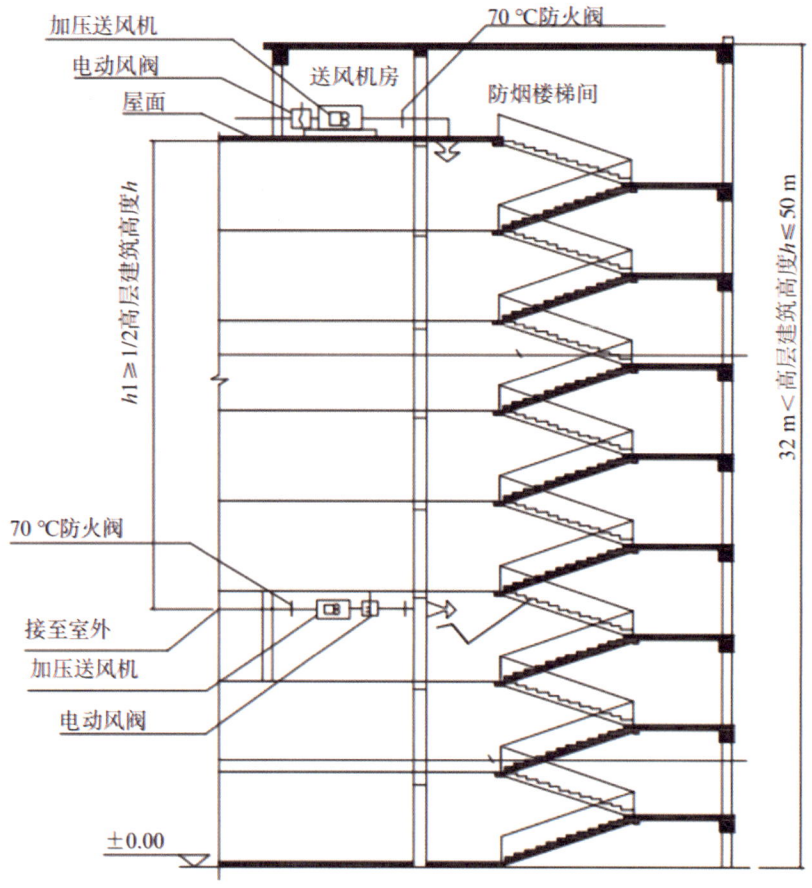

图 5-14 直灌式加压送风口设置图

（4）设置机械加压送风系统的楼梯间的地上部分与地下部分，其机械加压送风系统应分别独立设置。当受建筑条件限制，且地下部分为汽车库或设备用房时，可共用机械加压送风系统，并应符合下列规定：

① 应按《建筑防烟排烟系统技术标准》（GB 51251—2017）规定分别计算地上、地下部分的加压送风量，相加后作为共用加压送风系统风量。

② 应采取有效措施分别满足地上、地下部分的送风量的要求。

（5）采用机械加压送风的场所不应设置百叶窗，且不宜设置可开启外窗。

（6）设置机械加压送风系统的封闭楼梯间、防烟楼梯间，尚应在其顶部设置不小于 $1\ m^2$ 的固定窗。靠外墙的防烟楼梯间，尚应在其外墙上每 5 层内设置总面积不小于 $2\ m^2$ 的固定窗（图 5-15）。

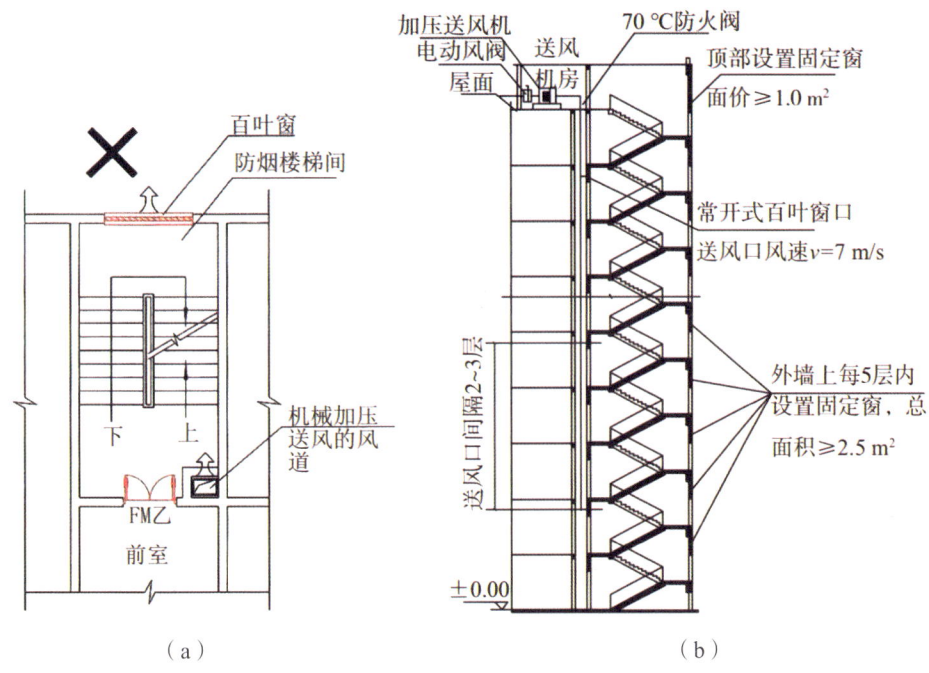

图 5-15 机械加压送风系统设置要求

（7）设置机械加压送风系统的避难层（间），尚应在外墙设置可开启外窗，其有效面积不应小于该避难层（间）地面面积的 1%。有效面积的计算应符合《建筑防烟排烟系统技术标准》（GB 51251—2017）规定。

第二节　排烟系统

排烟系统分为自然排烟系统和机械排烟系统。

一、系统组成及组件设置要求

（一）自然排烟系统

自然排烟系统主要利用建筑物的外窗、阳台、凹廊或专用排烟口、竖井等将烟气排出或稀释烟气的浓度。自然排烟应设于房间的上方，宜设在距顶棚或顶板下 800 mm 以内，其间距以排烟口的下边缘计。建筑排烟系统的设计应根据建筑的使用性质、平面布局等因素，优先采用自然排烟系统。

防烟分区内自然排烟窗（口）的面积、数量、位置应按《建筑防烟排烟系统技术标准》

（GB 51251—2017）第4.6.3条规定，经计算确定，且防烟分区内任一点与最近的自然排烟窗（口）之间的水平距离不应大于30 m（图5-16）。当工业建筑采用自然排烟方式时，其水平距离尚不应大于建筑内空间净高的2.8倍（图5-17）；当公共建筑空间净高大于或等于6 m，且具有自然对流条件时，其水平距离不应大于37.5 m。

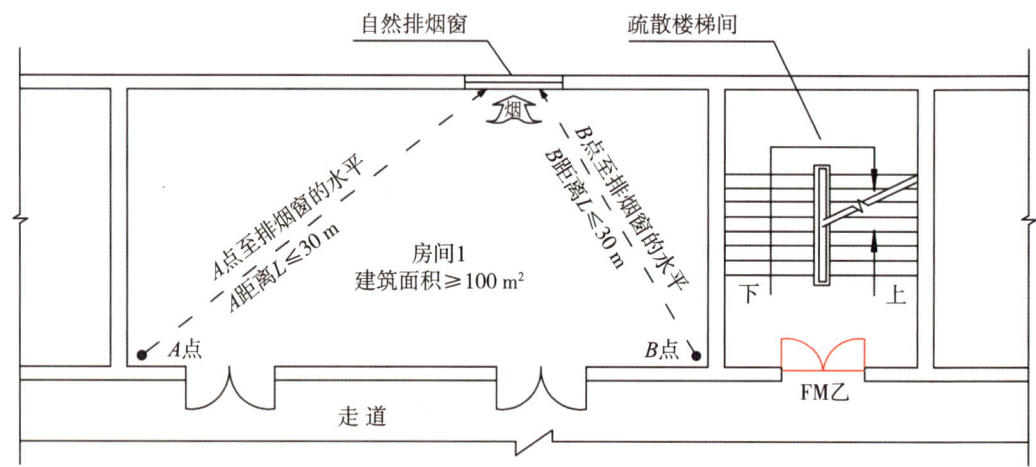

图5-16 室内任一点至最近的自然排烟窗（口）之间水平距离要求示意图

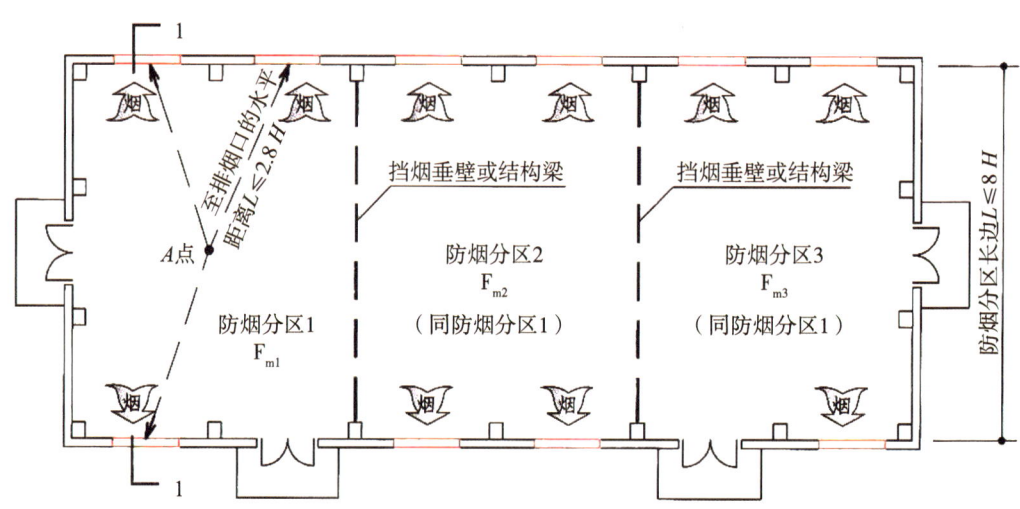

图5-17 工业建筑中任一点与最近的自然排烟窗（口）之间的水平距离要求示意图

（1）自然排烟窗（口）应设置在排烟区域的顶部或外墙，并应符合下列规定：

① 当设置在外墙上时，自然排烟窗（口）应在储烟仓以内，但走道、室内空间净高不大于3 m的区域的自然排烟窗（口）可设置在室内净高度的1/2以上。

②自然排烟窗（口）的开启形式应有利于火灾烟气的排出。

③当房间面积不大于200 m²时，自然排烟窗（口）的开启方向可不限。

④自然排烟窗（口）宜分散均匀布置，且每组的长度不宜大于3.0 m。

⑤设置在防火墙两侧的自然排烟窗（口）之间最近边缘的水平距离不应小于2.0 m。

（2）厂房、仓库的自然排烟窗（口）设置应符合下列规定：

①当设置在外墙时，自然排烟窗（口）应沿建筑物的两条对边均匀设置。

②当设置在屋顶时，自然排烟窗（口）应在屋面均匀设置且宜采用自动控制方式开启；当屋面斜度小于或等于12°时，每200 m²的建筑面积应设置相应的自然排烟窗（口）；当屋面斜度大于12°时，每400 m²的建筑面积应设置相应的自然排烟窗（口）。

（3）除《建筑防烟排烟系统技术标准》（GB 51251—2017）另有规定外，自然排烟窗（口）开启的有效面积尚应符合下列规定：

①当采用开窗角大于70°的悬窗时，其面积应按窗的面积计算；当开窗角小于或等于70°时，其面积应按窗最大开启时的水平投影面积计算。

②当采用开窗角大于70°的平开窗时，其面积应按窗的面积计算；当开窗角小于或等于70°时，其面积应按窗最大开启时的竖向投影面积计算。

③当采用推拉窗时，其面积应按开启的最大窗口面积计算。

④当采用百叶窗时，其面积应按窗的有效开口面积计算。

⑤当平推窗设置在顶部时，其面积可按窗的1/2周长与平推距离乘积计算，且不应大于窗面积。

⑥当平推窗设置在外墙时，其面积可按窗的1/4周长与平推距离乘积计算，且不应大于窗面积。

自然排烟窗（口）应设置手动开启装置，设置在高位不便于直接开启的自然排烟窗（口），应设置距地面高度1.3～1.5 m的手动开启装置。净空高度大于9 m的中庭、建筑面积大于2 000 m²的营业厅、展览厅、多功能厅等场所，尚应设置集中手动开启装置和自动开启设施。

（4）除洁净厂房外，设置自然排烟系统的任一层建筑面积大于2 500 m²的制鞋、制衣、玩具、塑料、木器加工储存等丙类工业建筑，除自然排烟所需排烟窗（口）外，尚宜在屋面上增设可熔性采光带（窗），其面积应符合下列规定：

①未设置自动喷水灭火系统的，或采用钢结构屋顶，或采用预应力钢筋混凝土屋面板的建筑，不应小于楼地面面积的10%。

② 其他建筑不应小于楼地面面积的 5%。

注：可熔性采光带（窗）的有效面积应按其实际面积计算。

（二）机械排烟系统

机械排烟系统由排烟管道、管道井、排烟口、排烟风机、排烟防火阀等设备组成。

1. 排烟管道

机械排烟系统应采用管道排烟，且不应采用土建风道。排烟管道应采用不燃材料制作且内壁应光滑。当排烟管道内壁为金属时，管道设计风速不应大于 20 m/s；当排烟管道内壁为非金属时，管道设计风速不应大于 15 m/s；排烟管道的厚度应按现行国家标准《通风与空调工程施工质量验收规范》（GB 50243—2016）的有关规定执行。

排烟管道的设置和耐火极限应符合下列规定：

（1）排烟管道及其连接部件应能在 280 ℃ 时连续 30 min 保证其结构完整性。

（2）竖向设置的排烟管道应设置在独立的管道井内，排烟管道的耐火极限不应低于 0.50 h。

（3）水平设置的排烟管道应设置在吊顶内，其耐火极限不应低于 0.50 h；当确有困难时，可直接设置在室内，但管道的耐火极限不应小于 1.00 h（图 5-18）。

（4）设置在走道部位吊顶内的排烟管道，以及穿越防火分区的排烟管道，其管道的耐火极限不应小于 1.00 h，但设备用房和汽车库的排烟管道耐火极限可不低于 0.50 h。

当吊顶内有可燃物时，吊顶内的排烟管道应采用不燃材料进行隔热，并应与可燃物保持不小于 150 mm 的距离。

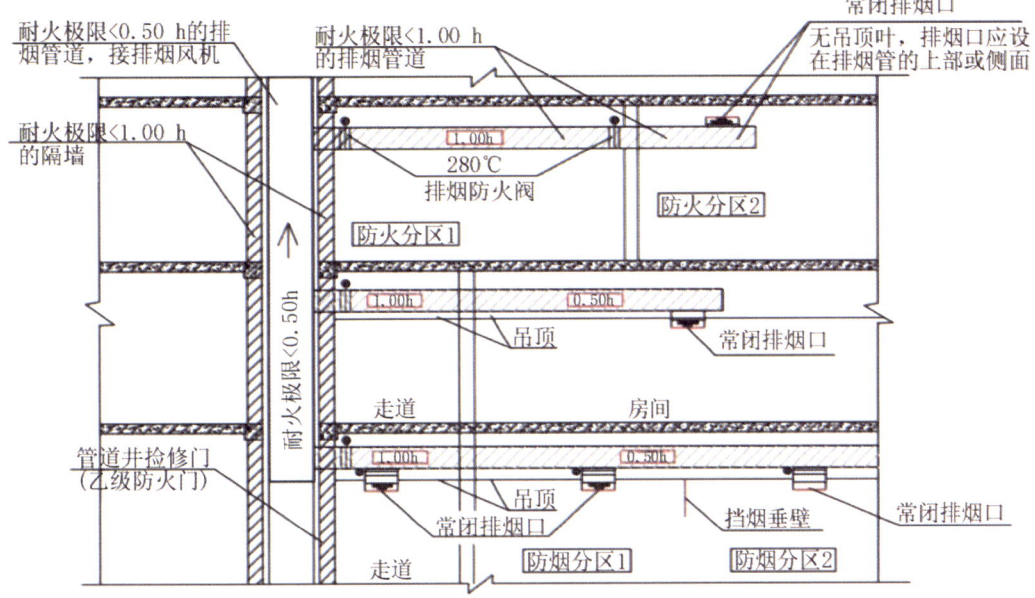

图 5-18 排烟管道耐火极限示意图

2. 管道井

设置排烟管道的管道井应采用耐火极限不小于 1.00 h 的隔墙与相邻区域分隔；当墙上必须设置检修门时，应采用乙级防火门。

注：参照机械加压送风系统的管道井设置要求。

3. 排烟口

排烟口的设置应按《建筑防烟排烟系统技术标准》(GB 51251—2017)，经计算确定，且防烟分区内任一点与最近的排烟口之间的水平距离不应大于 30 m（图 5-19）。排烟口的设置应符合下列规定：

（1）排烟口宜设置在顶棚或靠近顶棚的墙面上（图 5-20）。

（2）排烟口应设在储烟仓内，但走道、室内空间净高不大于 3 m 的区域，其排烟口可设置在其净空高度的 1/2 以上；当设置在侧墙时，吊顶与其最近边缘的距离不应大于 0.5 m。

（3）对于需要设置机械排烟系统的房间，当其建筑面积小于 50 m^2 时，可通过走道排烟，排烟口可设置在疏散走道；排烟量应按《建筑防烟排烟系统技术标准》（GB 51251—2017）第 4.6.3 条第 3 款计算。

（4）火灾时由火灾自动报警系统联动开启排烟区域的排烟阀或排烟口，应在现场设置手动开启装置（图 5-21）。

（5）排烟口的设置宜使烟流方向与人员疏散方向相反，排烟口与附近安全出口相邻边缘之间的水平距离不应小于1.5 m。

（6）每个排烟口的排烟量不应大于最大允许排烟量，最大允许排烟量应按《建筑防烟排烟系统技术标准》（GB 51251—2017）的规定计算确定。

（7）排烟口的风速不宜大于10 m/s。

需要注意的是，当排烟口设在吊顶内且通过吊顶上部空间进行排烟时，应符合下列规定：

（1）吊顶应采用不燃材料，且吊顶内不应有可燃物。

（2）封闭式吊顶上设置的烟气流入口的颈部烟气速度不宜大于1.5 m/s。

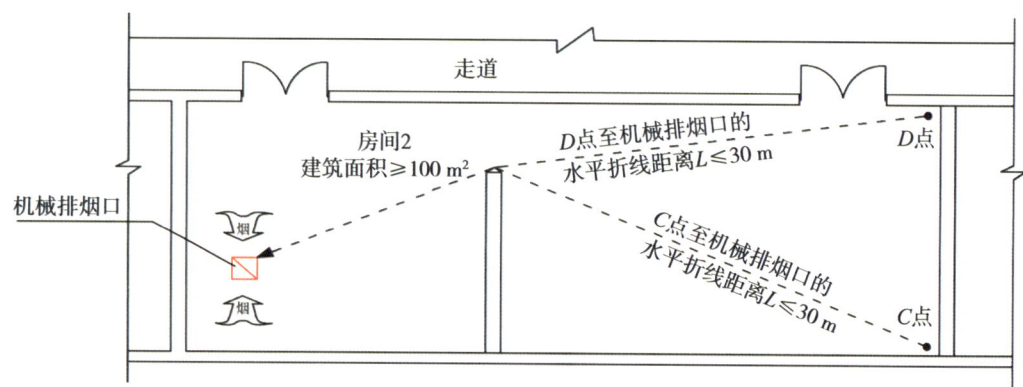

图5-19 室内任一点至最近的机械排烟口之间水平距离要求示意图

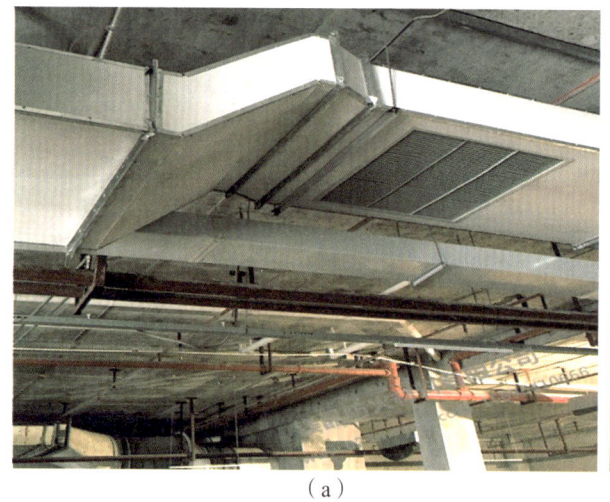
（a）

（b）

图5-20 排烟口设置位置

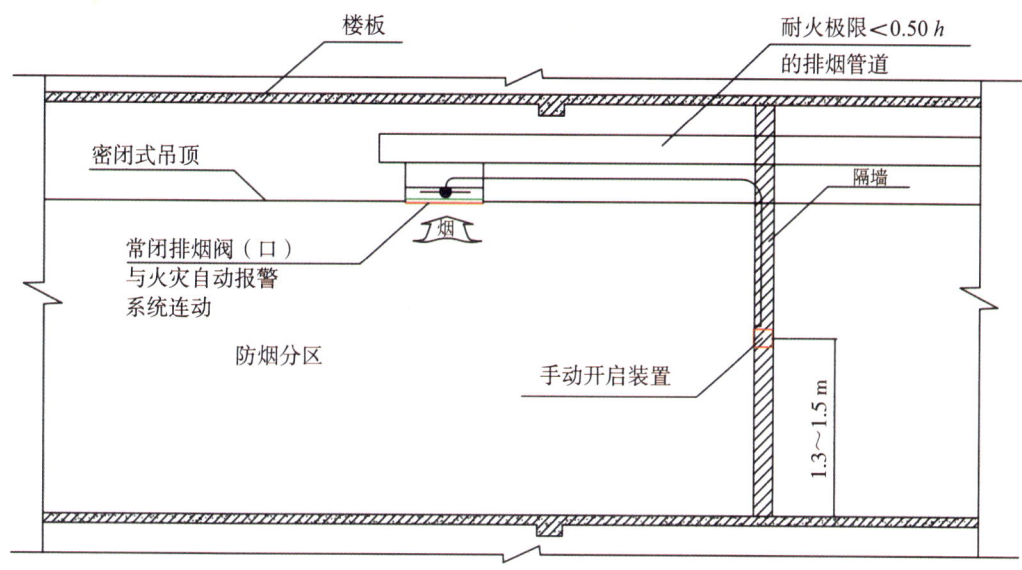

图 5-21 排烟口手动开启装置设置的示意图

4. 排烟风机

排烟风机宜设置在排烟系统的最高处，烟气出口宜朝上，并应高于加压送风机和补风机的进风口，两者垂直距离或水平距离应符合《建筑防烟排烟系统技术标准》（GB 51251—2017）的规定。

排烟风机应设置在专用机房内，且风机两侧应有 600 mm 以上的空间。对于排烟系统与通风空气调节系统共用的系统，其排烟风机与排风风机的合用机房应符合下列规定：

（1）机房内应设置自动喷水灭火系统；机房内不得设置用于机械加压送风的风机与管道。

（2）排烟风机与排烟管道的连接部件应能在 280 ℃ 时连续 30 min 保证其结构完整性。

（3）排烟风机应满足 280 ℃ 时连续工作 30 min 的要求，排烟风机应与风机入口处的排烟防火阀连锁，当该阀关闭时，排烟风机应能停止运转。

5. 排烟防火阀

排烟防火阀主要安装在排烟系统管路上，平时呈关闭状态，火灾时手动或电动开启，起排烟作用。当排烟管道内烟气温度达到 280 ℃ 时关闭，在一定时间内能满足耐火稳定性和耐火完整性要求，起排烟作用的阀门（图 5-22、图 5-23）。

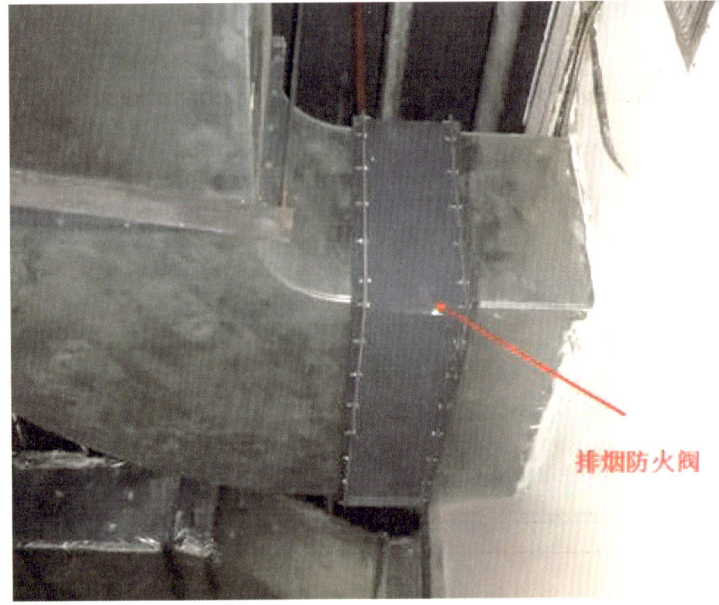

图 5-22　排烟防火阀（一）

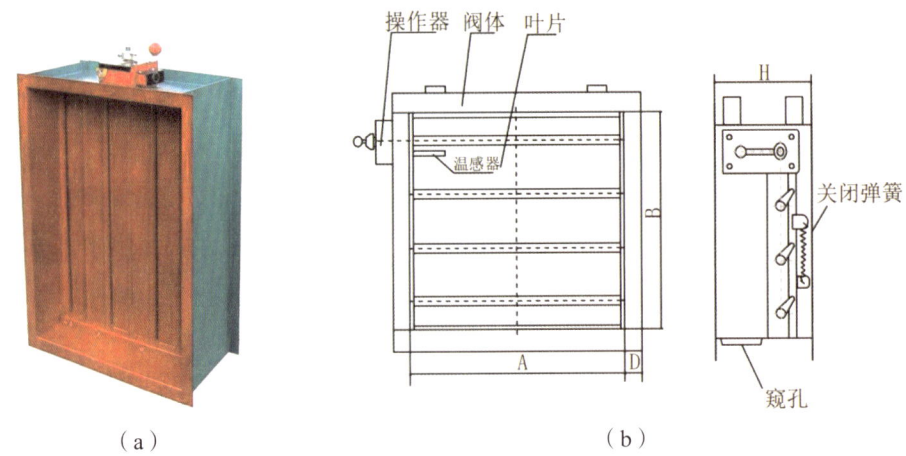

图 5-23　排烟防火阀（二）

排烟管道下列部位应设置排烟防火阀：

（1）垂直风管与每层水平风管交接处的水平管段上。

（2）一个排烟系统负担多个防烟分区的排烟支管上。

（3）排烟风机入口处。

（4）穿越防火分区处。

二、系统设置部位及设置标准

建筑排烟系统的设计应根据建筑的使用性质、平面布局等因素，优先采用自然排烟系统。同一个防烟分区应采用同一种排烟方式。

（一）厂房或仓库设置排烟设施的场所或部位

（1）人员或可燃物较多的丙类生产场所，丙类厂房内建筑面积大于 300 m² 且经常有人停留或可燃物较多的地上房间。

（2）建筑面积大于 5 000 m² 的丁类生产车间。

（3）占地面积大于 1 000 m² 的丙类仓库。

（4）高度大于 32 m 的高层厂房（仓库）内长度大于 20 m 的疏散走道，其他厂房（仓库）内长度大于 40 m 的疏散走道。

（二）民用建筑设置排烟设施的场所或部位

（1）设置在一、二、三层且房间建筑面积大于 100 m² 的歌舞娱乐放映游艺场所，设置在四层及以上楼层、地下或半地下的歌舞娱乐放映游艺场所。

（2）中庭。

（3）公共建筑内建筑面积大于 100 m² 且经常有人停留的地上房间。

（4）公共建筑内建筑面积大于 300 m² 且可燃物较多的地上房间。

（5）建筑内长度大于 20 m 的疏散走道。

（三）地下或半地下建筑（室）、地上建筑内的无窗房间

地下或半地下建筑（室）、地上建筑内的无窗房间，当总建筑面积大于 200 m² 或一个房间建筑面积大于 50 m²，且经常有人停留或可燃物较多时，应设置排烟设施。

三、系统设置要求

当建筑的机械排烟系统沿水平方向布置时，每个防火分区的机械排烟系统应独立设置。建筑高度超过 50 m 的公共建筑和建筑高度超过 100 m 的住宅，其排烟系统应竖向分段独立设置，且公共建筑每段高度不应超过 50 m，住宅建筑每段高度不应超过 100 m。排烟系统与通风、空气调节系统应分开设置；当确有困难时可以合用，但应符合排烟系统的要求，且当排烟口打开时，每个排烟合用系统的管道上需联动关闭的通风和空气调节系统的控制阀门不应超过 10 个。

建筑的中庭、与中庭相连通的回廊及周围场所的排烟系统的设计（图5-24）应符合下列规定：

（1）中庭应设置排烟设施。

（2）周围场所应按现行国家标准《建筑设计防火规范（2018年版）》（GB 50016—2014）中的规定设置排烟设施。

（3）回廊排烟设施的设置应符合下列规定：

①当周围场所各房间均设置排烟设施时，回廊可不设，但商店建筑的回廊应设置排烟设施。

②当周围场所任一房间未设置排烟设施时，回廊应设置排烟设施。

（4）当中庭与周围场所未采用防火隔墙、防火玻璃隔墙、防火卷帘时，中庭与周围场所之间应设置挡烟垂壁。

（5）中庭及其周围场所和回廊的排烟设计计算应符合《建筑防烟排烟系统技术标准》（GB 51251—2017）的规定。

（6）中庭及其周围场所和回廊应根据建筑构造及《建筑防烟排烟系统技术标准》（GB 51251—2017）规定，选择设置自然排烟系统或机械排烟系统。

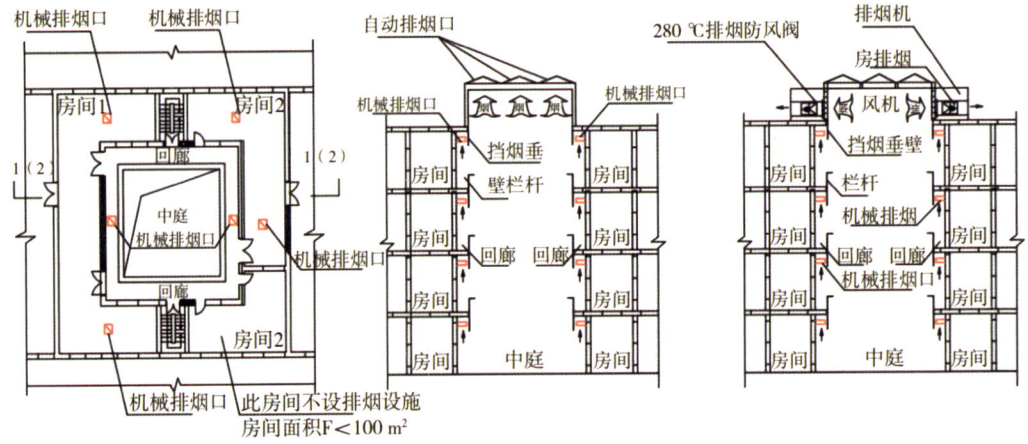

图5-24 中庭的机械排烟系统

下列地上建筑或部位，当设置机械排烟系统时，尚应按《建筑防烟排烟系统技术标准》（GB 51251—2017）规定的要求在外墙或屋顶设置固定窗：

（1）任一层建筑面积大于2 500 m²的丙类厂房（仓库）。

（2）任一层建筑面积大于3 000 m²的商店建筑、展览建筑及类似功能的公共建筑（图5-25）。

（3）总建筑面积大于 1 000 m² 的歌舞、娱乐、放映、游艺场所（图 5-26）。

（4）商店建筑、展览建筑及类似功能的公共建筑中长度大于 60 m 的走道。

（5）靠外墙或贯通至建筑屋顶的中庭。

注：符合《建筑防烟排烟系统技术标准》（GB 51251—2017）第 4.4.17 条规定的场所，可采用可熔性采光带（窗）替代固定窗。

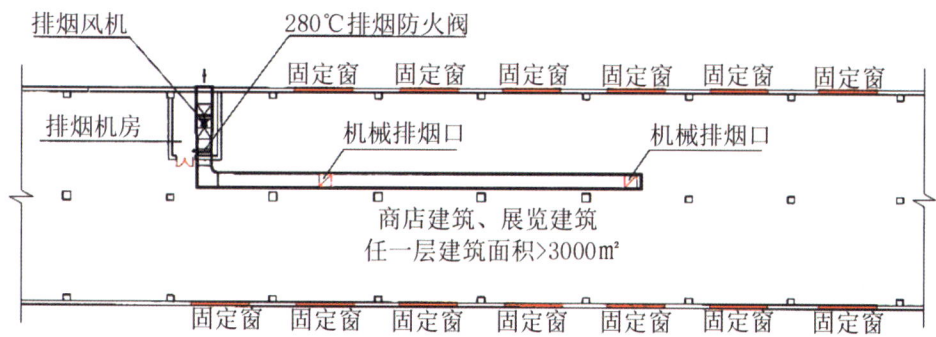

图 5-25　地上商店建筑、展览建筑设置固定窗示意图

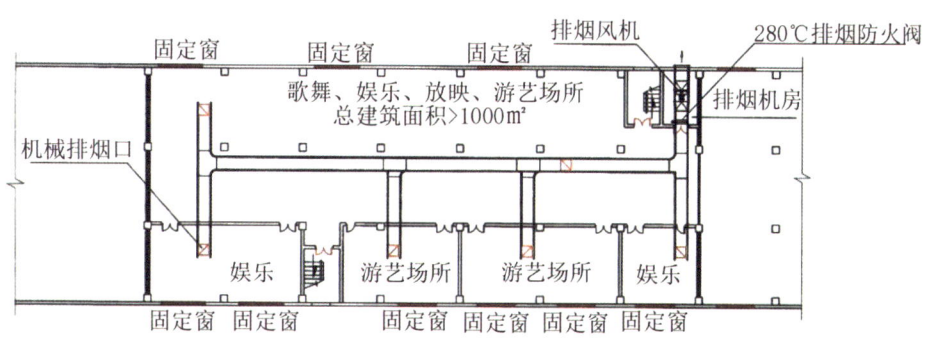

图 5-26　地上歌舞娱乐放映游艺场所设置固定窗示意图

按《建筑防烟排烟系统技术标准》（GB 51251—2017）规定需要设置固定窗时，固定窗的布置应符合下列规定：

（1）非顶层区域的固定窗应布置在每层的外墙上。

（2）顶层区域的固定窗应布置在屋顶或顶层的外墙上，但未设置自动喷水灭火系统的以及采用钢结构屋顶或预应力钢筋混凝土屋面板的建筑应布置在屋顶。

固定窗的设置和有效面积（图 5-27）应符合下列规定：

（1）设置在顶层区域的固定窗，其总面积不应小于楼地面面积的 2%。

（2）设置在靠外墙且不位于顶层区域的固定窗，单个固定窗的面积不应小于 1 m²，且间距不宜大于 20 m，其下沿距室内地面的高度不宜小于层高的 1/2。供消防救援人员进入的窗口面积不计入固定窗面积，但可组合布置。

（3）设置在中庭区域的固定窗，其总面积不应小于中庭楼地面面积的 5%。

（4）固定玻璃窗应按可破拆的玻璃面积计算，带有温控功能的可开启设施应按开启时的水平投影面积计算。

固定窗宜按每个防烟分区在屋顶或建筑外墙上均匀布置且不应跨越防火分区。

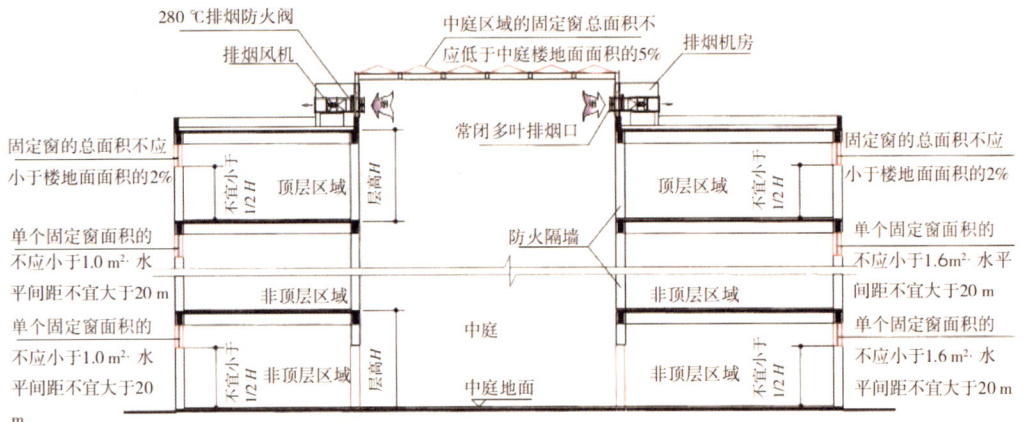

图 5-27 固定有效面积示意图

除洁净厂房外，设置机械排烟系统的任一层建筑面积大于 2 000 m² 的制鞋、制衣、玩具、塑料、木器加工储存等丙类工业建筑，可采用可熔性采光带（窗）替代固定窗（图 5-28），其面积应符合下列规定：

（1）未设置自动喷水灭火系统的或采用钢结构屋顶或预应力钢筋混凝土屋面板的建筑，不应小于楼地面面积的 10%。

（2）其他建筑不应小于楼地面面积的 5%。

注：可熔性采光带（窗）的有效面积应按其实际面积计算。

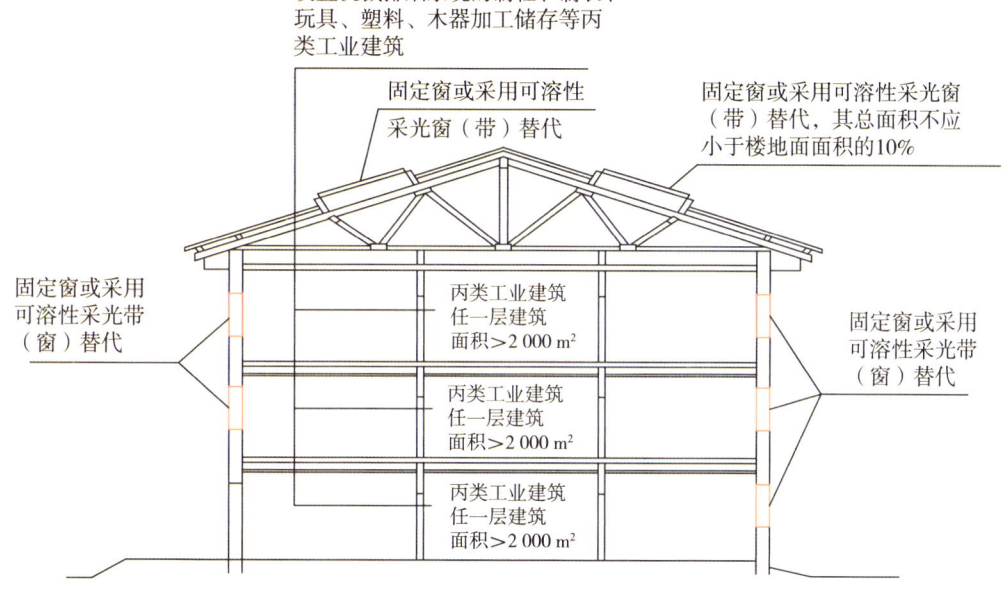

图 5-28　丙类工业建筑设置固定窗示意图

第三节　补风系统

除地上建筑的走道或建筑面积小于 500 m² 的房间外，设置排烟系统的场所应设置补风系统。

补风系统应直接从室外引入空气，且补风量不应小于排烟量的 50%。

补风系统可采用疏散外门、手动或自动可开启外窗等自然进风方式以及机械送风方式。防火门、窗不得用作补风设施。风机应设置在专用机房内。

补风口与排烟口设置在同一空间内相邻的防烟分区时，补风口位置不限；当补风口与排烟口设置在同一防烟分区时，补风口应设在储烟仓下沿以下；补风口与排烟口水平距离不应少于 5 m。

补风系统应与排烟系统联动开启或关闭。

机械补风口的风速不宜大于 10 m/s，人员密集场所补风口的风速不宜大于 5 m/s；自然补风口的风速不宜大于 3 m/s。

补风管道耐火极限不应低于 0.50 h，当补风管道跨越防火分区时，管道的耐火极限不应小于 1.50 h。

第四节 系统控制

一、防烟系统

机械加压送风系统应与火灾自动报警系统联动,其联动控制应符合现行国家标准《火灾自动报警系统设计规范》(GB 50116—2013)的有关规定。

(一)加压送风机的启动控制

(1)能在现场手动启动(图5-29)。

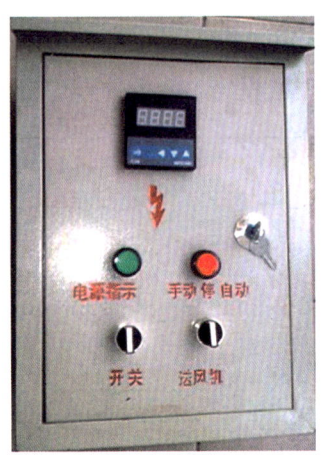

图5-29 现场手动启动加压送风机控制柜

(2)能通过火灾自动报警系统自动启动。应由加压送风口所在防火分区内的两只独立的火灾探测器或一只火灾探测器与一只手动火灾报警按钮的报警信号,作为送风口开启和加压送风机启动的联动触发信号,并应由消防联动控制器联动控制相关层前室等需要加压送风场所的加压送风口开启和加压送风机启动。

(3)能消防控制室手动启动。

(4)系统中任一常闭加压送风口开启时,加压风机应能自动启动。

(二)加压送风口和加压送风机的联动控制要求

(1)应开启该防火分区楼梯间的全部加压送风机。

(2)应开启该防火分区内着火层及其相邻上下层前室及合用前室的常闭送风口,同时开启加压送风机。

(3)机械加压送风系统宜设有测压装置及风压调节措施。

(4)消防控制设备应显示防烟系统的送风机、阀门等设施启闭状态。

图5-30为加压送风系统联动控制示意图。

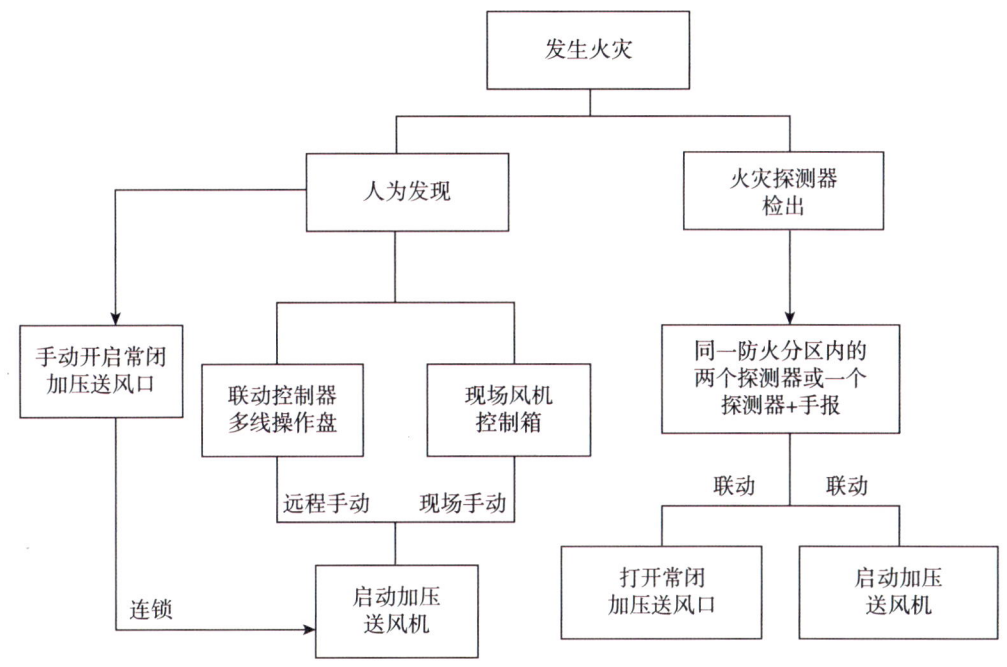

图5-30 加压送风系统联动控制动作示意图

二、排烟系统

机械排烟系统应与火灾自动报警系统联动,其联动控制应符合现行国家标准《火灾自动报警系统设计规范》(GB 50116—2013)的有关规定。

(一)排烟风机、补风机的联动控制

(1)能现场手动启动。

(2)能通过火灾自动报警系统自动启动。应由同一防烟分区内的两只独立的火灾探测器的报警信号,作为排烟口、排烟窗或排烟阀开启的联动触发信号,并应由消防联动控制器联动控制排烟口、排烟窗或排烟阀的开启,同时停止该防烟分区的空气调节系统。

(3)能在消防控制室手动启动。

(4)系统中任一排烟阀或排烟口开启时,排烟风机、补风机自动启动。

（5）排烟防火阀在280℃时应自行关闭，并应连锁关闭排烟风机和补风机。

（二）排烟阀或排烟口的联动控制

机械排烟系统中的常闭排烟阀或排烟口应具有火灾自动报警系统自动开启、消防控制室手动开启和现场手动开启功能，其开启信号应与排烟风机联动。当火灾确认后，火灾自动报警系统应在15 s内联动开启相应防烟分区的全部排烟阀、排烟口、排烟风机和补风设施，并应在30 s内自动关闭与排烟无关的通风、空调系统（图5-31）。

当火灾确认后，担负两个及以上防烟分区的排烟系统，应仅打开着火防烟分区的排烟阀或排烟口，其他防烟分区的排烟阀或排烟口应呈关闭状态。

（三）挡烟垂壁的联动控制

活动挡烟垂壁应具有火灾自动报警系统自动启动和现场手动启动功能，当火灾确认后，火灾自动报警系统应在15 s内联动相应防烟分区的全部活动挡烟垂壁，60 s以内挡烟垂壁应开启到位。

（四）自动排烟窗的联动控制

自动排烟窗可采用与火灾自动报警系统联动和温度释放装置联动的控制方式。当采用与火灾自动报警系统自动启动时，自动排烟窗应在60 s内或小于烟气充满储烟仓时间内开启完毕。带有温控功能自动排烟窗，其温控释放温度应大于环境温度30 ℃且小于100 ℃。

（五）信号反馈

消防控制设备应显示排烟系统的排烟风机、补风机、阀门等设施启闭状态。

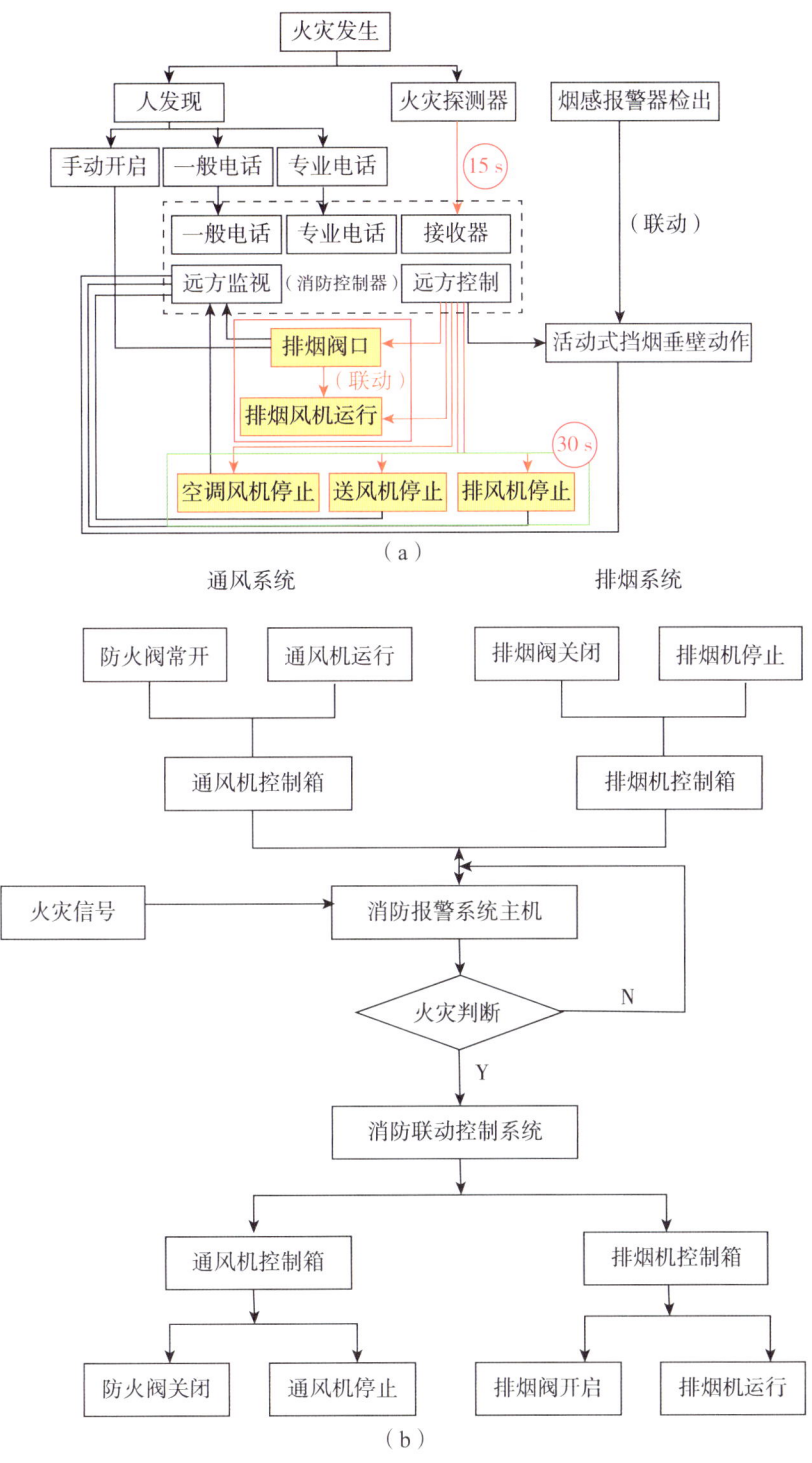

图 5-31 排烟系统联动控制关系图

第五节　检查方法

一、自动排烟窗的检查方法

手动操作排烟窗开关进行开启、关闭试验，排烟窗动作应灵敏、可靠。模拟火灾，相应区域火灾报警后，同一防烟分区内排烟窗应能联动开启。与消防控制室联动的排烟窗完全开启后，状态信号应反馈到消防控制室。

二、常闭送风口、排烟阀或排烟口的检查方法

进行手动开启、复位试验，阀门动作应灵敏、可靠，远距离控制机构的脱扣钢丝连接不应松弛、脱落。模拟火灾，相应区域火灾报警后，同一防火分区的常闭送风口和同一防烟分区内的排烟阀或排烟口应联动开启。阀门开启后的状态信号应能反馈到消防控制室。阀门开启后应能联动相应的风机启动。

三、送风机、排烟风机的检查方法

手动开启风机，风机应正常运转，叶轮旋转方向应正确、运转平稳、无异常振动与声响。应能在消防控制室手动控制风机的启动、停止，风机的启动、停止状态信号应能反馈到消防控制室。当风机进、出风管上安装单向风阀或电动风阀时，风阀的开启与关闭应与风机的启动、停止同步。

四、排烟防火阀的检查方法

进行手动关闭、复位试验，阀门动作应灵敏、可靠，关闭应严密。模拟火灾，相应区域火灾报警后，同一防火分区内排烟管道上的其他阀门应联动关闭。阀门关闭后的状态信号应能反馈到消防控制室。阀门关闭后应能联动相应的风机停止。

第六章 消防应急照明和疏散指示系统

随着建筑工程技术的提高和建筑的规模扩大，火灾危险性、扑救难度以及人们撤离火灾现场的难度增大。在这一背景下，消防应急灯具（图6-1）成为许多建筑不可或缺的消防设备。当出现紧急情况，如地震、火灾或电路故障引起电源突然中断，所有光源都已停止工作时，它可以立即提供可靠的照明，并指示人流疏散的方向和紧急出口的位置，以确保滞留在黑暗中的人们顺利撤离。由此可见，应急灯具是一种在紧急情况下保持照明和引导疏散必不可少的辅助设施，起着关键性的作用。目前，工厂、宾馆、酒店、商场、学校、银行、医院、公寓、人防工程等场所均有设置。

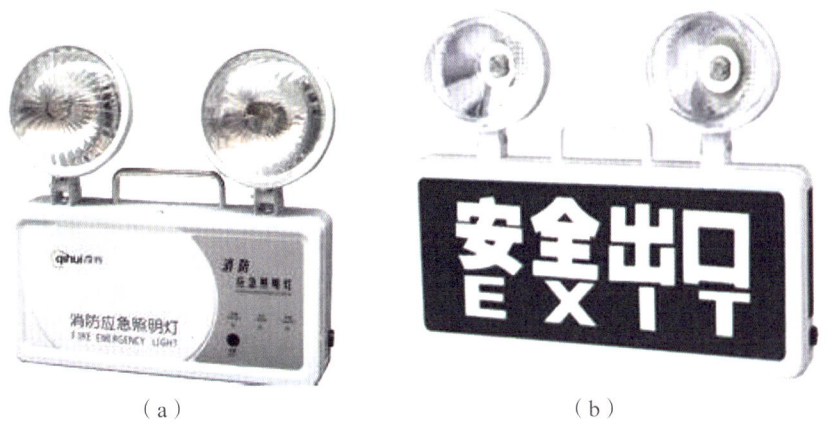

（a） （b）

图6-1 消防应急灯具

第一节 应急照明疏散指示灯

一、设置要求

（一）消防应急照明的设置场所

除建筑高度小于 27 m 的住宅建筑外，民用建筑、厂房和丙类仓库的下列部位应设置疏散照明：

（1）封闭楼梯间、防烟楼梯间及其前室、消防电梯间的前室或合用前室、避难走道、避难层（间）。

（2）观众厅、展览厅、多功能厅和建筑面积大于 200 m^2 的营业厅、餐厅、演播室等人员密集的场所。

（3）建筑面积大于 100 m^2 的地下或半地下公共活动场所。

（4）公共建筑内的疏散走道。

（5）人员密集的厂房内的生产场所及疏散走道。

（二）照度要求

（1）对于疏散走道，不应低于 1.0 lx。

（2）对于人员密集场所、避难层（间），不应低于 3.0 lx；对于老年人照料设施、病房楼或手术部的避难间，不应低于 10.0 lx。

（3）对于楼梯间、前室或合用前室、避难走道，不应低于 5.0 lx；对于人员密集场所、老年人照料设施、病房楼或手术部内的楼梯间、前室或合用前室、避难走道，不应低于 10.0 lx。

（4）消防控制室、消防水泵房、自备发电机房、配电室、防排烟机房以及发生火灾时仍需正常工作的消防设备房应设置备用照明，其作业面的最低照度不应低于正常照明的照度。

（三）应急照明灯具设置位置

应急照明灯具应设置在出口的顶部、墙面的上部或顶棚上；备用照明灯具应设置在墙面的上部或顶棚上。

（四）灯光疏散指示标志设置场所

建筑高度大于 54 m 的住宅建筑、高层厂房（库房）和甲、乙、丙类单、多层厂房，应设置灯光疏散指示标志，并应符合下列规定：

（1）应设置在安全出口和人员密集的场所的疏散门的正上方。

（2）应设置在疏散走道及其转角处距地面高度 1.0 m 以下的墙面或地面上。灯光疏散指示标志的间距不应大于 20 m；对于袋形走道，不应大于 10 m；在走道转角区，不应大于 1.0 m。

（五）辅助疏散指示标志

下列建筑或场所应在疏散走道和主要疏散路径的地面上增设能保持视觉连续的灯光疏散指示标志或蓄光疏散指示标志（图 6-2）：

（1）总建筑面积大于 8 000 m^2 的展览建筑。

（2）总建筑面积大于 5 000 m^2 的地上商店。

（3）总建筑面积大于 500 m^2 的地下或半地下商店。

（4）歌舞娱乐放映游艺场所。

（5）座位数超过 1 500 个的电影院、剧场，座位数超过 3 000 个的体育馆、会堂或礼堂。

（6）车站、码头建筑和民用机场航站楼中建筑面积大于 3 000 m^2 的候车厅、候船厅和航站楼的公共区。

（a）视觉连续疏散指示标志　　（b）蓄光型疏散指示标志

图 6-2　指示标志

第二节 系统分类

消防应急照明和疏散指示系统按系统形式分为以下四类：

（1）自带电源集中控制型（系统内可包括子母型消防应急灯具）。

（2）自带电源非集中控制型（系统内可包括子母型消防应急灯具）。

（3）集中电源集中控制型。

（4）集中电源非集中控制型。

消防应急灯具是为人员疏散、消防作业提供照明和指示信息的各类灯具，包括消防应急照明灯具和消防应急标志灯具。按灯具功能分类，消防应急灯具的类型如图6-3所示。

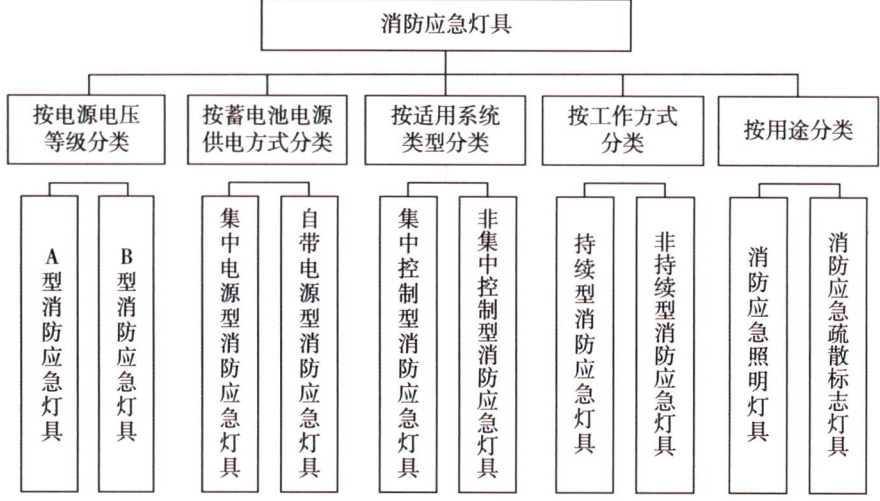

图6-3 消防应急灯具分类

第三节 灯具

一、一般规定

（一）灯具的选择

（1）应选择采用节能光源的灯具，消防应急照明灯具（以下简称"照明灯"）的光源色温不应低于2 700 K。

（2）不应采用蓄光型指示标志替代消防应急标志灯具（以下简称"标志灯"）。

（3）灯具的蓄电池电源宜选择安全性高、不含重金属等对环境有害物质的蓄电池。

（4）设置在距地面8m及以下的灯具的电压等级及供电方式应符合下列规定：

①应选择A型灯具。

②地面上设置的标志灯应选择集中电源A型灯。

③未设置消防控制室的住宅建筑，疏散走道、楼梯间等场所可选择自带电源B型灯具。

（二）灯具面板或灯罩的材质

（1）设置在距地面1m及以下的标志灯（图6-4）的面板或灯罩不应采用易碎材料或玻璃材质。

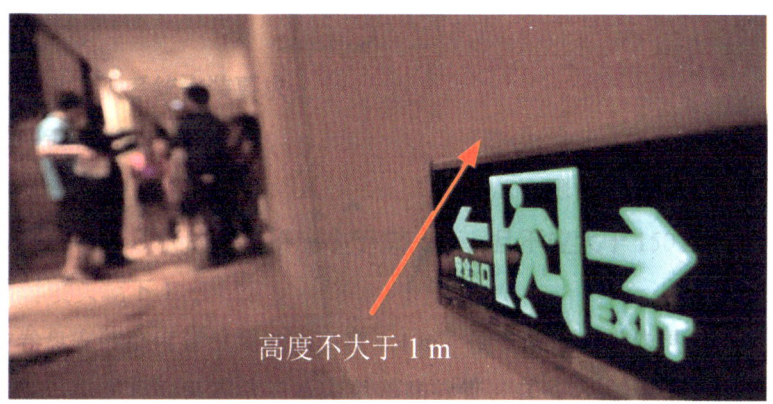

图6-4　疏散指示标志灯

（2）在顶棚、疏散路径上方设置的灯具的面板或灯罩不应采用玻璃材质。

（三）标志灯的规格

（1）室内高度大于4.5m的场所，应选择特大型或大型标志灯。

（2）室内高度为3.5～4.5m的场所，应选择大型或中型标志灯。

（3）室内高度小于3.5m的场所，应选择中型或小型标志灯。

（四）灯具及其连接附件的防护等级

（1）在室外或地面上设置时，防护等级不应低于IP67。

（2）在隧道场所、潮湿场所内设置时，防护等级不应低于IP65（图6-5）。

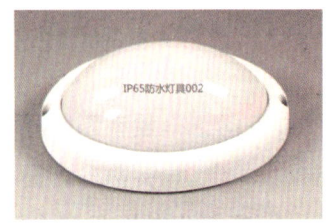

图 6-5 IP65 灯具

（3）B 型灯具的防护等级不应低于 IP34（图 6-6）。

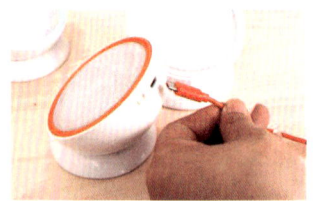

图 6-6 IP34 型灯具

（五）标志灯的选择

标志灯应选择持续型灯具。

（六）交通隧道和地铁隧道标志灯的选择

交通隧道和地铁隧道宜选择带有米标的方向标志灯（图 6-7）。

图 6-7 交通隧道米标方向标志灯

二、标志灯

（一）出口标志灯的设置要求

（1）应设置在敞开楼梯间、封闭楼梯间、防烟楼梯间、防烟楼梯间前室入口的上方。

（2）地下或半地下建筑（室）与地上建筑共用楼梯间时，应设置在地下或半地下楼梯通向地面层疏散门的上方。

（3）应设置在室外疏散楼梯出口的上方。

（4）应设置在直通室外疏散门的上方。

（5）在首层采用扩大的封闭楼梯间或防烟楼梯间时，应设置在通向楼梯间疏散门的上方。

（6）应设置在直通上人屋面、平台、天桥、连廊出口的上方。

（7）地下或半地下建筑（室）采用直通室外的竖向梯疏散时，应设置在竖向梯开口的上方。

（8）需要借用相邻防火分区疏散的防火分区中，应设置在通向被借用防火分区甲级防火门的上方。

（9）应设置在步行街两侧商铺通向步行街疏散门的上方。

（10）应设置在避难层、避难间、避难走道防烟前室、避难走道入口的上方。

（11）应设置在观众厅、展览厅、多功能厅和建筑面积大于 400 m² 的营业厅、餐厅、演播厅等人员密集场所疏散门的上方。

（二）方向标志灯的设置要求

（1）有维护结构的疏散走道、楼梯应符合下列规定：

① 应设置在走道、楼梯两侧距地面、梯面高度 1 m 以下的墙面、柱面上。

② 当安全出口或疏散门在疏散走道侧边时，应在疏散走道上方增设指向安全出口或疏散门的方向标志灯。

③ 方向标志灯的标志面与疏散方向垂直时，灯具的设置间距不应大于 20 m；方向标志灯的标志面与疏散方向平行时，灯具的设置间距不应大于 10 m。

（2）展览厅、商店、候车（船）室、民航候机厅、营业厅等开敞空间场所的疏散通道应符合下列规定：

① 当疏散通道两侧设置了墙、柱等结构时，方向标志灯应设置在距地面高度 1 m 以下的墙面、柱面上；当疏散通道两侧无墙、柱等结构时，方向标志灯应设置在疏散通道的上方。

② 方向标志灯的标志面与疏散方向垂直时，特大型或大型方向标志灯的设置间距不应大于 30 m，中型或小型方向标志灯的设置间距不应大于 20 m；方向标志灯的标志面与疏散方向平行时，特大型或大型方向标志灯的设置间距不应大于 15 m，中型或小型方向

标志灯的设置间距不应大于 10 m。

（3）保持视觉连续的方向标志灯应符合下列规定：

① 应设置在疏散走道、疏散通道地面的中心位置。

② 灯具的设置间距不应大于 3 m。

（4）方向标志灯（图 6-8）箭头的指示方向应按照疏散指示方案指向疏散方向，并导向安全出口。

图 6-8　方向标志灯

（5）楼梯间每层应设置指示该楼层的标志灯（以下简称"楼层标志灯"）（图 6-9）。

（6）人员密集场所的疏散出口、安全出口附近应增设多信息复合标志灯具。

图 6-9　楼层标志灯

第四节　安装要求

一、一般规定

（1）灯具应固定安装在不燃性墙体或不燃性装修材料上，不应安装在门、窗或其他可移动的物体上。

（2）灯具安装后不应对人员正常通行产生影响，灯具周围应无遮挡物，并应保证灯具上的各种状态指示灯易于观察。

（3）灯具在顶棚、疏散走道或通道的上方安装时，应符合下列规定：

① 照明灯可采用嵌顶、吸顶和吊装式安装。

② 标志灯可采用吸顶和吊装式安装；室内高度大于 3.5 m 的场所，特大型、大型、中型标志灯宜采用吊装式安装。

③ 灯具采用吊装式安装时，应采用金属吊杆或吊链，吊杆或吊链上端应固定在建筑构件上。

（4）灯具在侧面墙或柱上安装时，应符合下列规定：

① 可采用壁挂式或嵌入式安装。

② 安装高度距地面不大于 1 m 时，灯具表面凸出墙面或柱面的部分不应有尖锐角、毛刺等凸出物，凸出墙面或柱面最大水平距离不应超过 20 mm。

（5）非集中控制型系统中，自带电源型灯具采用插头连接时，应采用专用工具拆卸。

二、照明灯安装

照明灯宜安装在顶棚上。当条件限制时，照明灯可安装在走道侧面墙上，并应符合下列规定：

（1）安装高度不应在距地面 1～2 m。

（2）在距地面 1 m 以下侧面墙上安装时，应保证光线照射在灯具的水平线以下。

（3）照明灯不应安装在地面上。

三、标志灯安装

（一）出口标志的安装

出口标志灯的安装应符合下列规定：

（1）应安装在安全出口或疏散门内侧上方居中的位置；受安装条件限制标志灯无法安装在门框上侧时，可安装在门的两侧，但门完全开启时标志灯不能被遮挡。

（2）室内高度不大于 3.5 m 的场所，标志灯底边离门框距离不应大于 200 mm；室内高度大于 3.5 m 的场所，特大型、大型、中型标志灯底边距地面高度不宜小于 3 m，且不宜大于 6 m。

（3）采用吸顶或吊装式安装时，标志灯距安全出口或疏散门所在墙面的距离不宜大于 50 mm。

（二）方向标志灯的安装

方向标志灯的安装应符合下列规定：

（1）应保证标志灯的箭头指示方向与疏散指示方案一致。

（2）安装在疏散走道、通道两侧的墙面或柱面上时，标志灯底边距地面的高度应小于1 m。

（3）装在疏散走道、通道上方时：

①室内高度不大于3.5 m的场所，标志灯底边距地面的高度宜为2.2～2.5 m（图6-10）。

图6-10　标志灯装在疏散走道上方

②室内高度大于3.5 m的场所，特大型、大型、中型标志灯底边距地面高度不宜小于3 m，且不宜大于6 m。

（4）当安装在疏散走道、通道转角处的上方或两侧时，标志灯与转角处边墙的距离不应大于1 m（图6-11）。

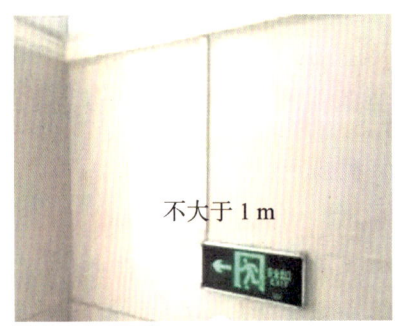

图6-11　标志灯安装在疏散走道、通道转角处

（5）当安全出口或疏散门在疏散走道侧边时，在疏散走道增设的方向标志灯应安装在疏散走道的顶部，且标志灯的标志面应与疏散方向垂直、箭头应指向安全出口或疏散门。

（6）当安装在疏散走道、通道的地面上时，应符合下列规定：

① 标志灯应安装在疏散走道、通道的中心位置。

② 标志灯的所有金属构件应采用耐腐蚀构件或做防腐处理，标志灯配电、通信线路的连接应采用密封胶密封。

③ 标志灯表面应与地面平行，高于地面距离不应大于 3 mm，标志灯边缘与地面垂直距离高度不应大于 1 mm。

楼层标志灯应安装在楼梯间内朝向楼梯的正面墙上，标志灯底边距地面的高度宜为 2.2～2.5 m。

（三）多信息复合标志灯的安装

多信息复合标志灯的安装应符合下列规定：

（1）在安全出口、疏散出口附近设置的标志灯，应安装在安全出口、疏散出口附近疏散走道、疏散通道的顶部。

（2）标志灯的标志面应与疏散方向垂直，指示疏散方向的箭头应指向安全出口、疏散出口。

第五节　布线要求

一、系统线路的选择

（1）系统线路应选择铜芯导线或铜芯电缆。

（2）系统线路电压等级的选择应符合下列规定：

① 额定工作电压等级为 50 V 以下时，应选择电压等级不低于交流 300/500 V 的线缆。

② 额定工作电压等级为 220/380 V 时，应选择电压等级不低于交流 450/750 V 的线缆。

（3）地面上设置的标志灯的配电线路和通信线路应选择耐腐蚀橡胶线缆（图 6-12）。

图 6-12　耐腐蚀橡胶线缆

（4）集中控制型系统中，除地面上设置的灯具外，系统的配电线路应选择耐火线缆（图6-13），系统的通信线路应选择耐火线缆或耐火光纤。

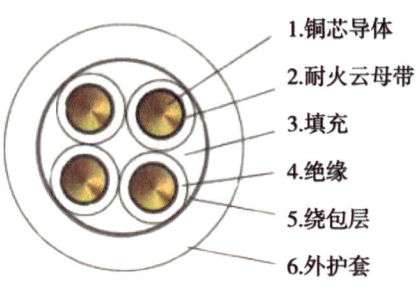

图6-13　耐火线缆

（5）非集中控制型系统中，除地面上设置的灯具外，系统配电线路的选择应符合下列规定：

①灯具采用自带蓄电池供电时，系统的配电线路应选择阻燃或耐火线缆。

②灯具采用集中电源供电时，系统的配电线路应选择耐火线缆。

（6）同一工程中相同用途电线电缆的颜色应一致；线路正极"+"线应为红色，负极"-"线应为蓝色或黑色，接地线应为黄色绿色相间。

二、布线

系统线路暗敷时，应采用金属管、可弯曲金属电气导管或B1级及以上的刚性塑料管保护（图6-14）。

图6-14　线路暗敷

系统线路明敷设时，应采用金属管、可弯曲金属电气导管或槽盒保护（图6-15）；

矿物绝缘类不燃性电缆可直接明敷。各类管路明敷时，应在下列部位设置吊点或支点，吊杆直径不应小于 6 mm（图 6-16）：

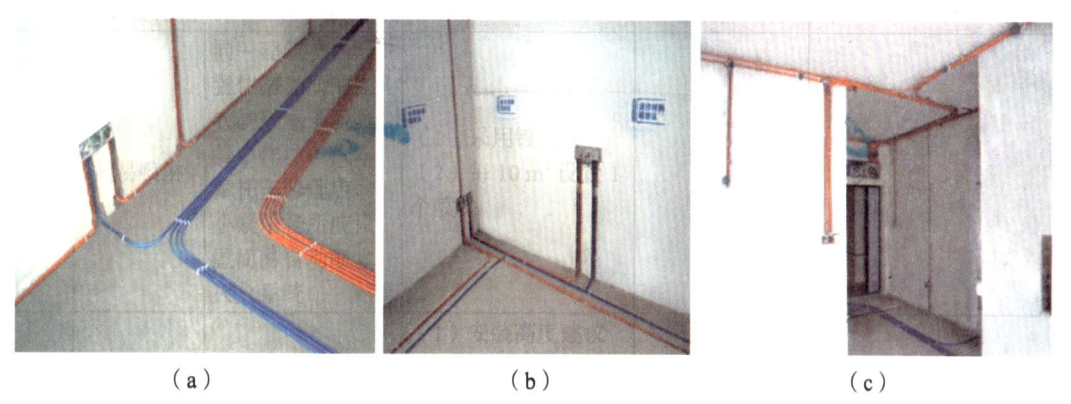

图 6-15　线路明敷

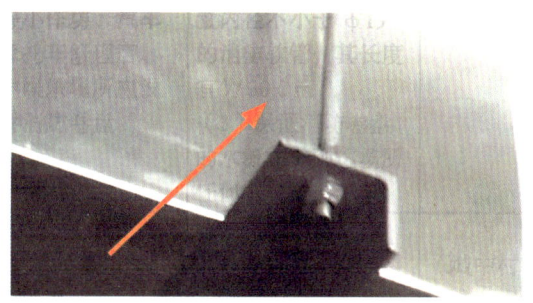

图 6-16　吊杆

（1）管路始端、终端及接头处。

（2）距接线盒 0.2 m 处。

（3）管路转角或分支处。

（4）直线段不大于 3 m 处。

各类管路暗敷时，应敷设在不燃性结构内，且保护层厚度不应小于 30 mm。管路经过建、构筑物的沉降缝、伸缩缝、抗震缝等变形缝处（图 6-17），应采取补偿措施。

图 6-17 伸缩缝

敷设在地面上、多尘或潮湿场所管路的管口和管子连接处,均应做防腐蚀、密封处理。系统应单独布线。除设计要求以外,不同回路、不同电压等级、交流与直流的线路,不应布在同一管内或槽盒的同一槽孔内。线缆在管内或槽盒内,不应有接头或扭结;导线应在接线盒内采用焊接、压接、接线端子可靠连接。在地面上、多尘或潮湿场所,接线盒和导线的接头应做防腐蚀和防潮处理;具有 IP 防护等级要求的系统部件,其线路中接线盒应达到与系统部件相同的 IP 防护等级要求。

第七章 建筑灭火器配置

灭火器的应用范围很广,全国各地的各类大、中、小型工业与民用建筑都在使用。灭火器是扑救初起火灾的重要消防器材,其轻便灵活,可手提或推拉至着火点附近,及时灭火,确属灭火过程中较理想的第一线灭火装备。只有合理、正确地配置灭火器,才能真正加强建筑物内的灭火力量,及时、有效地扑救各类工业与民用建筑的初起火灾。在建筑物内正确地选择灭火器的类型,确定灭火器的配置规格与数量,合理地定位及设置灭火器,保证足够的灭火能力,并注意定期检查和维护灭火器,是扑灭初起小火,减少火灾损失,保障人身和财产安全的有力保障。凡是存在可燃物的工业与民用建筑场所,均应配置灭火器。

第一节 设置与选型

一、设置场所

高层住宅建筑的公共部位和公共建筑内应设置灭火器,其他住宅建筑的公共部位宜设置灭火器。

厂房、仓库、储罐(区)和堆场应设置灭火器。

二、灭火器的设置要求

(一)一般规定

(1)灭火器应设置在位置明显和便于取用的地点,且不得影响安全疏散。

（2）对有视线障碍的灭火器设置点，应设置指示其位置的发光标志。

（3）灭火器的摆放应稳固，其铭牌应朝外。手提式灭火器宜设置在灭火器箱内或挂钩、托架上，其顶部离地面高度不应大于1.50 m；底部离地面高度不宜小于0.08 m（图7-1）。

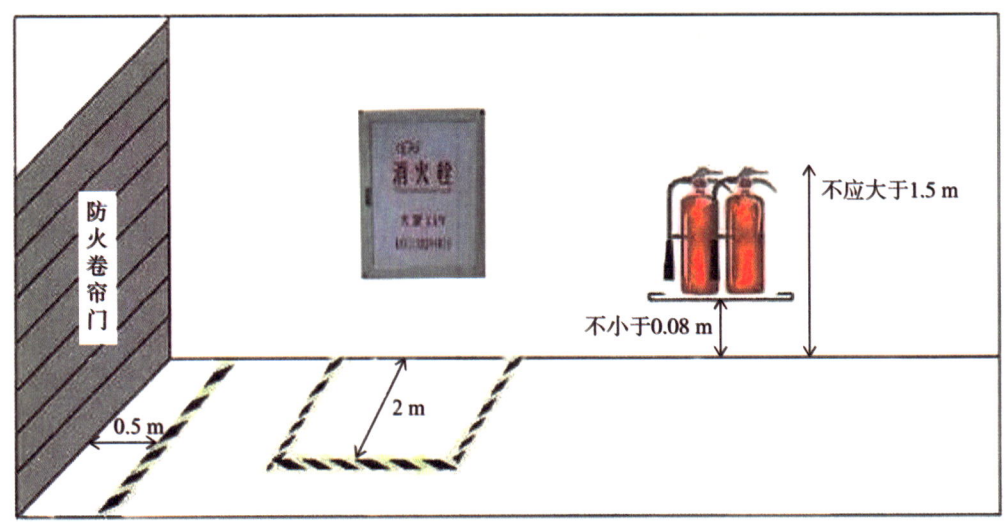

图7-1　灭火器的摆放

（4）灭火器箱不得上锁。除不影响灭火器取用和人员疏散的场合外，开门型灭火器箱的箱门开启角度不应小于175°，翻盖型灭火器箱的翻盖开启角度不应小于100°（图7-2）。

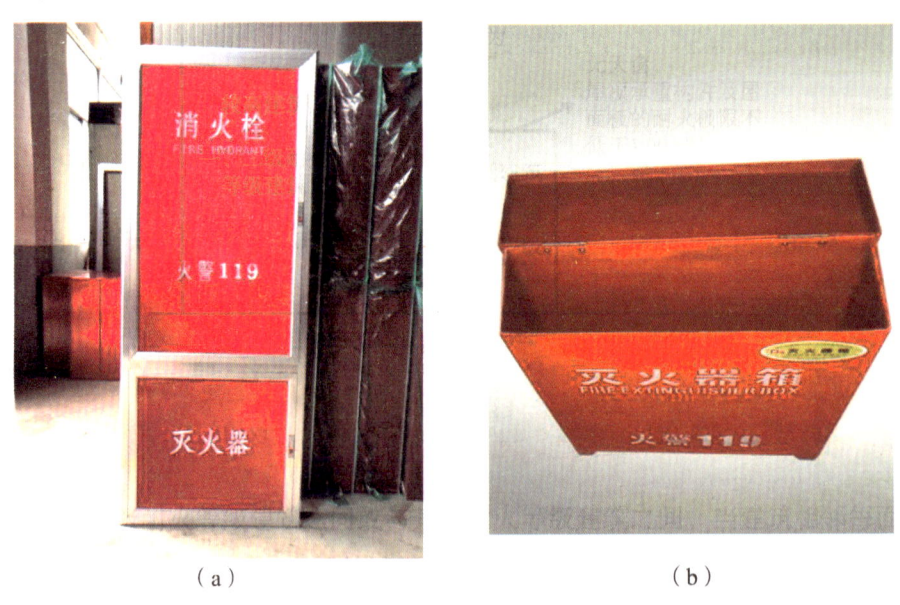

（a）　　　　　　　　　　　　　　（b）

图7-2　灭火器箱

（5）灭火器不宜设置在潮湿或强腐蚀性的地点。必须设置时，应有相应的保护措施。

灭火器设置在室外时，应有相应的保护措施。

（6）灭火器不得设置在超出其使用温度范围的地点。

（二）灭火器的最大保护距离

设置在 A 类火灾场所的灭火器，其最大保护距离应符合表 7-1 的规定。

表 7-1　A 类火灾场所的灭火器最大保护距离（m）

危险等级	灭火器类型	
	手提式灭火器	推车式灭火器
严重危险级	15	30
中危险级	20	40
轻危险级	25	50

三、灭火器的配置类型选择

A 类火灾场所应选择水型灭火器、磷酸铵盐干粉灭火器、泡沫灭火器或卤代烷灭火器。

B 类火灾场所应选择泡沫灭火器、碳酸氢钠干粉灭火器、磷酸铵盐干粉灭火器、二氧化碳灭火器、灭 B 类火灾的水型灭火器或卤代烷灭火器。

极性溶剂的 B 类火灾场所应选择灭 B 类火灾的抗溶性灭火器。

C 类火灾场所应选择磷酸铵盐干粉灭火器、碳酸氢钠干粉灭火器、二氧化碳灭火器或卤代烷灭火器。

D 类火灾场所应选择扑灭金属火灾的专用灭火器。

E 类火灾场所应选择磷酸铵盐干粉灭火器、碳酸氢钠干粉灭火器、卤代烷灭火器或二氧化碳灭火器，但不得选用装有金属喇叭喷筒的二氧化碳灭火器。

其中，A 类火灾指固体物质火灾，B 类火灾指液体火灾或可熔化固体物质火灾，C 类火灾指气体火灾，D 类火灾指金属火灾，E 类火灾指物体带电燃烧的火灾。

第二节 布置与设计

一、一般规定

一个计算单元内配置的灭火器数量不得少于 2 具。

每个设置点的灭火器数量不宜多于 5 具。

二、灭火器的最低配置基准

A 类火灾场所灭火器的最低配置基准应符合表 7-2 的规定。

表 7-2 A 类火灾场所灭火器的最低配置基准

危险等级	严重危险级	中危险级	轻危险级
单具灭火器最小配置灭火级别	3A	2A	1A
单位灭火级别最大保护面积（m^2/A）	50	75	100

建筑灭火器配置类型、规格和灭火级别基本参数如表 7-3 所示。

表 7-3 建筑灭火器配置类型、规格和灭火级别基本参数举例

灭火器类型	灭火剂充装量（规格）		灭火器类型规格代码（型号）	灭火级别	
	L	kg		A 类	B 类
水型	3	—	MS/Q3	1A	—
			MS/T3		55B
	6	—	MS/Q6	1A	—
			MS/T6		55B
	9	—	MS/Q9	2A	—
			MS/T9		89B
泡沫	3	—	MP3、MP/AR3	1A	55B
	4	—	MP4、MP/AR4	1A	55B
	6	—	MP6、MP/AR6	1A	55B
	9	—	MP9、MP/AR9	2A	89B

续表

灭火器类型	灭火剂充装量（规格）		灭火器类型规格代码（型号）	灭火级别	
	L	kg		A 类	B 类
干粉（碳酸氢钠）	—	1	MF1	—	21B
	—	2	MF2	—	21B
	—	3	MF3	—	34B
	—	4	MF4	—	55B
	—	5	MF5	—	89B
	—	6	MF6	—	89B
	—	8	MF8	—	144B
	—	10	MF10	—	144B
干粉（磷酸铵盐）	—	1	MF/ABC1	1A	21B
	—	2	MF/ABC2	1A	21B
	—	3	MF/ABC3	2A	34B
	—	4	MF/ABC4	2A	55B
	—	5	MF/ABC5	3A	89B
	—	6	MF/ABC6	3A	89B
	—	8	MF/ABC8	4A	144B
	—	10	MF/ABC10	6A	144B

三、灭火器配置设计计算

（一）一般规定

（1）灭火器配置的设计与计算应按计算单元进行。灭火器最小需配灭火级别和最少需配数量的计算值应进位取整。

（2）每个灭火器设置点实配灭火器的灭火级别和数量不得小于最小需配灭火级别和数量的计算值。

（3）灭火器设置点的位置和数量应根据灭火器的最大保护距离确定，并应保证最不利点至少在1具灭火器的保护范围内。

（二）灭火器配置设计的计算单元划分

（1）当一个楼层或一个水平防火分区内各场所的危险等级和火灾种类相同时，可将其作为一个计算单元。

（2）当一个楼层或一个水平防火分区内各场所的危险等级和火灾种类不相同时，应将其分别作为不同的计算单元。

（3）同一计算单元不得跨越防火分区和楼层。

（三）计算单元保护面积确定

（1）建筑物应按其建筑面积确定。

（2）可燃物露天堆场，甲、乙、丙类液体储罐区，可燃气体储罐区应按堆垛、储罐的占地面积确定。

（四）配置设计计算

（1）计算单元的最小需配灭火级别应按下式计算：

$$Q = K \frac{S}{U} \qquad (7-1)$$

式中：Q——计算单元的最小需配灭火级别（A 或 B）；

S——计算单元的保护面积（m^2）；

U——A 类或 B 类火灾场所单位灭火级别最大保护面积（m^2/A 或 m^2/B）；

K——修正系数。

修正系数应按表 7-4 的规定取值。

表 7-4 修正系数

计算单元	K
未设室内消火栓系统和灭火系统	1.0
设有室内消火栓系统	0.9
设有灭火系统	0.7
设有室内消火栓系统和灭火系统	0.5
可燃物露天堆场 甲、乙、丙类液体储罐区 可燃气体储罐区	0.3

（2）歌舞娱乐放映游艺场所、网吧、商场、寺庙以及地下场所等的计算单元的最小需配灭火级别应按下式计算：

$$Q = 1.3K \frac{S}{U} \quad (7-2)$$

（3）计算单元中每个灭火器设置点的最小需配灭火级别应按下式计算：

$$Q_e = \frac{Q}{N} \quad (7-3)$$

式中：Q_e——计算单元中每个灭火器设置点的最小需配灭火级别（A 或 B）；

N——计算单元中的灭火器设置点数（个）。

（4）灭火器配置的设计计算（图 7-3）可按下述程序进行：

① 确定各灭火器配置场所的火灾种类和危险等级。

② 划分计算单元，计算各计算单元的保护面积。

③ 计算各计算单元的最小需配灭火级别。

④ 确定各计算单元中的灭火器设置点的位置和数量。

⑤ 计算每个灭火器设置点的最小需配灭火级别。

⑥ 确定每个设置点灭火器的类型、规格与数量。

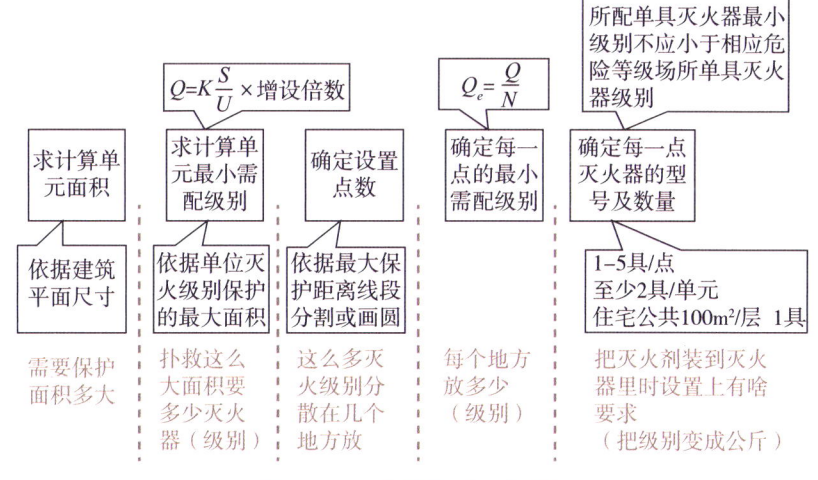

图 7-3　灭火器配置设计计算

举例：1 栋 1 层的玩具产品库房，建筑面积为 2 880 m（长 80 m，宽 36 m），设有室内消火栓系统和灭火系统。

① 确定各灭火器配置场所的火灾种类和危险等级。经查，玩具产品库房属于 A 类火灾场所，中危险级。

② 划分计算单元，计算各计算单元的保护面积。1栋1层的库房属于1个计算单元，保护面积为2 880 m²。

③ 计算各计算单元的最小需配灭火级别。灭火级别的计算公式为 $Q=K\times S/U$。库房设有室内消火栓系统和灭火系统，因此修正系数 K 为0.5，S 为保护面积2 880 m²，由于1层库房属于中危险级A类火灾场所，因此单位灭火级别最大保护面积 U 为 75 m²/A。最小需配灭火级别 $Q=0.5\times 2880/75=19.2A$，取整20。

④ 确定各计算单元中的灭火器设置点的位置和数量。经查表得知，手提式灭火器的最大保护距离为20 m，库房长为80 m，宽为36 m，设置点可为（80/20）×（36/20）=7.2，取整数，为8个设置点。

⑤ 计算每个灭火器设置点的最小需配灭火级别。$Q_e=Q/N$，即 20A/8=2.5A。取整，为3A。

⑥ 确定每个设置点灭火器的类型、规格与数量。类型一般推荐ABC干粉灭火器，数量可由 Q_e 值与"每具灭火器最小配备灭火级别"相除计算得出。按照"中危险级A类火灾"考虑，"每具灭火器最小配备灭火级别"取"2A"，每个设置点的数量为 3A/2A=1.5，取整2，每个设置点配备2具2A型灭火器。

需要注意的是，一个计算单元内配置的灭火器数量不得少于2具，每个设置点的设置数量不宜多于5具，并不意味着每个设置点的配置数量不得少于2具。举例来说，若一个计算单元内有2个配置点，在满足单具灭火器最小计算灭火级别的前提下，每个配置点仅需配置1具灭火器，此处为一种理论情形。在实际工作中，为了便于管理每个配置点均配置有两具灭火器，在每个配置点配置1具灭火器的做法比较少，通常只出现于住宅建筑。

第三节 进场检查

通常情况下，单位新购买的灭火器要进行检查，不然容易购买一些不合格的产品，或者被不良商家以次充好，关键时候贻误战机。

灭火器的进场检查内容如下：

（1）灭火器应符合市场准入的规定，并应有出厂合格证和相关证书。

（2）灭火器的铭牌、生产日期和维修日期等标志应齐全。

（3）灭火器的类型、规格、灭火级别和数量应符合配置设计要求。

（4）灭火器筒体应无明显缺陷和机械损伤。

（5）灭火器的保险装置应完好。

（6）灭火器压力指示器的指针应在绿区范围内（图7-4）。

（7）推车式灭火器的执行机构应完好。

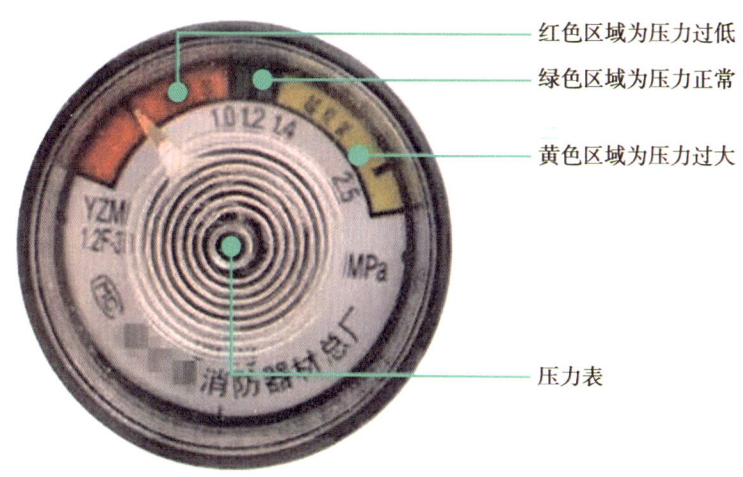

图7-4　灭火器压力指示器

第四节　日常检查、维护与报废

一、一般规定

灭火器的检查与维护应由相关技术人员承担。每次送修的灭火器数量不得超过计算单元配置灭火器总数量的1/4。超出时，应选择相同类型和操作方法的灭火器替代，替代灭火器的灭火级别不应小于原配置灭火器的灭火级别。检查或维修后的灭火器均应按原设置点位置摆放。

需维修、报废的灭火器应由灭火器生产企业或专业维修单位进行。

二、检查

灭火器的配置、外观等应按《建筑灭火器配置设计规范》（GB 50140—2005）附录的要求每月进行一次检查。

下列场所配置的灭火器，应按《建筑灭火器配置设计规范》（GB 50140—2005）附录的要求每半月进行一次检查。

（1）候车（机、船）室、歌舞娱乐放映游艺等人员密集的公共场所。

（2）堆场、罐区、石油化工装置区、加油站、锅炉房、地下室等场所。

灭火器检查内容如表7-5所示。

表7-5 建筑灭火器检查内容、要求及记录

	检查内容和要求	检查记录	检查结论
配置检查	1.灭火器是否放置在配置图表规定的设置点位置		
	2.灭火器的落地、托架、挂钩等设置方式是否符合配置设计要求。手提式灭火器的挂钩、托架安装后是否能承受一定的静载荷，并不出现松动、脱落、断裂和明显变形		
	3.灭火器的铭牌是否朝外，并且器头宜向上		
	4.灭火器的类型、规格、灭火级别和配置数量是否符合配置设计要求		
	5.灭火器配置场所的使用性质，包括可燃物的种类和物态等，是否发生变化		
	6.灭火器是否达到送修条件和维修期限		
	7.灭火器是否达到报废条件和报废期限		
	8.室外灭火器是否有防雨、防晒等保护措施		
	9.灭火器周围是否存在有障碍物、遮挡、拴系等影响取用的现象		
	10.灭火器箱是否上锁，箱内是否干燥、清洁		
	11.特殊场所中灭火器的保护措施是否完好		
外观检查	1.灭火器的铭牌是否无残缺，并清晰明了		
	2.灭火器铭牌上关于灭火剂、驱动气体的种类、充装压力、总质量、灭火级别、制造厂名和生产日期或维修日期等标志及操作说明是否齐全		
	3.灭火器的铅封、销闩等保险装置是否未损坏或遗失		
	4.灭火器的筒体是否无明显的损伤(磕伤、划伤)、缺陷、锈蚀(特别是筒底和焊缝)、泄漏		
	5.灭火器喷射软管是否完好、无明显龟裂，喷嘴不堵塞		
	6.灭火器的驱动气体压力是否在工作压力范围内（贮压式灭火器查看压力指示器是否指示在绿区范围内，二氧化碳灭火器和储气瓶式灭火器可用称重法检查）		
	7.灭火器的零部件是否齐全，并且无松动、脱落或损伤现象		
	8.灭火器是否未开启、喷射过		

三、送修

存在机械损伤、明显锈蚀、灭火剂泄露、被开启使用过或符合其他维修条件的灭火器应及时维修。

灭火器的维修期限应符合表 7-6 的规定。

表 7-6　灭火器的维修期限

灭火器类型		维修期限
水基型灭火器	手提式水基型灭火器	出厂期满 3 年； 首次维修以后每满 1 年
	推车式水基型灭火器	
干粉灭火器	手提式（贮压式）干粉灭火器	出厂期满 5 年； 首次维修以后每满 2 年
	手提式（储气瓶式）干粉灭火器	
	推车式（贮压式）干粉灭火器	
	推车式（储气瓶式）干粉灭火器	
洁净气体灭火器	手提式洁净气体灭火器	
	推车式洁净气体灭火器	
二氧化碳灭火器	手提式二氧化碳灭火器	
	推车式二氧化碳灭火器	

四、报废

下列类型的灭火器应报废：

（1）酸碱型灭火器。

（2）化学泡沫型灭火器。

（3）倒置使用型灭火器。

（4）氯溴甲烷、四氯化碳灭火器。

（5）国家政策明令淘汰的其他类型灭火器。

有下列情况之一的灭火器应报废：

（1）筒体严重锈蚀，锈蚀面积大于等于筒体总面积的 1/3，表面有凹坑。

（2）筒体明显变形，机械损伤严重。

（3）器头存在裂纹、无泄压机构。

（4）筒体为平底等结构不合理。

（5）没有间歇喷射机构的手提式。

（6）没有生产厂名称和出厂年月，包括铭牌脱落，或虽有铭牌，但已看不清生产厂名称，或出厂年月钢印无法识别。

（7）筒体有锡焊、铜焊或补缀等修补痕迹。

（8）被火烧过。

灭火器出厂时间达到或超过表 7-7 规定的报废期限时应报废。

表 7-7 灭火器的报废期限

灭火器类型		报废期限（年）
水基型灭火器	手提式水基型灭火器	6
	推车式水基型火火器	
干粉灭火器	手提式（贮压式）干粉灭火器	10
	手提式（储气瓶式）干粉灭火器	
	推车式（贮压式）干粉灭火器	
	推车式（储气瓶式）干粉灭火器	
洁净气体灭火器	手提式洁净气体灭火器	10
	推车式洁净气体灭火器	
二氧化碳灭火器	手提式二氧化碳灭火器	12
	推车式二氧化碳灭火器	

第五节　日常工作中常见的灭火器问题

一、灭火器配置类型问题

有的单位和个人因对自己单位的火灾危险等级及可燃物的火灾种类并不清楚，致使灭火器配置类型不合理，往往贻误灭火时机。例如，A 类火灾场所配置了 B、C 类干粉灭火器，存有轻金属钾、钠等易燃物的场所选配了二氧化碳灭火器，等等。这样做不仅在着火时发挥不了灭火作用，甚至使火越灭越大。

二、灭火器的配置规格、数量、布置问题

在灭火器配置规范中，明确规定了每具灭火器在不同危险级场所的配置基准（可换算为最小充装量）。灭火器的配置数量也是根据场所的灭火级别、保护面积、配置基准及室内有无其他固定消防设施等参数来确定的。它们都是场所能够有效扑救初期火灾的最低标准。但在一些场所中，配置级别过小、配置数量不足或配置不合理等情况相当普遍。

三、单位对员工使用灭火器的培训问题

有些场所人员对配置灭火器的灭火性能不了解，不会使用。尽管初起火灾被及时发现，但往往由于员工不会正确使用灭火器，致使小火未被控制而酿成大火。

四、维护管理问题

不少单位和个人错误地认为灭火器是一次配置终身享用，因此没有专人管理维护，致使许多配置的灭火器污损严重、贮气压力不足、灭火药剂失效、罐体锈蚀、喷射软管老化破损或由于个人随意挪用，造成压力表、器头连接处松动、喷嘴堵塞变形等。这就导致在火灾时刻急需使用时，不仅灭不了火，还有可能发生灭火器爆炸伤人事故。

五、灭火器质量问题

一些单位和个人为了应付日常的消防检查或节省开支而不考虑灭火器的灭火效果，购买质次价低的灭火器。还有一些经销、维修单位片面追求经济效益，为降低成本，选用不符合国家标准的产品以次充好。这些灭火器根本起不到灭火效果。

六、配置灭火器数量

一个计算单元内配置的灭火器数量不得少于2具，每个设置点的灭火器数量不宜多于5具：

在发生火灾时，若能同时使用2具灭火器共同灭火，则对迅速、有效地扑灭初起火灾非常有利。同时，2具灭火器可起到相互备用的作用，即使其中1具失效，另1具仍可正常使用。失火后可能会有许多人同时参加紧急灭火行动。如果同时到达同一个灭火器设置点来取用灭火器的人员太多，而且许多人都手提1具灭火器到同一个着火点去灭火，则会互相干扰，影响灭火。

一般而言，有半数以上的建筑火灾（占火灾总数的60%～80%）都是在灭火系统启动之前或消防队到达火场之前，动用第一线的灭火器材——灭火器完成灭火任务的。因此，对建筑中灭火器的维护管理十分重要。

使用单位必须加强对灭火器的日常管理和维护，建立维护管理档案，明确维护管理责任人，并且对维护情况进行定期检查。

下篇

各类场所火灾高风险区域整治要点及消防队伍建设

第八章 "三小"场所整治要点

"三小"场所即小档口、小作坊、小娱乐场所。

小档口是指建筑面积在 300 m² 以下具有销售、服务性质的商店、营业性的饮食店、汽车摩托车修理店、洗衣店、电器维修店、美容美发店（院）等场所。

小作坊是指建筑高度不超过 24 m，且每层建筑面积在 250 m² 以下，具有加工、生产、制造性质，火灾危险性为丙、丁、戊类的场所（含配套的仓库、办公、值班住宿等场所）。

小娱乐场所是指建筑面积在 200 m² 以下的具有休闲、娱乐功能的酒吧、茶艺馆、沐足屋、棋牌室（含麻将房）、桌球室等场所。

第一节 建筑防火及安全疏散

一、"三小"场所人员住宿要求

"三小"场所内严禁住人（图 8-1）。

（a）

（b）

图 8-1 三小场所严禁住人

二、安全疏散要求

（1）疏散门。

"三小"场所的疏散门采用向疏散方向开启的平开门，确保人员从内部打开。

在首层设置向疏散方向开启的平开门确有困难而需采用卷帘门、推拉门的，在生产经营期间必须保持开启状态（图8-2）。

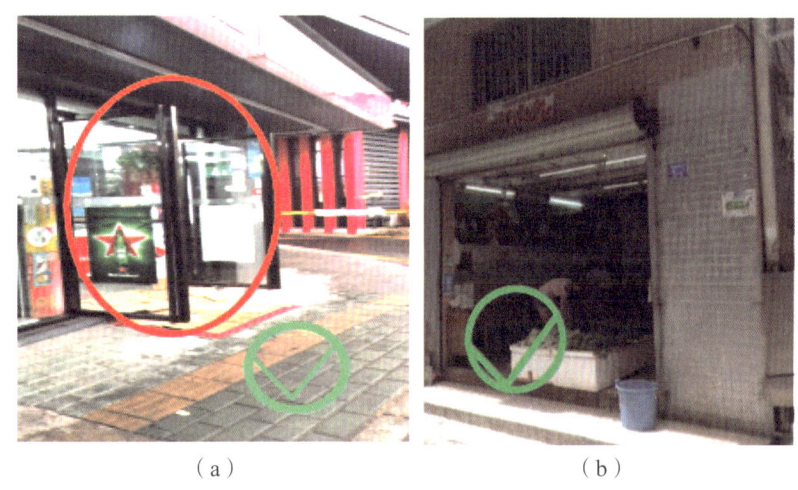

（a） （b）

图8-2 平开门、卷帘门保持开启

（2）楼梯间。

楼梯间形式应符合以下要求（图8-3）：

① 疏散楼梯在首层采用实体砖墙与其他部位分隔并直通室外。确有困难的，楼梯间应在首层或首层通往二层的楼梯平台处采用实体砖墙和乙级防火门分隔，在楼梯出口设置宽度不小于1.5 m的通道直通室外并应有明显标识。

② 二层以上的小娱乐场所应设封闭楼梯间，每层不应少于2个安全出口。

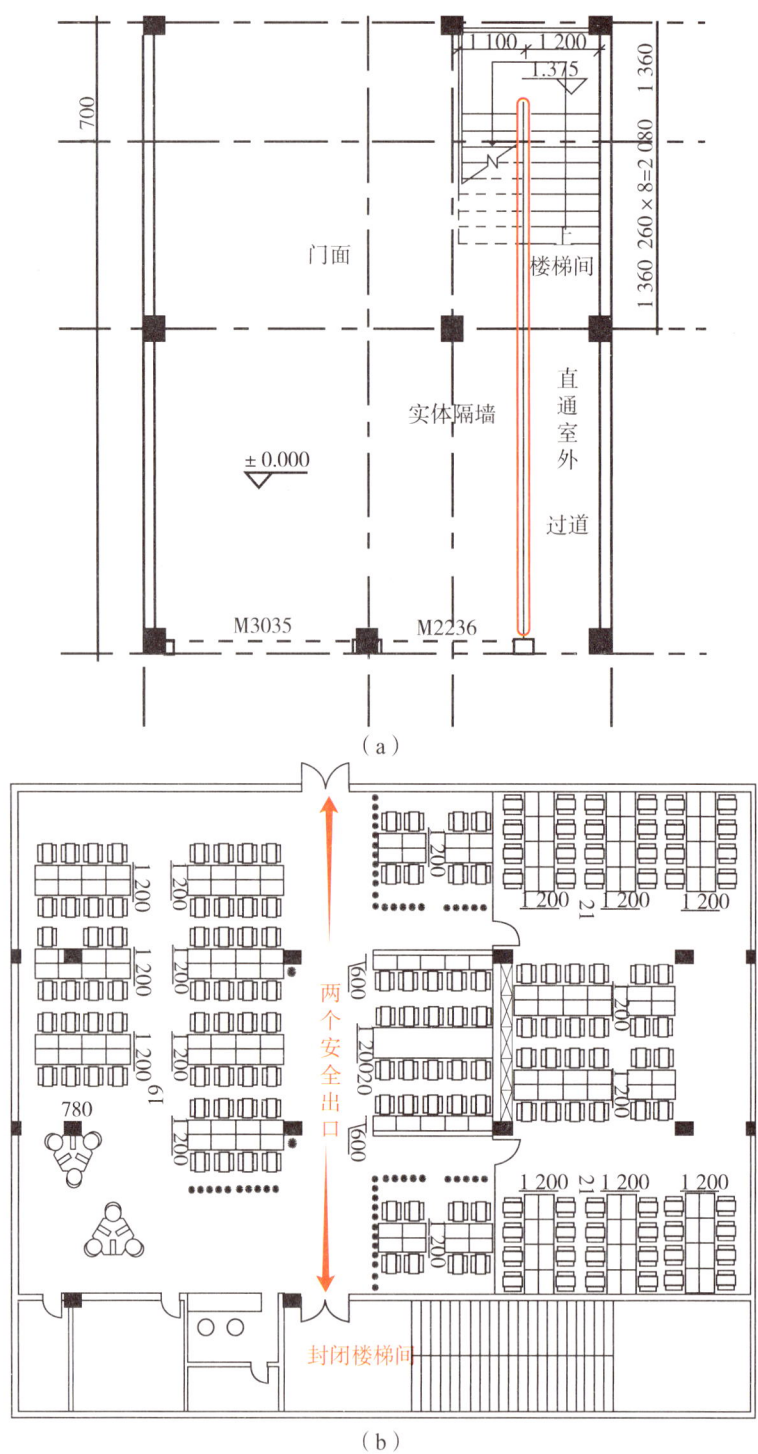

图 8-3 楼梯间的要求

（3）疏散通道、安全出口严禁存在堵塞、占用、锁闭现象（图8-4）。

（a）

（b）

图8-4　疏散通道、安全出口堵塞、锁闭

（4）设置人员住宿的"三小"场所建筑的外窗、阳台上的防盗网必须设置长宽净尺寸不小于1 m×0.8 m且向外开启的紧急逃生口。二层（含二层）以上紧急逃生口必须设置逃生缓降器、消防逃生梯或辅助爬梯等辅助疏散逃生设施（图8-5）。

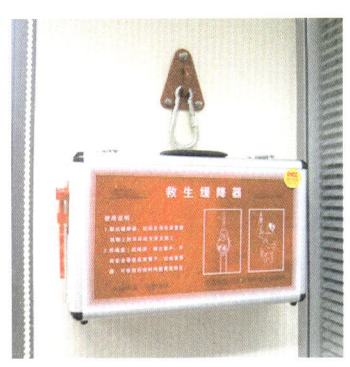
（a）逃生缓降器

（b）消防逃生软梯

图8-5　辅助疏散逃生设施

三、电动车消防安全管理

场所内部、疏散走道和疏散楼梯间严禁存在电动自行车违规停放或充电（图 8-6）。

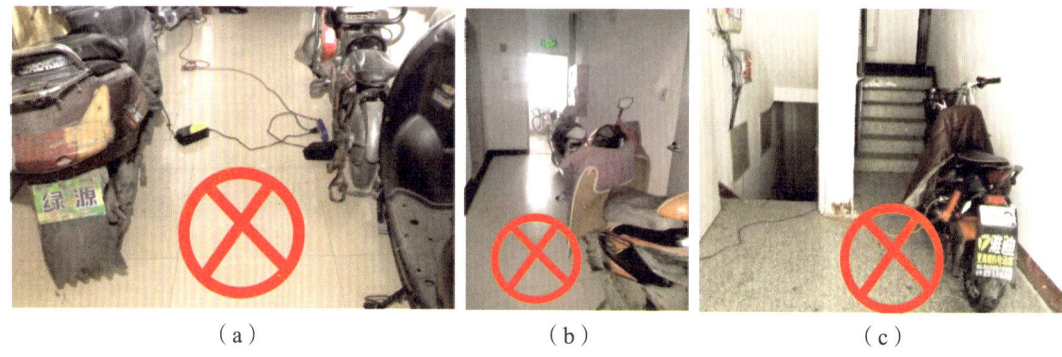

（a）　　　　　　　　（b）　　　　　　　　（c）

图 8-6　电动自行车违规停放或充电

第二节　消防设施和灭火器材

一、消防应急照明灯

"三小"场所内配置消防应急照明灯如图 8-7 所示。

（a）　　　　　　　　　　（b）

图 8-7　配置应急照明灯

应急照明灯安装要求如下：

（1）一般采用壁挂式安装墙壁上，安装高度在 2.0～2.4 m，也可安装在安全出口（疏散出口）门框上方 30 cm 处。

（2）灯具安装后不应对人员正常通行产生影响，灯具周围应无遮挡物。

（3）灯具应固定安装在不燃性墙体或不燃性装修材料上，不应安装在门、窗或其他可移动的物体上。

（4）使用正规合格的产品。

（二）"三小"场所设置灯光型安全出口标志灯

"三小"场所设置灯光型安全出口标志灯如图 8-8 所示。

图 8-8　灯光型安全出口标志灯

安全出口标志灯的安装要求：

（1）应安装在安全出口或疏散门内侧上方居中的位置；受安装条件限制标志灯无法安装在门框上侧时，可安装在门的两侧，但门完全开启时标志灯不能被遮挡。

（2）采用吸顶或吊装式安装时，标志灯距安全出口或疏散门所在墙面的距离不宜大于 50 mm。

（3）使用正规合格的产品。

二、火灾探测器

设置上人阁楼的"三小"场所要设置智能红外体感无线感烟探测报警器或人体感应摄像头。

设置值班室、住宿场所以及建筑面积超过 20 m² 的"三小"场所必须设置独立式感烟火灾探测报警器（鼓励安装联网式无线火灾报警器），且安装应符合要求、能正常工作。

感烟探测器的安装要求（图 8-9）：

（1）一般设置在场所（房间）顶部，每 60 m² 设置一个，每个独立房间不少于 1 个。

（2）距墙边、梁边距离不应小于 0.5 m，距空调出风口水平距离不应小于 1.5 m，探测器周围 0.5 m 内，不应有遮挡物。

（3）探测器宜水平安装，当确需倾斜安装时，倾斜角不应大于 45°。

（4）采用格栅吊顶时一般设置在吊顶内楼板下，不应设置在吊顶下方，当镂空面积与总面积的比例不大于 15% 时，探测器应设置在吊顶下方。

（5）当梁突出顶棚的高度超过 600 mm 时，被梁隔断的每个梁间区域应至少设置一只探测器。

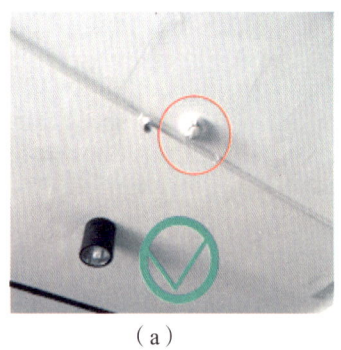
（a）

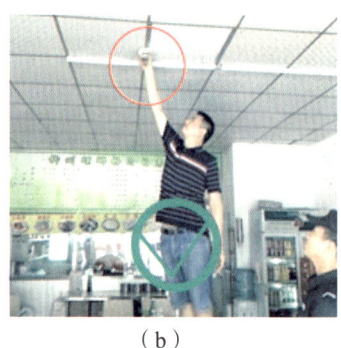
（b）

图 8-9　感烟探测器的安装

三、灭火器配置

"三小"场所按建筑面积每 75 m² 配备不少于 2 具 MFABC4 型手提式干粉灭火器，且必须完好有效（图 8-10）。

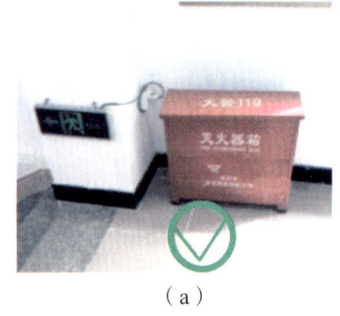
（a）

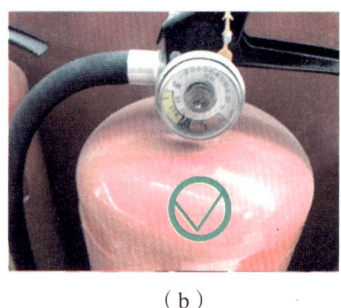
（b）

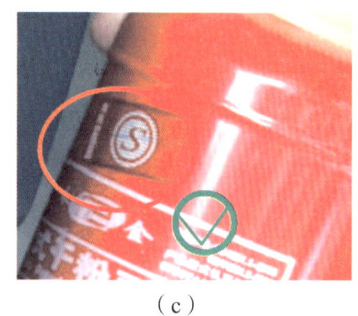
（c）

图 8-10　灭火器保持完好有效

灭火器的设置要求：

（1）每 75 m² 至少配置 2 具 4 kg ABC4 型手提式干粉灭火器，每两个一组放置。

（2）放置明显便于取用位置，不能有遮挡。

（3）应定期并做好记录，灭火器不应有锈蚀、损坏、压力过低。

四、其他消防设备

同一建筑物内设置住宿场所的制衣制鞋电子玩具等小作坊、汽车摩托车修理店、小娱乐场所应设置简易自动喷水灭火系统（图8-11）、消防卷盘（图8-12），且必须完好有效。

图 8-11　简易自动喷水灭火系统

图 8-12　消防卷盘

简易自动喷水灭火系统安装要求：

（1）应采用镀锌管。

（2）每 10 ㎡ 设置 1 个喷头。

（3）喷头溅水盘与顶板的距离不应小于 75 mm，且不应大于 150 mm（无吊顶时喷头朝上，有吊顶时喷头朝下）。

（4）消防卷盘安装高度建议距地面高度 1.1 m，便于取用，动作灵活无卡阻。

（5）消防卷盘应配置内径不小于 Φ19 的消防软管，其长度宜为 30.0 m。

（6）保证消防卷盘的水流能够到达场所任何部位。

消防设施和灭火器材应能正常运作和使用。

第三节　火灾危险源控制

一、存放、使用甲、乙类物品及丙类液体的要求

（1）小作坊在生产工艺流程中确需存放、使用火灾危险性为甲类（乙烷、甲苯、汽油、乙炔、过氧化钠等）、乙类（煤油、松节油、溶剂油、漆布和油布及其制品等）物品及火灾危险性为丙类（动植物油、沥青、蜡、润滑油、机油、重油等）的液体，应符合下列要求：

① 严禁违规设置在民用建筑内。

②火灾危险性为丙类的小作坊，甲、乙类火灾危险性的生产部分占建筑面积比例要小于 5%。

③设置中间仓库且中间仓库靠外墙布置。

④中间仓库储量不应超过 1 昼夜的需要量。

⑤设置的甲、乙、丙类中间仓库采用防火墙和耐火极限不低于 1.50 h 的不燃烧楼板与其他部位分隔（图 8-13）。

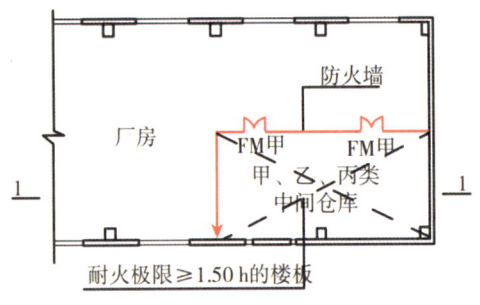

图 8-13　甲、乙、丙类中间仓库

（2）属于人员密集场所的"三小"场所确需使用易燃易爆化学物品，要落实专人管理、登记（图 8-14）。存储量严禁超过一天使用量（图 8-15）。

图 8-14　要落实专人管理、登记　　图 8-15　存储量严禁超过一天使用量

（3）药店柜台严禁存放超过 20 L 酒精。

（4）餐饮经营性场所外，厨房、浴室存放装载量严禁超过相当于 2 个 15 kg 的液化石油气瓶。错误示范如图 8-16 所示。

图 8-16　不正确储存液化石油气瓶

（5）餐饮经营性场所存储液化石油气超过 30 kg，应符合《城镇燃气设计规范》（GB 50028—2006 标准要求，并设置瓶组间。

① 应设置独立的瓶组间（严禁设置在建筑内），邻向建筑的外墙为无门窗洞口的防火墙时，间距可不限。

② 瓶组间不得设置在地下室和半地下室内。

③ 瓶组间不应与住宅建筑、重要公共建筑和其他高层公共建筑贴邻。

④ 在瓶组间的总出气管道上应设置紧急事故自动切断阀。

⑤ 瓶组间应设置可燃气体浓度报警装置。

⑥ 采用防爆型电器。

⑦ 室温不应高于 45 ℃，且不应低于 0 ℃。

二、木质阁楼要求

内部严禁采用木质材料搭建阁楼（图 8-17）。

图 8-17　严禁采用木质材料搭建阁楼

三、彩钢板、聚氨酯泡沫等易燃材料使用要求

内部严禁使用彩钢板、聚氨酯泡沫等易燃材料（图8-18）。

（a）彩钢板　　　　　　　（b）聚氨酯泡沫

图8-18　严禁使用的易燃材料

四、电气线路、电气设备使用要求

"三小"场所内电气线路不应私拉乱接，电气设备应使用规范。

（1）严禁电器设备超负荷使用、线排串联（图8-19）。

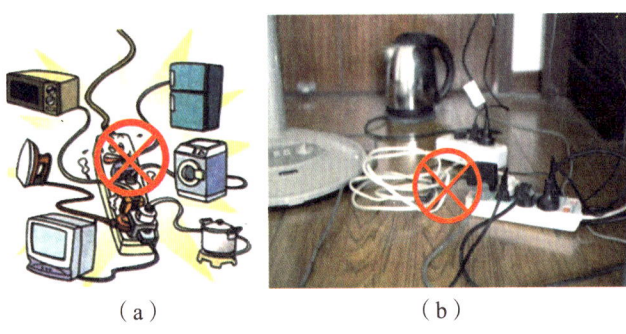

（a）　　　　　　　　　　（b）

图8-19　线排串联

（2）严禁用铜丝、铁丝等代替保险丝（图8-20）。

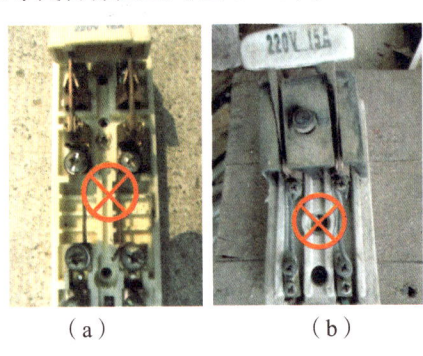

（a）　　　　　　（b）

图8-20　保险丝错误师范

（3）电热炉、电加热器、电暖器、电饭锅、电熨斗、电热毯等电热器具使用后应采取拔出电源插销等切断电源的措施。

（4）对产生高温或使用明火的设备，应限制周围可燃物，使用期间应设专人监护。

（5）应安装防火型漏电开关或新型防短路、防过载、防电弧断路保护开关并选用合格电气产品。

（6）供用电线路应根据国家电气技术标准，采取穿金属管、封闭式金属线槽和绝缘阻燃 PVC 电工套管保护措施，具体如图 8-21 所示。

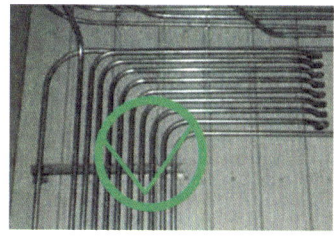  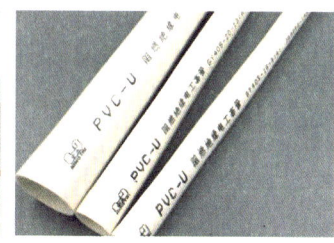

（a）穿金属管　　　　　（b）封闭式金属线槽　　　（c）绝缘阻燃 PVC 电工套管

图 8-21　线路穿套管保护

（7）强电线路按规定使用阻燃电缆和电气线路，严禁用易燃电线电缆。

（8）开关、电闸、配电箱应使用符合国家市场准入电气产品（图 8-22）。

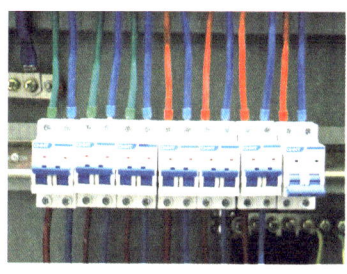 

图 8-22　开关、配电箱

（9）电线要完好，不能出现电线破皮、绝缘破损现象。

第四节　消防宣传教育培训

一、员工会报火警

员工应熟悉报火警基本内容和要求（图 8-23）：要记清、拨准火警电话号 119（或 110）；要讲清发生火灾的详细情况，要报清起火单位和地址；打完电话后，还要派人在火场附近主要路口迎接消防车，以便带路。

图 8-23 报火警的内容

二、掌握本场所灭火器材使用方法

员工应懂得使用场所内灭火器材（图 8-24、图 8-25）。

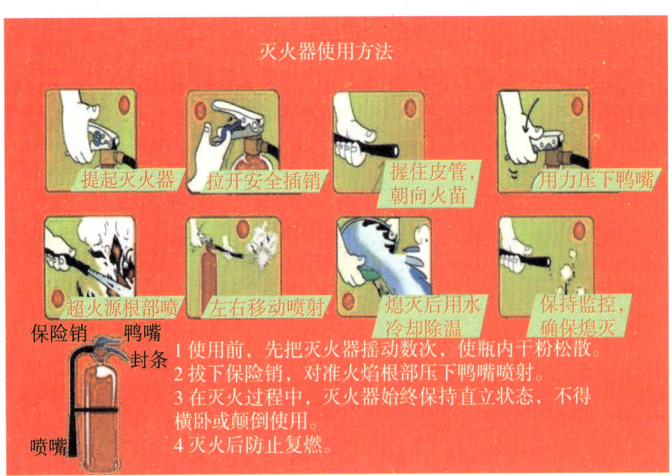

图 8-24 灭火器使用方法

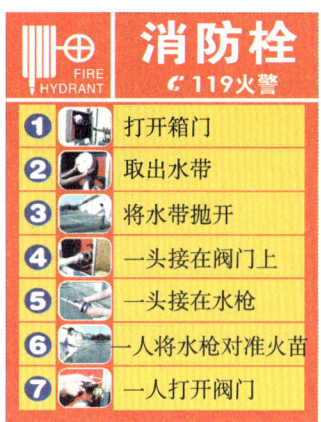

图 8-25　消火栓使用方法

三、掌握火场逃生自救基本技能

员工掌握火场逃生自救基本技能，熟悉逃生路线和引导人员疏散程序（图 8-26）。

图 8-26　逃生自救方法

四、张贴“三小”场所严禁违规住人标识

“三小”场所内应张贴严禁违规住人标识（图 8–27）。

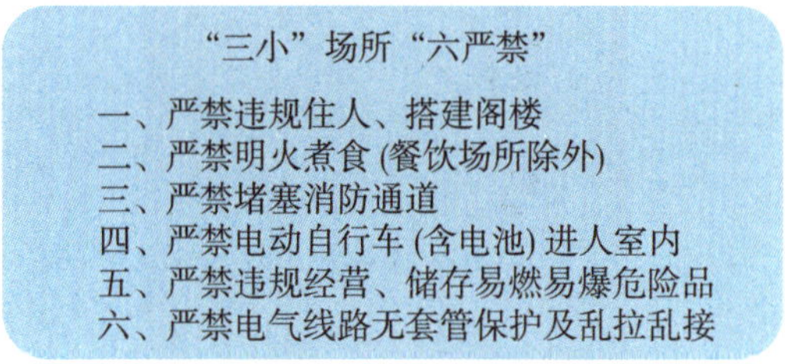
“三小”场所“六严禁”
一、严禁违规住人、搭建阁楼
二、严禁明火煮食(餐饮场所除外)
三、严禁堵塞消防通道
四、严禁电动自行车(含电池)进入室内
五、严禁违规经营、储存易燃易爆危险品
六、严禁电气线路无套管保护及乱拉乱接

图 8–27 “六严禁”标识

第五节 “三小”场所消防设施安装

“三小”场所消防设施应按表 8–1 要求安装。

表 8–1 消防设施安装要求

序号	设施及器材名称	安装数量及位置	设置具体要求	备注	图例
1	应急照明灯	（1）安全出口正上方 1 个 （2）若有内走道，走道内每 10 m 安装 1 个	（1）不低于 2.2 m （2）安全出口正上方必装	（1）应使用正规合格产品，应有 3C 认证和“S”标识	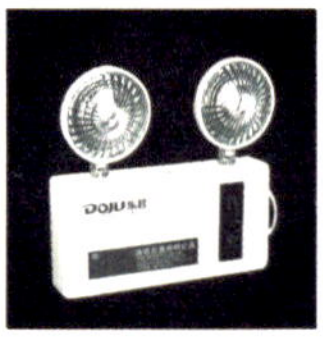
2	4 kg ABC 干粉灭火器	（1）每 75 m^2 至少配置 2 具 4 kg ABC4 手提式干粉灭火器	（1）每两个一组放置 （2）放置明显便于取用位置，不能有遮挡 （3）应定期检查并做好记录		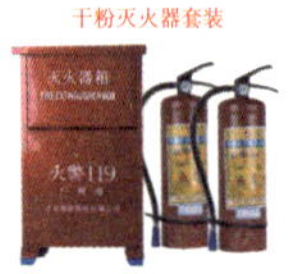干粉灭火器套装
3	感烟报警探测器	设置在房间顶棚，每 60 m^2 设置 1 个，每个独立房间不少于 1 个	（1）探测器宜水平安装，倾斜安装时倾斜角不应大于 45° （2）采用格栅吊顶时一般设置在吊顶内楼板下，不应设置在吊顶下方，当镂空面积与总面积的比例不大于 15% 时，探测器应设置在吊顶下方	可设置独立式感烟报警探测器，也可设置智慧型无线感烟火灾报警探测器	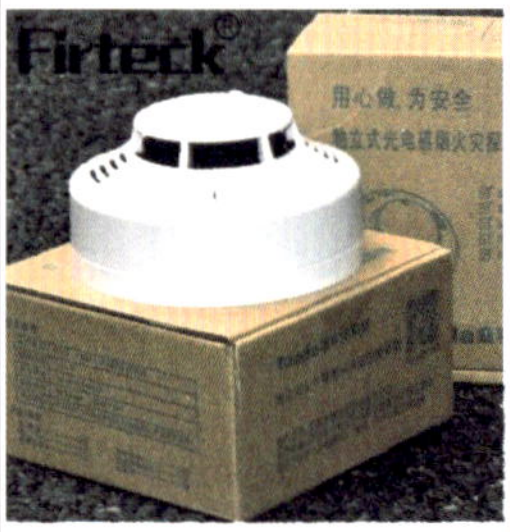Firteck

续表

序号	设施及器材名称	安装数量及位置	设置具体要求	备注	图例
4	简易喷淋	同一建筑物内设置住宿场所的制衣制鞋电子玩具等小作坊、汽车摩托车修理店、小娱乐场所应设置简易自动喷水灭火系统	（1）采用镀锌管 （2）每 10 m² 设置 1 个喷头		
5	消防卷盘	同一建筑物内设置住宿场所的制衣制鞋电子玩具等小作坊、汽车摩托车修理店、小娱乐场所应设置消防卷盘	（1）安装高度建议距地面高度 1.1 m，便于取用，动作灵活无卡阻 （2）消防卷盘应配置内径不小于 ϕ19 的消防软管，其长度宜为 30.0 m （3）保证消防卷盘的水流能够到达场所任何部位		
6	灯光型安全出口标志	设置在安全出口正上方	安装高度不低于 2.2 m	（城中村整治要求）	

一、再生资源回收站点整治要点

再生资源回收站点整治按下列内容进行：

（1）不得在居民楼内设置废品（难燃、不燃物品除外）回收场地。

（2）电气设施应采用防爆型；线路有接地和漏电保护措施；严禁私接乱接或超负荷用电；严禁使用国家明令淘汰的万能插座等电气设备。

（3）应安装可燃气体探测装置。

（4）钢瓶应规范管理，不得超量存放；钢瓶应定期进行检测。

（5）不得乱堆乱放，堵塞、占用疏散通道、安全出口。

（6）禁止违规住人。

（7）应设置感烟火灾探测报警器；应按每 75 m² 至少配置 2 具 4 kg ABC4 手提式干粉灭火器的标准配置灭火器；应设消防应急照明灯。

（8）严禁电动自行车室内停放、充电。

（9）生产、经营、储存区域与厨房、住宿区域应完全分隔设置。

（10）严禁违规进行切割焊接动火作业；严禁违规使用、操作危险化学品。

二、燃气服务站点整治要点

燃气服务站点整治主要包括下列内容：

（1）必须取得行业管理部门的许可或备案。

（2）不得超许可范围、超容纳服务人数；不得擅自增加床位。

（3）吊顶、墙面不得采用易燃、可燃材料装修。

（4）电线必须穿金属管或阻燃 PVC 管保护；线路有接地和漏电保护措施；严禁私接乱接或超负荷用电；严禁使用国家明令淘汰的万能插座等电气设备。

（5）应设置感烟火灾探测报警器；应按每 75 m^2 至少配置 2 具 4 kg ABC4 手提式干粉灭火器的标准配置灭火器；应设消防应急照明灯。

（6）消防设施、器材应保持完好有效。

（7）不得堵塞、占用疏散通道、安全出口。

（8）严禁电动自行车室内停放、充电。

（9）明火厨房应采取实体砖墙与其他部位有效分隔。

三、午托、教育培训机构整治要点

午托、教育培训机构整治主要包括下列内容：

（1）必须取得行业管理部门的许可或备案。

（2）不得超许可范围、超容纳服务人数；不得擅自增加床位。

（3）吊顶、墙面不得采用易燃、可燃材料装修。

（4）电线必须穿金属管或阻燃 PVC 管保护；线路有接地和漏电保护措施；严禁私接乱接或超负荷用电；严禁使用国家明令淘汰的万能插座等电气设备。

（5）应设置感烟火灾探测报警器；应按每 75 m^2 至少配置 2 具 4 kg ABC4 手提式干粉灭火器的标准配置灭火器；应设消防应急照明灯。

（6）消防设施、器材应保持完好有效。

（7）不得堵塞、占用疏散通道、安全出口。

（8）严禁电动自行车室内停放、充电。

（9）明火厨房应采取实体砖墙与其他部位有效分隔。

第九章 出租屋整治要点

出租屋是指旅馆业以外以营利为目的，公民私有或单位所有出租用于他人居住的房屋。

第一节 平面布置和防火间距

一、平面布置

出租屋与生产、储存、经营易燃易爆危险品的场所严禁设置在同一建筑物内（图 9-1）。

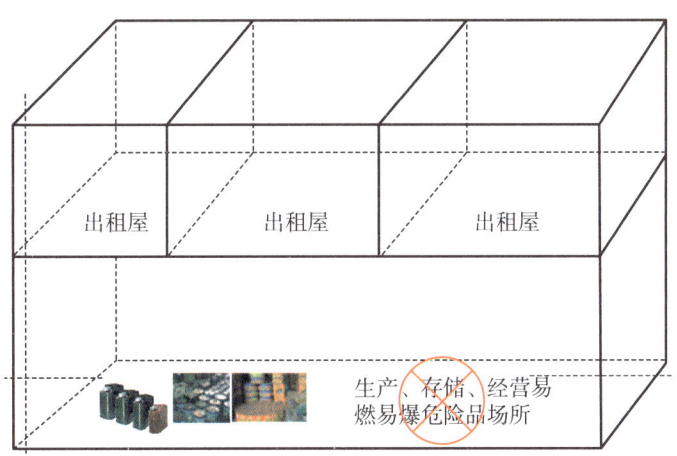

图 9-1 出租屋平面布置要求

二、防火间距

出租屋的建筑之间或与其他耐火等级建筑之间的防火间距应符合下列要求：

（1）一、二级耐火等级建筑（主要为框架结构和砖混结构）之间或与其他耐火等级建筑之间的防火间距不宜小于 4 m（图 9-2）。

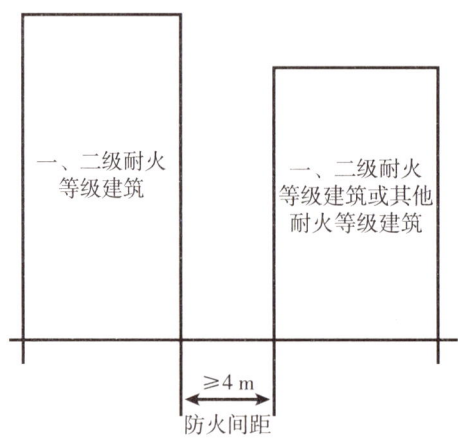

图 9-2　一、二级耐火等级建筑防火间距

（2）当相邻的两座一、二级耐火等级的建筑，其中一座建筑的相邻外墙为防火墙且较低一座建筑屋顶不设置天窗、屋顶承重构件及屋面板的耐火极限不低于 1.00 h 时，防火间距不限（图 9-3）。

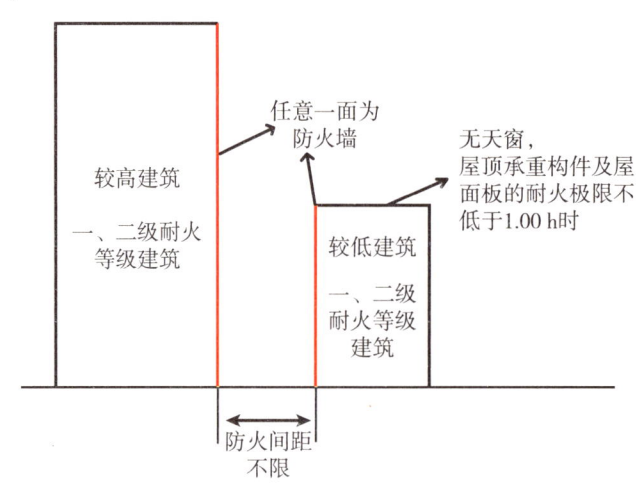

图 9-3　相邻建筑外墙设置防火墙

（3）一、二级耐火等级建筑之间或与其他耐火等级建筑之间，当建筑相邻每面外墙上的门、窗、洞口面积之和不大于该外墙面积的 10% 且不正对开设时，建筑之间的防火间距可减少为 2 m（图 9-4）。

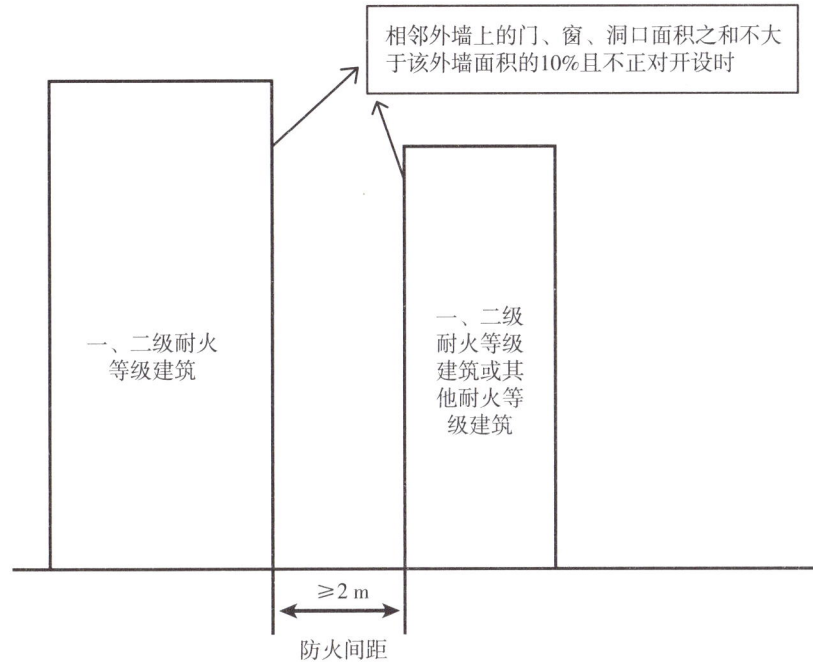

图9-4　建筑相邻外墙门、窗、洞口之和不大于该外墙面积的10%且不正对开设

（4）三、四级耐火等级建筑（主要为砖木结构）之间的防火间距不宜小于6 m（图9-5）。

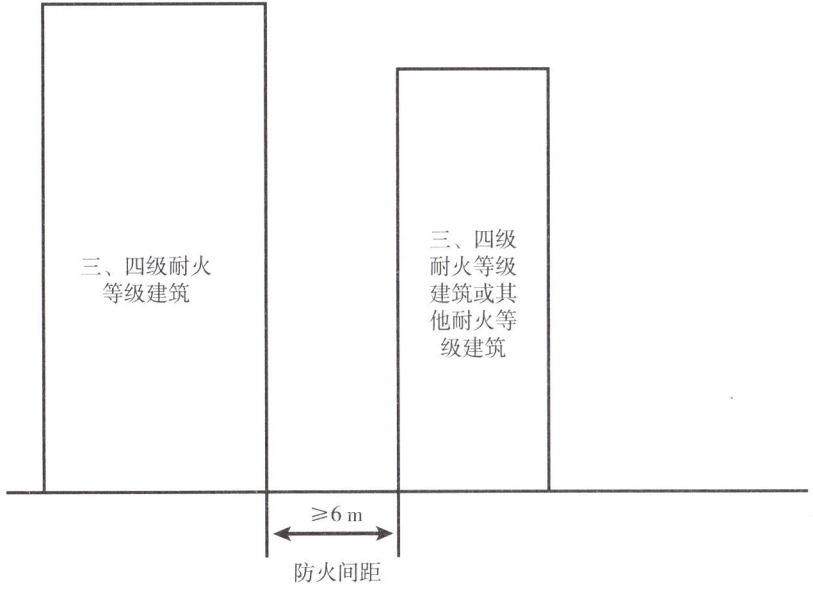

图9-5　三、四级耐火等级建筑防火间距

（5）当建筑相邻外墙为不燃烧体，每面墙上的门、窗、洞口面积之和小于等于该外墙

面积的10%且不正对开设时,建筑之间的防火间距可减少为4 m(图9-6)。

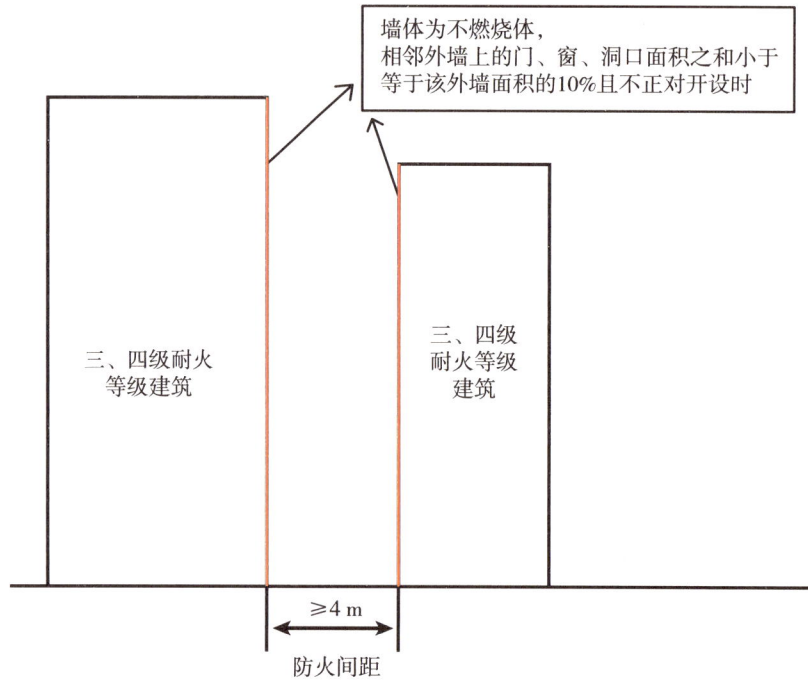

图9-6 三、四级耐火等级建筑防火间距减少的情况

建筑高度不大于15 m的出租屋建筑密集区防火间距不满足要求的处理措施:

(1)耐火等级为一、二级的建筑密集区,占地面积不应超过5 000 m²;当超过时,应在密集区内设置宽度不小于6 m的防火隔离带进行防火分隔(图9-7)。

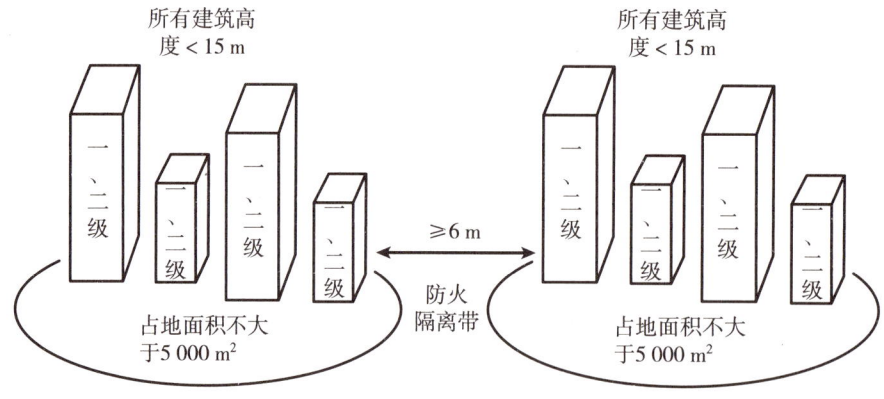

图9-7 耐火等级为一、二级的建筑密集区的防火隔离带设置

(2)耐火等级为三、四级的建筑密集区,占地面积不应超过3 000 m²;当超过时,应在密集区内设置宽度不小于10 m的防火隔离带进行防火分隔(图9-8)。

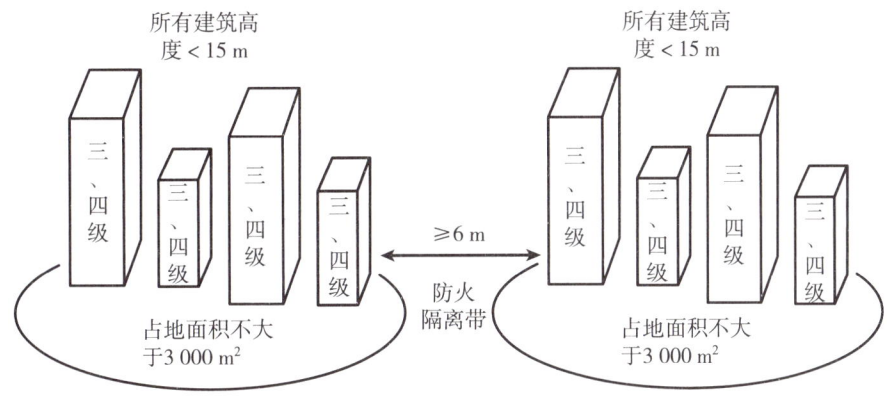

图 9-8　耐火等级为三、四级的建筑密集区的防火隔离带设置

第二节　防火分隔和安全疏散

一、防火分隔

出租屋与生产、储存、经营其他物品（非易燃易爆危险品）的场所设置在同一建筑物内时，应同时满足下列要求：

（1）居住部分与非居住部分应采用耐火极限不低于 2 h 且不开设门、窗、洞口的隔墙和耐火极限不低于 1 h 的楼板进行分隔。

（2）居住部分与非居住部分应分别设置独立的楼梯等疏散设施。

工作中有两种常见不符合规范的情况：

（1）出租屋楼下"三小"场所与出租屋疏散楼梯（疏散通道）连通。

整改措施：连通的开口部位应采用实体砖墙分隔，当必须连通时应设置甲级防火门。

（2）在出租屋内办企业或设置"三小"场所、仓库等。

整改措施：清除（搬迁）出租屋内的企业、"三小"场所或仓库。

二、安全疏散

（一）疏散楼梯和疏散走道的设置

（1）三层及三层以上出租屋疏散楼梯不应采用木楼梯或未经防火保护的金属楼梯（图 9-9）。

（a）木楼梯　　　　　　（b）未经防火保护的金属楼梯

图 9-9　木楼梯和金属楼梯

（2）建筑高度大于 21 m（含），不大于 30 m 的出租屋（≥7 层，≤9 层），疏散楼梯间应能直通屋顶平台；不能直通屋顶平台的，应在每层居室通向楼梯间的出入口处设乙级防火门分隔（图 9-10）。

（城中村整治标准：3 层及 3 层以上且居住 50 人以上出租屋，仅设置一座疏散楼梯时，必须设置通天面的楼梯或通道。）

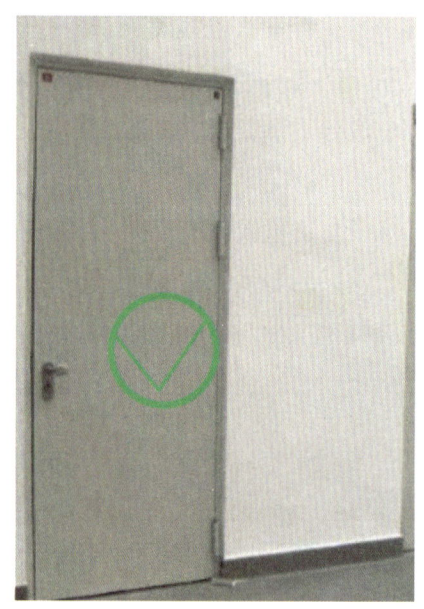

图 9-10　楼梯间入口处设乙级防火门

（3）建筑高度 30 m（含）以上的出租屋（≥10 层），疏散楼梯间应直通屋顶平台

（图9-11）。

图9-11　疏散楼梯直通屋顶平台

（4）通过长度大于10 m的内走道连接各户的出租屋，疏散楼梯应采用封闭楼梯间（在楼梯间入口处设置乙级防火门）（图9-12）。

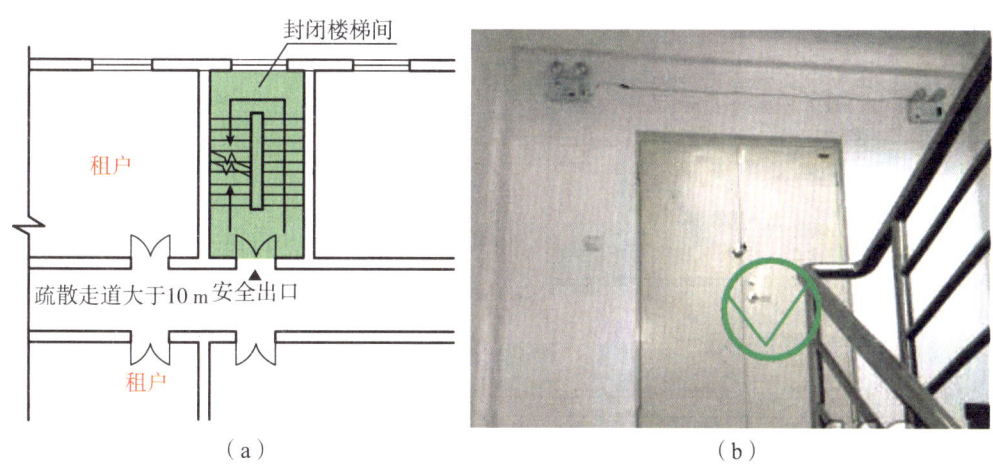

图9-12　封闭楼梯间

（5）长度超过20 m的室内疏散走道应设置灯光疏散指示标志。

设置要求：距地面高度1.0 m以下（图9-13），间距不应大于20 m（袋形走道不应大于10 m，转角处不应大于1.0 m）；箭头指示方向与疏散方向一致；与供电线路直接连接，不能使用插头连接。

图 9-13 灯光疏散指示标志的设置

（二）疏散楼梯数量

建筑高度大于 54 m（含）的出租屋建筑（≥18 层），必须至少设有两部不同方向的疏散楼梯（图 9-14）。

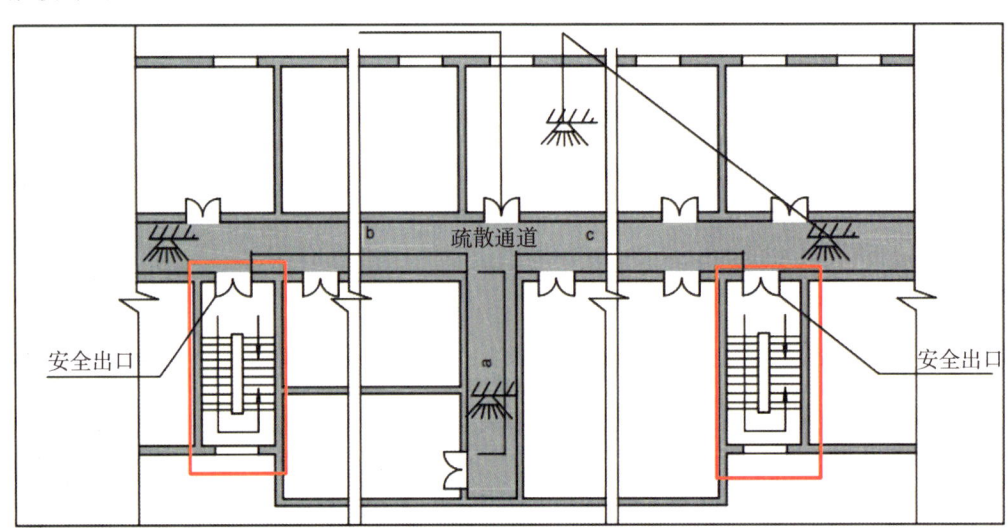

图 9-14 设置两部疏散楼梯

建筑高度大于 27 m（含），不大于 54 m 的出租屋（≥9 层且 ≤17 层），只有一部疏散楼梯时，必须同时满足下列条件：

（1）每户阳台（外窗）防盗网上设置逃生口。

（2）各层楼梯间（走道）等公共区域的外窗防盗网设置逃生口（图 9-15）。

（3）在公共区域设置逃生软梯、逃生缓降器（图 9-16）、消防逃生梯或辅助爬梯等辅助疏散逃生设施。

（4）逃生口高宽净尺寸不小于 1 m×0.8 m 且向外开启，原设置的 0.8 m×0.6 m 的逃生口可继续使用，建议更改为 1 m×0.8 m；

（5）逃生口不得锁死。

图 9-15　紧急逃生口

图 9-16　逃生缓降器

建筑高度小于 27 m 的出租屋（≤8 层），只有一部疏散楼梯时，应满足下列条件之一：

（1）每户阳台（外窗）防盗网上设置逃生口。

（2）在公共区域设置逃生软梯、逃生缓降器、消防逃生梯或辅助爬梯等辅助疏散逃生设施且该部位外窗防盗网上设置逃生口。

（三）疏散通道和安全出口的要求

（1）疏散通道、安全出口应保持畅通无阻，不得堵塞、占用和锁闭（图 9-17）。

（a）疏散通道堵塞

（b）安全出口堵塞

图 9-17　堵塞安全出口和疏散通道

（2）不应设置影响疏散的铁门、金属栅栏门等设施，因安全需要设置的，必须确保在任何时候均可以不借助任何工具从内部开启（图9-18）。

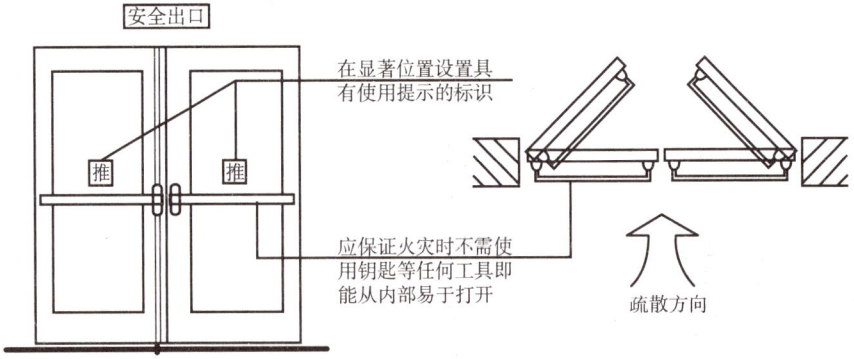

图9-18　不借助任何工具从内部开启安全门

（3）设置门禁锁时，应采用断电时处于开锁状态的电磁吸合式门锁（断电自开式门锁）（图9-19）。

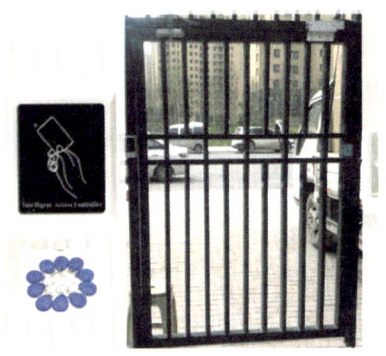

图9-19　设置门禁锁

（4）疏散出口的门应采用朝疏散方向开启的平开门（图9-20），严禁违规设置卷闸门、侧拉门。

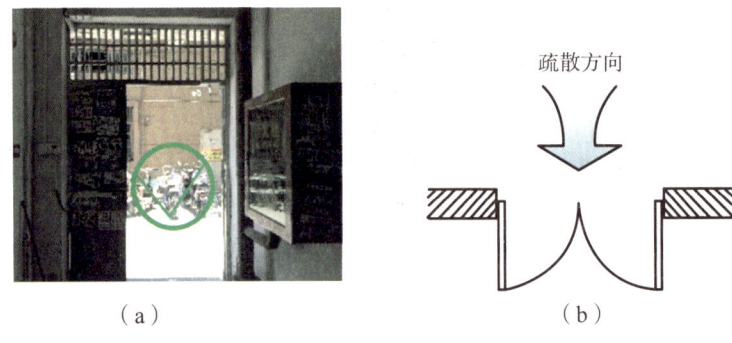

图9-20　朝疏散方向开启的平开门

三、电动自行车消防安全管理

（1）电动自行车严禁在楼梯间、楼道、疏散通道、安全出口等区域违规停放或充电（图9-21）。

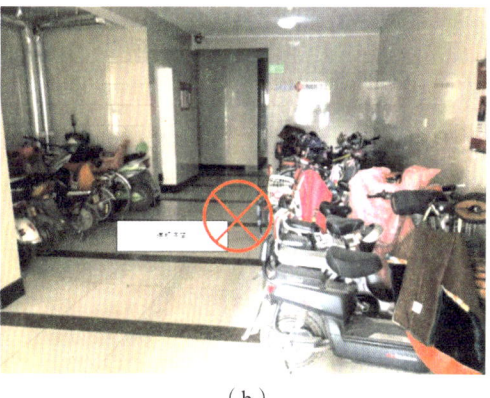

（a） （b）

图9-21 电动自行车违规停放

（2）出租屋应张贴电动自行车火灾警示挂图或警示标示（图9-22）。

图9-22 电动自行车火灾警示图

第三节　消防设施和灭火器材

一、消防应急照明灯设置要求

疏散楼梯、疏散走道内应配置消防应急照明，消防应急照明灯安装应符合要求、能正常工作。

消防应急照明灯的安装要求：

（1）疏散楼梯每层设置一个，疏散走道每 10 m 设置一个。

（2）一般采用壁挂式安装在墙壁上，安装高度为 2.0～2.4 m。

（3）使用正规合格的产品。

二、独立式感烟火灾探测报警器设置要求

疏散走道设置独立式感烟火灾探测报警器（鼓励安装联网式无线火灾报警器），火灾探测报警器安装必须符合要求、能正常工作。

独立式感烟火灾探测器的安装要求：

（1）一般设置在疏散走道和疏散楼梯的顶部（不能安装在梁下），疏散楼梯每层安装一个，疏散走道每 15 m 安装一个（图 9-23）。

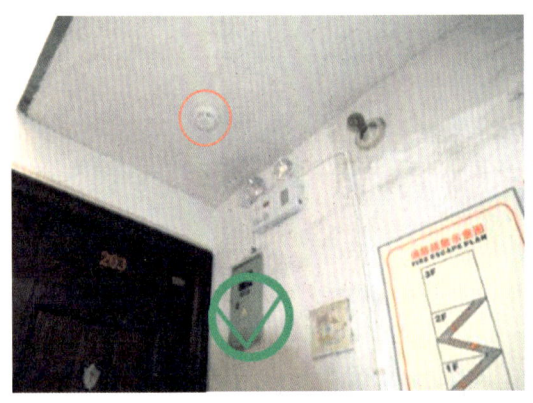

图 9-23　独立式感烟火灾探测报警器安装

（2）距墙边、梁边距离不应小于 0.5 m，探测报警器周围 0.5 m 内，不应有遮挡物。

（3）探测器宜水平安装，当确需倾斜安装时，倾斜角不应大于 45°。

（4）当梁突出顶棚的高度超过 600 mm 时，被梁隔断的每个梁间区域应至少设置一个。

三、灭火器配置

每层公共区域至少配置 2 具 4 kg ABC4 手提式干粉灭火器且配备的灭火器应能正常使用。

灭火器的设置要求：

（1）每层公共区域至少配置 2 具 4 kg ABC4 手提式干粉灭火器。

（2）对于狭长的公共区域（走道），按照最大保护距离不超过 20 m 设置。

（3）放置明显便于取用位置，不能有遮挡（图 9-24）。

（4）应定期检查并做好记录，灭火器不应有锈蚀、损坏、压力过低等情况。

图 9-24　灭火器设置

四、其他消防设施设置

出租屋应按以下要求设置相应的消防设施：

（1）建筑高度 < 21 m 的出租屋（≤ 6 层）应设置消防软管卷盘（图 9-25）；应采用镀锌管等金属管材，可以每两层设置一套，但需要保证消防卷盘的水流能够到达任何部位。

图 9-25　消防软管卷盘

（2）建筑高度≥21 m的出租屋（≥7层）应设置室内消火栓系统。

（3）建筑高度≥21 m的出租屋（≥7层），公共部位应设置具有语音功能的火灾声警报装置或应急广播（可与火灾自动报警系统一同设置），具体如图9-26所示。

（4）建筑高度大于21 m（含）但不大于54 m的出租屋（≥7层，≤17层），应设置火灾自动报警系统（图9-27）。

（a）具有语音功能的火灾声警报装置

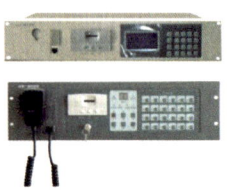
（b）消防应急广播

图9-26　公共部位的装置设置

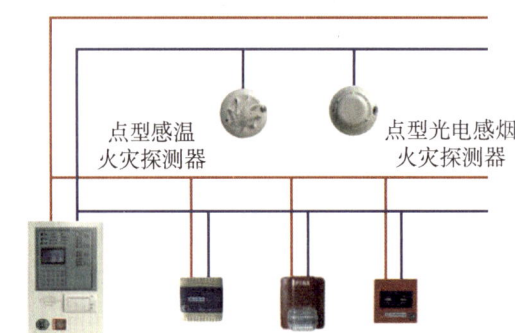
（a）

（b）

图9-27　火灾自动报警系统

（5）建筑高度大于 54 m（含）的出租屋（≥18 层），在公共部位设置火灾自动报警系统的同时，套内应设置火灾探测器。

（6）内走道大于 20 m 的出租屋，疏散通道应设置排烟设施。

排烟设施包括自然排烟设施和机械排烟设施，内走道有外窗的可以作为自然排烟设施，无外窗的应设置机械排烟设施（图 9-28）。

 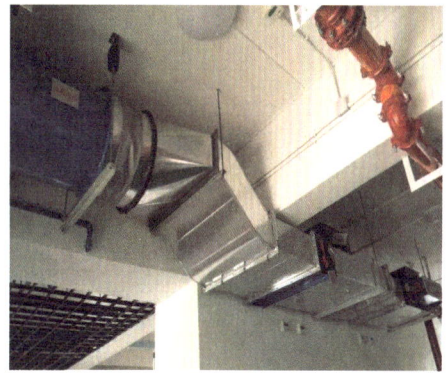

（a）自然排烟（外窗）　　　　（b）机械排烟设施

图 9-28　排烟设施

第四节　消防安全管理和宣传教育培训

一、懂得报火警

租户或业主应熟悉火警电话，懂得如何报火警：要记清、拨准火警电话号 119（或 110）；要讲清发生火灾的详细情况，要报清起火单位和地址；打完电话后，还要派人在火场附近主要路口迎接消防车，以便带路。

二、掌握灭火器材使用方法

租户或业主应懂得使用场所内灭火器材的方法（图 9-29）。

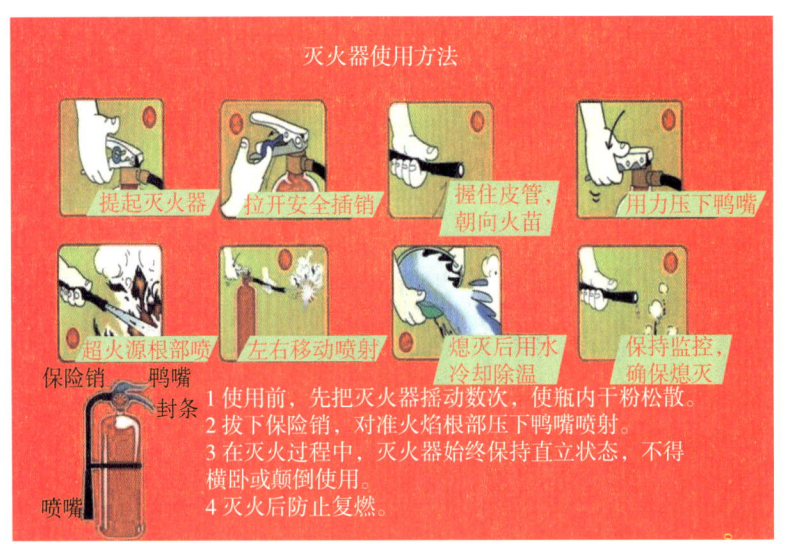

（a）干粉灭火器使用方法

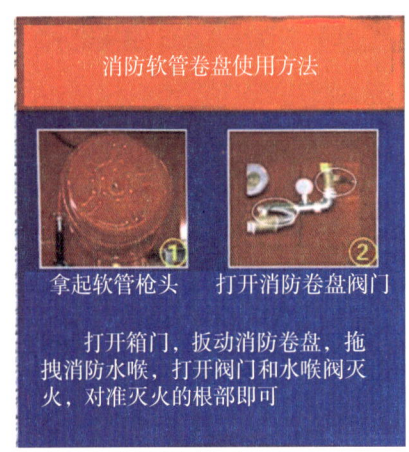

（b）消防卷盘使用方法

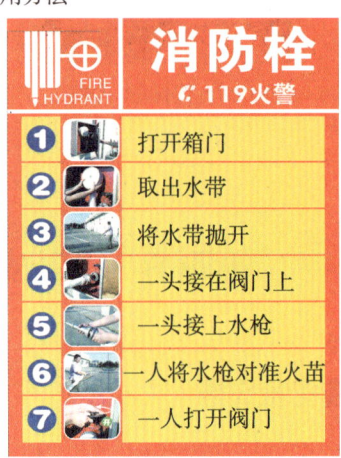

（c）消火栓使用方法

图 9-29　灭火器材使用方法

三、掌握火场逃生自救基本技能，熟悉逃生路线和疏散程序

租户或业主应掌握以下火场逃生自救技能，熟悉逃生路线和疏散程序：

（1）遇险速离，切勿观望。听到有火灾发生时，应第一时间逃生，如果等确认了再跑，整个环境会非常嘈杂和危险，降低逃生的效率。

（2）熟悉环境，择路而行。到一个地方，要先熟悉疏散指示图，花 10 s 找到自己在哪里，其次找到距离最近的出口，以便逃出。

（3）听从指挥，有序疏散。当处于人员密度大的地方时，需要遵从工作人员的引导，听从工作人员的指挥，切勿自己行动。

（4）低姿扶墙，湿巾捂鼻。火灾时，烟会先聚集在楼层的上部，然后慢慢往下压，所以在逃生时要进行低姿行走。此外，还要用湿巾或者手帕、衣物等捂口鼻，这样除了能降温，还能过滤有毒烟气，防止吸入体内。

（5）禁用电梯，改走楼道。大部分的电梯在发生了火灾之后会切断电源，迫降到首层，开门停用，所以遇到火灾时，应该选择安全出口或者逃生通道逃生。

（6）清点人员，切莫重返。发生火灾后切勿贪恋财物，重返危险地方。出来后要先清点人数，如果发现人员缺少，应该马上告诉施救人员，千万不要自己返回。

（7）缓晃轻抛，声光求援。当被困，无法逃出时，要对环境进行加工，关闭从火源到所在房间的门，目的是延长浓烟到达身边的时间，为施救人员争取更多时间。

四、张贴严禁堵塞、占用消防通道提示牌

出租屋应张贴严禁堵塞、占用消防通道提示牌（图9-30）。

图9-30　严禁堵塞、占用消防通道提示牌

第五节　火灾危险源控制

一、电气线路私拉乱接、电气设备使用要求

电气线路敷设、电气设备使用应符合下列要求：

（1）电器设备不应超负荷使用、线排不应串联使用。

（2）不应用铜丝、铁丝等代替保险丝。

（3）电热炉、电加热器、电暖器、电饭锅、电熨斗、电热毯等电热器具使用后应采取拔出电源插销等切断电源的措施。

（4）对产生高温或使用明火的设备，应限制周围可燃物且设专人监护。

（5）应安装防火型漏电开关或新型防短路、防过载、防电弧断路保护开关并选用合格电气产品。

（6）供、用电线路应采取穿金属管、封闭式金属线槽和绝缘阻燃PVC电工套管保护措施。

（7）强电线路应按规定使用阻燃电缆，电气线路不应采用易燃电线电缆。

（8）开关、电闸、配电箱应使用符合国家市场准入电气产品。

（9）楼梯间不得私拉电线，违规设置电表、电闸箱、电柜等。

（10）总闸处应采取防过载措施。

二、采用木质材料搭建阁楼要求

内部严禁采用木质材料搭建阁楼（图9-31）。

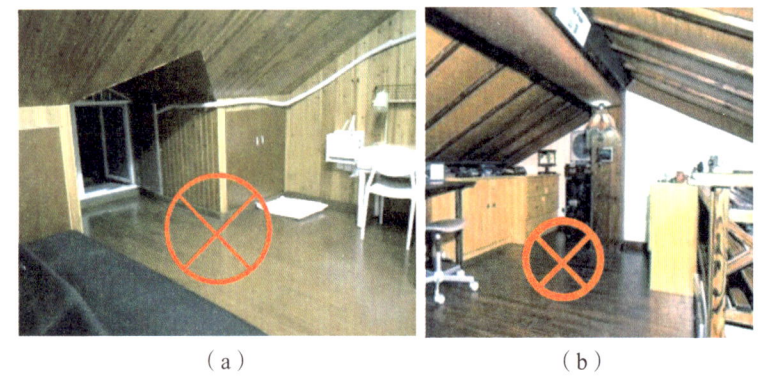

（a） （b）

图9-31 严禁搭建木质阁楼

三、彩钢板、聚氨酯泡沫等易燃材料使用要求

内部严禁使用彩钢板、聚氨酯泡沫等易燃材料。

第十章　工业建筑整治要点

工业建筑是指供人们从事各类生产活动的建（构）筑物。工业建筑主要包含各类工厂、仓库，加油、加气站，变配电站，等等。

第一节　消防安全职责

一、明确消防安全管理人员

（1）明确消防安全管理人员，可采取下发消防安全管理人任命书的形式，具体如图10-1所示。

```
消防安全管理人任命书
```

公司各部门（机关各科室）：

根据《机关、团体、企业、事业单位消防安全管理规定》的要求，任命×××同志为消防安全管理人，在消防安全责任人的领导下，实施和组织落实下列消防安全管理工作：

一、拟定年度消防工作计划，组织实施日常消防安全管理工作；

二、组织制定消防安全缺席和保障消防安全的操作规程并检查督促其落实；

三、拟定消防安全工作的资金投入和组织保障方案；

四、组织实施防火检查和火灾隐患整改工作；

五、组织实施对本单位消防设施、灭火器材和消防安全标志维护保养，确保其完好有效，确保疏散通道和安全出口畅通；

六、组织管理专职消防队和义务消防队；

七、对员工进行消防知识、技能的宣传教育和培训，组织灭火和应急疏散预案的实施和演练；

八、完成消防安全责任人委托的其他消防安全管理工作。

消防安全管理人应当定期向消防安全责任人报告消防安全情况，及时报告涉及消防安全的重大问题。

×××（签章）

××年××月××日

图 10-1　消防安全管理人任命书

（2）明确各级消防安全责任人及工作职责（图 10-2）。

```
消防安全责任人职责
```

1. 任命××为本店消防安全责任人，应当掌握本单位的消防安全情况，遵守消防法律、法规、规章以及按照消防技术标准，依法履行本单位消防安全法定职责。

2. 将消防工作与本家具店的实际情况相结合，批准实施年度消防工作计划，与各部门消防安全责任人签订消防安全责任书。

3. 每月组织各部门召开一次消防工作例会，及时整改火灾隐患，解决购置、维修消防设施设备等必要的消防经费，并提供相应的组织保障。

4. 根据消防法规的规定建立义务消防队。

5. 组织制定符合本店实际的《灭火、应急疏散预案》，并实施演练。

6. 每半年组织各部门负责人进行一次防火检查。

7. 审查批准部门、员工消防奖惩。

8. 批准实施本单位内部消防安全制度和保障消防安全的操作规程。

9. 根据消防安全需要，决定本家具店局部停产停业、停止使用。

10. 接受公安消防机构监督检查，完成政府下达的各项消防工作任务。

×××（签章）

××年××月××日

（a）

消防安全管理人职责

1.受消防安全责任人的委托，负责本店日常消防安全管理工作。

2.督促、检查各部门、岗位消防安全责任的落实，组织制定消防安全制度和保障消防安全的操作规程，并检查督促其落实。

3.组织拟定本店年度消防工作计划和消防安全工作经费预算和组织保障方案。

4.组织本店各部门消防安全责任人开展、实施防火检查，及时掌握本单位整体消防状况，做好火灾隐患整改工作。

5.组织实施对本店消防设施、灭火器材和消防安全标志的维护保养，确保其完好有效，确保疏散通道和安全出口畅通。

6.组织管理义务消防队。

7.在员工中组织开展消防知识、技能的宣传教育和培训，组织《灭火、应急疏散预案》的实施和演练。

×××（签章）

××年××月××日

（b）

各部门消防安全责任人职责

1.部门消防安全责任人，应当带头并督促本部门员工遵守消防安全法规、制度，学习有关消防安全知识。

2.部门消防安全责任人，对消防安全责任人负责，应当按时参加消防工作例会根据实际提出可行性建议，执行会议决定。

3.负监督落实与本工作有关的消防安全制度的执行和落实。

4.负责组织落实本部门员工实施每日岗位消防安全自查。

5.在发生火灾或其他突发情况时，按照《灭火、应急疏散预案》所做规定和分工，履行职责。

×××（签章）

××年××月××日

（c）

各岗位员工消防安全责任

1.遵守消防安全法规、制度,认真学习有关消防安全知识。
2.掌握工作区域内安全疏散设施、消防设施、器材的位置、数,掌握有关的消防安全常识。
3.认真参加消防安全教育、培训。
4.对携带易燃、易爆物品、枪支、管制刀具、化学剧毒物等物品的客人进行劝阻,必要时立即报告。
5.每日进行班前班后的岗位消防安全自查,保障责任区内安全疏散设施、消防设施、器材、电气设备、线路及其他有关消防安全的设施、器材状态正常。
6.对所发现的消防安全隐患,及时上报保安部。
7.发生火灾或其他突发情况时,按照《灭火、应急疏散预案》所做规定和分工履行职责。

×××(签章)
××年××月××日

(d)

图 10-2　明确各级消防安全责任人职责

二、制定符合实际的消防安全制度

单位消防安全制度主要包括以下几方面:消防安全教育、培训;防火巡查、检查;安全疏散设施管理;消防(控制室)值班;消防设施、器材维护管理,火灾隐患整改;用火、用电安全管理;易燃易爆危险物品和场所防火防爆;专职和义务消防队的组织管理;灭火和应急疏散预案演练;燃气和电气设备的检查和管理(包括防雷、防静电);消防安全工作考评和奖惩;其他必要的消防安全内容。

第二节　建筑防火及安全疏散

一、建筑防火

(一)总平面布局、灭火救援设施要求

(1)防火间距应符合要求且不被占用(图10-3)。

（a） （b）

图 10-3 占用防火间距

（2）不应堵塞或占用消防车道、救援场地（图10-4）。

（a） （b）

图 10-4 占用消防车道

（3）外墙门窗上不应设置影响逃生和灭火救援的障碍物（图10-5）。

图 10-5 外窗设置影响逃生和灭火救援的障碍物

（4）消防电梯设置应符合要求。

①消防电梯应设置前室，并应符合下列规定：

a. 前室宜靠外墙设置，并应在首层直通室外或经过长度不大于30 m的通道通向室外。

b. 前室的使用面积不应小于6.0 m²，前室的短边不应小于2.4 m；楼梯间的共用前室与消防电梯的前室合用时，合用前室的使用面积不应小于12.0 m²，且短边不应小于2.4 m；与消防电梯间前室合用时，合用前室的使用面积不应小于10.0 m²。

c. 除前室的出入口、前室内设置的正压送风口外，前室内不应开设其他门、窗、洞口。

d. 前室或合用前室的门应采用乙级防火门，不应设置卷帘。

②消防电梯井、机房与相邻电梯井、机房之间应设置耐火极限不低于2.00 h的防火隔墙（图10-6），隔墙上的门应采用甲级防火门。

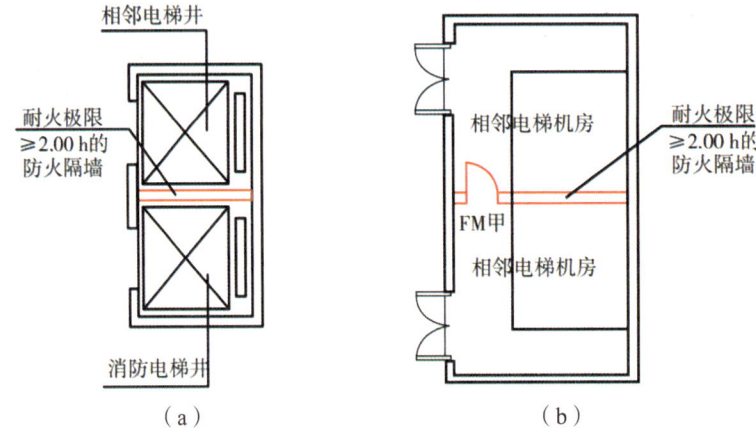

图10-6　消防电梯井、机房的设置

③消防电梯的设置（图10-7）应符合以下规定：

a. 应能每层停靠。

b. 电梯的载重量不应小于800 kg；

c. 电梯从首层至顶层的运行时间不宜大于60 s。

d. 电梯的动力与控制电缆、电线、控制面板应采取防水措施。

e. 电梯轿厢的内部装修应采用不燃材料。

f. 在首层的消防电梯入口处应设置供消防队员专用的操作按钮。

g. 电梯轿厢内部应设置专用消防对讲电话。

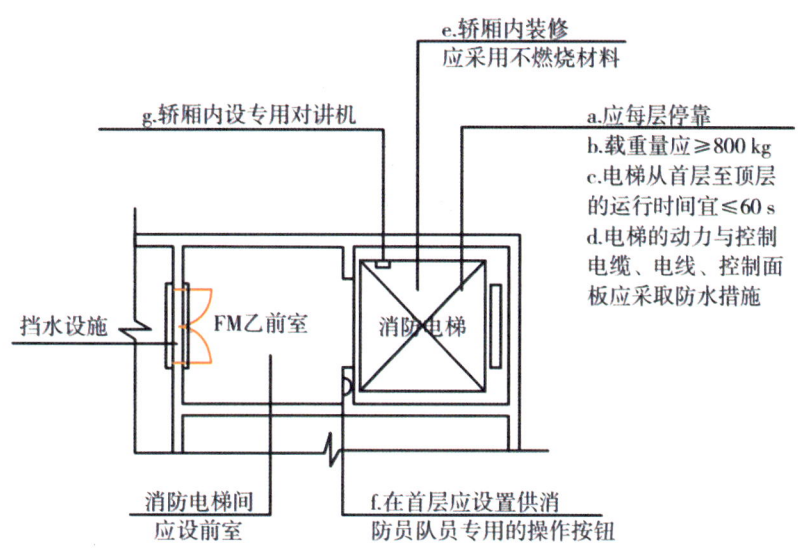

图 10-7　消防电梯的要求

（二）耐火等级、平面布置、防火分隔

1. 建筑的耐火等级、平面布置要求

（1）建筑耐火等级应符合消防技术规范要求。

常规的厂房和仓库多为钢筋混凝土框架结构或砖混结构，一般按一、二级耐火等级建筑对待。

钢结构（铁皮棚）厂房、仓库一般按四级耐火等级建筑对待，钢构件需要进行防火保护（刷涂防火涂料）才能达到一、二级耐火等级要求。

下列建筑的钢结构可以不进行防火保护：

① 防火分区不大于 1 000 m² 的单层丁类厂房。

② 防火分区不大于 1 500 m² 的单层戊类厂房。

③ 占地面积不大于 2 100 m² 且每个防火分区不大于 700 m² 的单层丁、戊类仓库。

（2）锅炉房、发电机房、变配电站（室）等设备用房平面布置应符合消防技术规范要求。

变、配电站不应设置在甲、乙类厂房内或贴邻，且不应设置在爆炸性气体、粉尘环境的危险区域内，具体如图 10-8 所示。

供甲、乙类厂房专用的 10 kV 及以下的变、配电站，当采用无门、窗、洞口的防火墙分隔时，可一面贴邻，具体如图 10-9 所示。

乙类厂房的配电站确需在防火墙上开窗时，应采用甲级防火窗。

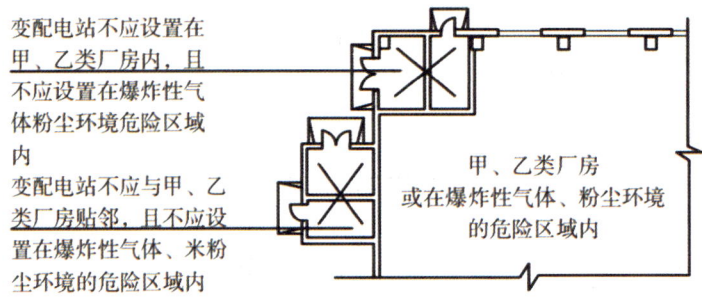

图10-8　变、配电站与甲、乙类厂房相邻的布置要求（一）

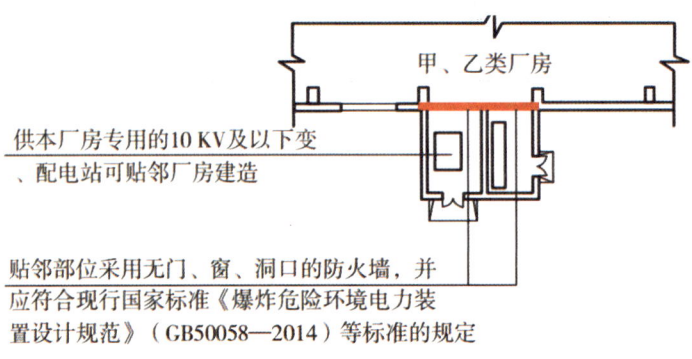

图10-9　变、配电站与甲、乙类厂房相邻的布置要求（二）

（3）其他场所平面布置应符合消防技术规范要求。

建筑内的下列部位应采用耐火极限不低于2.00 h的防火隔墙与其他部位分隔，墙上的门、窗应采用乙级防火门、窗：

①甲、乙类生产部位和建筑内使用丙类液体的部位。

②厂房内有明火和高温的部位。

③甲、乙、丙类厂房（仓库）内布置有不同火灾危险性类别的房间。

④宿舍、公寓建筑中的公共厨房和其他建筑内的厨房。

附设在建筑内的消防控制室、灭火设备室、消防水泵房和通风空气调节机房、变配电室等，应采用耐火极限不低于2.00 h的防火隔墙和1.50 h的楼板与其他部位分隔。

设置在丁、戊类厂房内的通风机房，应采用耐火极限不低于1.00 h的防火隔墙和0.50 h的楼板与其他部位分隔。

通风、空气调节机房和变配电室开向建筑内的门应采用甲级防火门，消防控制室和其他设备房开向建筑内的门应采用乙级防火门。

2. 防火分隔要求

不同功能场所之间的防火分隔，或消防泵房、发电机房、锅炉房、变配电间、空调机房等重点用房的防火分隔应符合消防技术规范要求。

（1）中间仓库设置要求：

①甲、乙类中间仓库应靠外墙布置，其储量不宜超过1昼夜的需要量。

②甲、乙、丙类中间仓库应采用防火墙和耐火极限不低于1.50 h的不燃性楼板与其他部位分隔（图10-10）。

③丁、戊类中间仓库应采用耐火极限不低于2.00 h的防火隔墙和1.00 h的楼板与其他部位分隔（图10-11）。

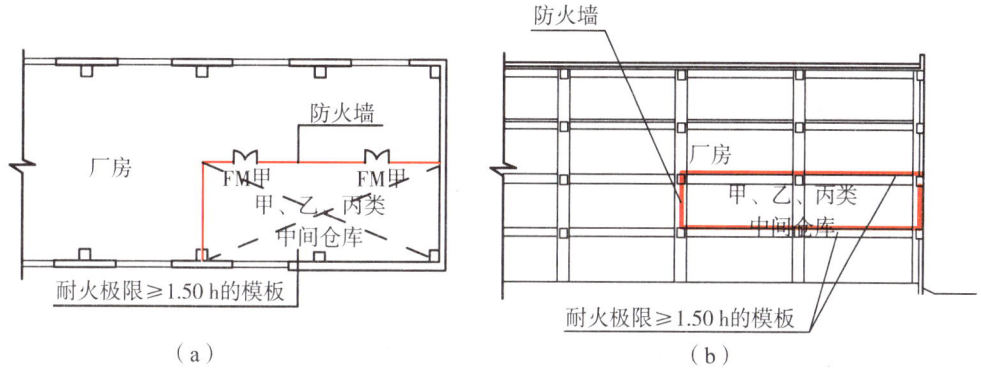

图 10-10　中间仓库设置要求

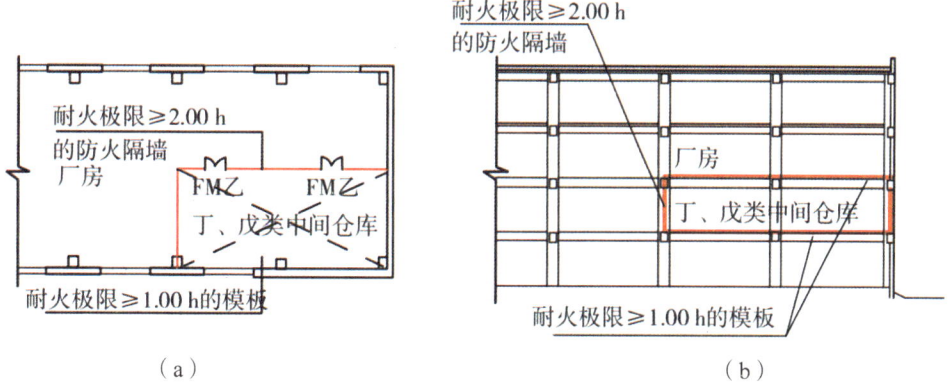

图 10-11　丁、戊类中间仓库设置要求

（2）厂房、仓库内办公室、休息室设置要求：

①员工宿舍严禁设置在厂房、仓库内。

②办公室、休息室等不应设置在甲、乙类厂房内，确需贴邻本厂房时，其耐火等级

不应低于二级,并应采用耐火极限不低于3.00 h的防爆墙与厂房分隔,且应设置独立的安全出口(图10-12)。

③办公室、休息室等严禁设置在甲、乙类仓库内,也不应贴邻。

④办公室、休息室设置在丙类厂房内时,应采用耐火极限不低于2.50 h的防火隔墙和1.00 h的楼板与其他部位分隔,并应至少设置1个独立的安全出口(图10-13)。如隔墙上需开设相互连通的门时,应采用乙级防火门。

⑤办公室、休息室设置在丙、丁类仓库内时,应采用耐火极限不低于2.50 h的防火隔墙和1.00 h的楼板与其他部位分隔,并设置独立的安全出口。隔墙上需开设相互连通的门时,应采用乙级防火门。

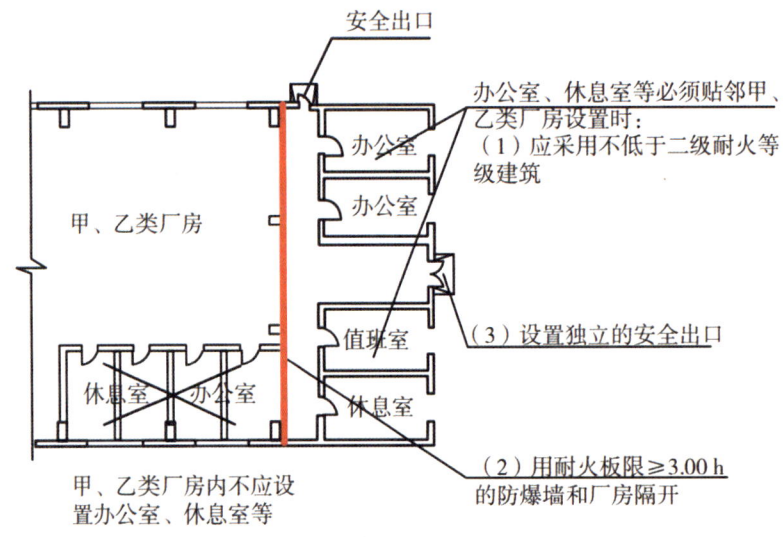

图10-12 办公室、休息室贴邻甲、乙类厂房设置平面图

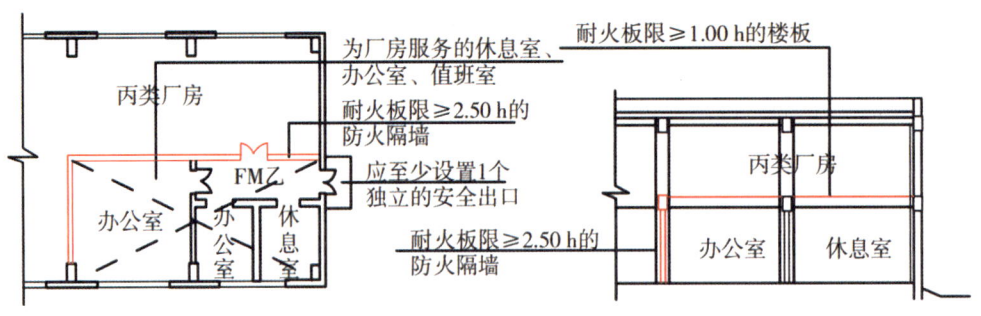

图10-13 丙类厂房内设置办公室、休息室平面示意图

3. 防火分区要求

(1)防火分区的设置应符合规范要求且不应擅自改变防火分区(表10-1、表10-2)。

表 10-1　厂房的层数和每个防火分区的最大允许建筑面积

生产的火灾危险性类别	厂房的耐火等级	最多允许层数	每个防火分区的最大允许建筑面积（m²）			
			单层	多层	高层	地下或半地下厂房（包括地下或半地下室）
甲	一级	宜采用单层	4 000	3 000	—	—
	二级		3 000	2 000	—	—
乙	一级	不限	5 000	4 000	2 000	—
	二级	6	4 000	3 000	1 500	—
丙	一级	不限	不限	6 000	3 000	500
	二级	不限	8 000	4 000	2 000	500
	三级	2	3 000	2 000	—	—
丁	一、二级	不限	不限	不限	4 000	1 000
	三级	3	4 000	2 000	—	—
	四级	2	1 000	—	—	—
戊	一、二级	不限	不限	不限	6 000	1 000
	三级	3	5 000	3 000	—	—
	四级	1	1 500	—	—	—

表 10-2　仓库的层数和面积

储存物品的火灾危险性类别		仓库的耐火等级	最多允许层数	每座仓库的最大允许占地面积和每个防火分区的最大允许建筑面积（m²）						
				单层仓库		多层仓库		高层仓库		地下或半地下仓库（包括地下或半地下室）
				每座仓库	防火分区	每座仓库	防火分区	每座仓库	防火分区	防火分区
甲	3、4项	一级	1	180	60	—	—	—	—	—
	1、2、5、6项	一、二级	1	750	250	—	—	—	—	—
乙	1、3、4项	一、二级	3	2 000	500	900	300	—	—	—
		三级	1	500	250	—	—	—	—	—
	2、5、6项	一、二级	5	2 800	700	1 500	500	—	—	—
		三级	1	900	300	—	—	—	—	—
丙	1项	一、二级	5	4 000	1 000	2 800	700	—	—	150
		三级	1	1 200	400	—	—	—	—	—
	2项	一、二级	不限	6 000	1 500	4 800	1 200	4 000	1 000	300
		三级	3	2 100	700	1 200	400	—	—	—

续表

储存物品的火灾危险性类别	仓库的耐火等级	最多允许层数	每座仓库的最大允许占地面积和每个防火分区的最大允许建筑面积（m²）						
			单层仓库		多层仓库		高层仓库		地下或半地下仓库（包括地下或半地下室）
			每座仓库	防火分区	每座仓库	防火分区	每座仓库	防火分区	防火分区
丁	一、二级	不限	不限	3 000	不限	1 500	4 800	1 200	500
	三级	3	3 000	1 000	1 500	500	—	—	—
	四级	1	2 100	700	—	—	—	—	—
戊	一、二级	不限	不限	不限	不限	2 000	6 000	1 500	1 000
	三级	3	3 000	1 000	2 100	700	—	—	—
	四级	1	2 100	700	—	—	—	—	—

注：1. 厂房内设置自动灭火系统时，每个防火分区的最大允许建筑面积可增加1.0倍；局部设置自动灭火系统时，其防火分区的增加面积可按该局部面积的1.0倍计算。

2. 丁、戊类的地上厂房内设置自动灭火系统时，每个防火分区的最大允许建筑面积不限。

3. 仓库内设置自动灭火系统时，除冷库的防火分区外，每座仓库的最大允许占地面积和每个防火分区的最大允许建筑面积可增加1.0倍。

（2）不应拆除或改变防火分隔设施。

（3）防火分隔设施应能正常运行（如不应损坏、不应被阻挡等）。

4. 生产、储存场所与居住场所要求

（1）生产、储存易燃易爆危险品的场所不得与居住场所设置在同一建筑物内，并应当与居住场所保持安全距离。

（2）不应在厂房、仓库建筑内设置居住场所。

（三）防火构造及室内装修要求

1. 防火构造（建筑构件、管道井、建筑保温、外墙装饰等）要求

（1）电梯井应独立设置，井内严禁敷设可燃气体和甲、乙、丙类液体管道。电梯井的井壁除设置电梯门、安全逃生门和通气孔洞外，不应设置其他开口。

（2）电缆井、管道井、排烟道、排气道、垃圾道等竖向井道，应分别独立设置[图10-14（a）]。井壁的耐火极限不应低于1.00 h，井壁上的检查门应采用丙级防火门。

（3）建筑内的电缆井、管道井应在每层楼板处采用不低于楼板耐火极限的不燃材料或

防火封堵材料封堵[图10-14（b）]。

（4）建筑内的电缆井、管道井与房间、走道等相连通的孔隙应采用防火封堵材料封堵[图10-14（c）]。

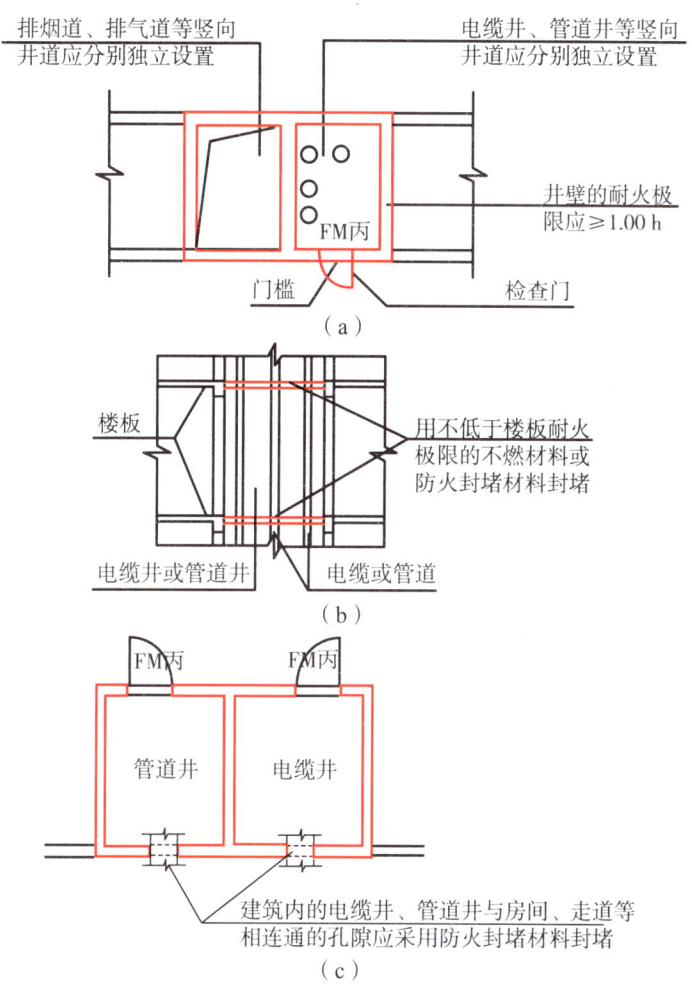

图10-14 管道井、电缆井的设置与防火封堵

2. 装修材料燃烧性能要求

厂房、仓库内部各部位装修材料的燃烧性能等级要求分别如表10-3、表10-4所示。

表 10-3　厂房内部各部位装修材料的燃烧性能等级

序号	厂房及车间的火灾危险性和性质	建筑规模	装修材料燃烧性能等级						
			顶棚	墙面	地面	隔断	固定家具	装饰织物	其他装修装饰材料
1	甲、乙类厂房 丙类厂房中的甲、乙类生产车间 有明火的丁类厂房、高温车间	—	A	A	A	A	A	B1	B1
2	劳动密集型丙类生产车间或厂房 火灾荷载较高的丙类生产车间或厂房 洁净车间	—	A	A	B1	B1	B1	B2	B2
			A	A	A	B1	B1	B1	B1
3	其他丙类生产车间或厂房	单/多层	A	B1	B2	B2	B2	B2	B2
		高层	A	B1	B1	B1	B1	B1	B1
4	丙类厂房	地下	A	A	B1	B1	B1	B1	B1
5	无明火的丁、戊类厂房	单/多层	B1	B2	B2	B2	B2	B2	B2
		高层	B1	B1	B2	B2	B1	B1	B1
		地下	A	A	B1	B1	B1	B1	B1

表 10-4　仓库内部各部位装修材料的燃烧性能等级

序号	仓库类别	建筑规模	装修材料燃烧性能等级			
			顶棚	墙面	地面	隔断
1	甲、乙类仓库	—	A	A	A	A
2	丙类仓库	单层及多层仓库	A	B1	B1	B1
		高层及地下仓库	A	A	A	A
		高架仓库	A	A	A	A
3	丁、戊类仓库	单层及多层仓库	A	A	B1	B1
		高层及地下仓库	A	A	A	B1

（四）其他建筑防火要求

1. 供暖、通风、空气调节系统的防火措施

（1）甲、乙类厂房内的空气不应循环使用。

（2）丙类厂房内含有燃烧或爆炸危险粉尘、纤维的空气，再循环使用前应经净化处理，并应使空气中的含尘浓度低于其爆炸下限的 25%。

（3）为甲、乙类厂房服务的送风设备与排风设备应分别布置在不同通风机房内，且排风设备不应和其他房间的送、排风设备布置在同一通风机房内。

（4）厂房内有爆炸危险场所的排风管道，严禁穿过防火墙和有爆炸危险的房间隔墙。

（5）含有燃烧和爆炸危险粉尘的空气，在进入排风机前应采用不产生火花的除尘器进行处理。对于遇水可能形成爆炸的粉尘，严禁采用湿式除尘器。

（6）净化或输送有爆炸危险粉尘和碎屑的除尘器、过滤器或管道，均应设置泄压装置；净化有爆炸危险粉尘的干式除尘器和过滤器应布置在系统的负压段上。

（7）排除有燃烧或爆炸危险气体、蒸气和粉尘的排风系统，应符合下列规定：

① 排风系统应设置导除静电的接地装置。

② 排风设备不应布置在地下或半地下建筑（室）内。

③ 排风管应采用金属管道，并应直接通向室外安全地点，不应暗设。

（8）通风、空气调节系统的风管在下列部位应设置公称动作温度为70 ℃的防火阀：

① 穿越防火分区处。

② 穿越通风、空气调节机房的房间隔墙和楼板处。

③ 穿越重要或火灾危险性大的场所的房间隔墙和楼板处。

④ 穿越防火分隔处的变形缝两侧。

⑤ 竖向风管与每层水平风管交接处的水平管段上。

（9）燃油或燃气锅炉房应设置自然通风或机械通风设施。燃气锅炉房应选用防爆型的事故排风机。当采取机械通风时，机械通风设施应设置导除静电的接地装置，通风量应符合下列规定：

① 燃油锅炉房的正常通风量应按换气次数不少于3次/h确定，事故排风量应按换气次数不少于6次/h确定。

② 燃气锅炉房的正常通风量应按换气次数不少于6次/h确定，事故排风量应按换气次数不少于12次/h确定。

2. 有爆炸危险的场所防爆、泄压设施的防火要求

（1）有爆炸危险的厂房或厂房内有爆炸危险的部位应设置泄压设施。

（2）散发较空气重的可燃气体、可燃蒸气的甲类厂房和有粉尘、纤维爆炸危险的乙类厂房，应符合下列规定：

① 应采用不发火花的地面。采用绝缘材料作整体面层时，应采取防静电措施。

② 散发可燃粉尘、纤维的厂房，其内表面应平整、光滑，并易于清扫。

③ 厂房内不宜设置地沟，确需设置时，其盖板应严密，地沟应采取防止可燃气体、

可燃蒸气和粉尘、纤维在地沟积聚的有效措施，且应在与相邻厂房连通处采用防火材料密封。

（3）使用和生产甲、乙、丙类液体的厂房，其管、沟不应与相邻厂房的管、沟相通，下水道应设置隔油设施。

（4）甲、乙、丙类液体仓库应设置防止液体流散的设施。遇湿会发生燃烧爆炸的物品仓库应采取防止水浸渍的措施。

二、安全疏散设施及管理要求

（一）疏散通道、安全出口数量

（1）厂房、仓库的安全出口应分散布置，其相邻 2 个安全出口最近边缘之间的水平距离不应小于 5 m。图 10-15 为厂房的安全出口设置示意图。

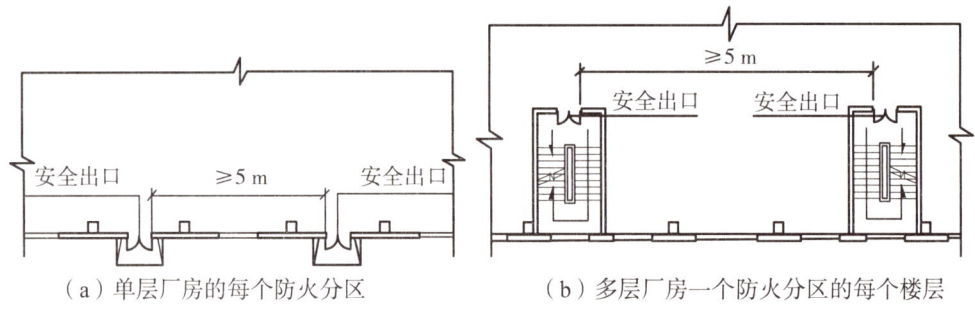

（a）单层厂房的每个防火分区　　（b）多层厂房一个防火分区的每个楼层

图 10-15　厂房的安全出口设置示意图

（2）安全出口不应少于 2 个。

①厂房内每个防火分区或一个防火分区内的每个楼层的安全出口不应少于 2 个。

②每座仓库的安全出口不应少于 2 个。

③仓库内每个防火分区通向疏散走道、楼梯或室外的出口不宜少于 2 个。

④地下或半地下仓库（包括地下或半地下室）的安全出口不应少于 2 个。

（3）当符合下列条件时，可设置 1 个安全出口：

①甲类厂房，每层建筑面积不大于 100 m^2，且同一时间的作业人数不超过 5 人。

②乙类厂房，每层建筑面积不大于 150 m^2，且同一时间的作业人数不超过 10 人。

③丙类厂房，每层建筑面积不大于 250 m^2，且同一时间的作业人数不超过 20 人。

④丁、戊类厂房，每层建筑面积不大于 400 m^2，且同一时间的作业人数不超过 30 人。

⑤ 地下或半地下厂房（包括地下或半地下室），每层建筑面积不大于 50 m²，且同一时间的作业人数不超过 15 人。

⑥ 仓库的占地面积不大于 300 m² 时，可设置 1 个安全出口。

⑦ 仓库防火分区的建筑面积不大于 100 m² 时，可设置 1 个出口。

⑧ 地下或半地下仓库（包括地下或半地下室），当建筑面积不大于 100 m² 时，可设置 1 个安全出口。

（二）疏散通道、安全出口的其他要求

（1）厂房内任一点至最近安全出口的最大直线距离应符合表 10-5 的要求。

表 10-5　厂房内任一点至最近安全出口的直线距离（m）

生产的火灾危险性类别	耐火等级	单层厂房	多层厂房	高层厂房	地下或半地下厂房（包括地下或半地下室）
甲	一、二级	30	25	—	—
乙	一、二级	75	50	30	—
丙	一、二级	80	60	40	30
丙	二级	60	40	—	—
丁	一、二级	不限	不限	50	45
丁	二级	60	50	—	—
丁	四级	50	—	—	—
戊	一、二级	不限	不限	75	60
戊	二级	100	75	—	—
戊	四级	60	—	—	—

（2）厂房内疏散楼梯的最小净宽度不宜小于 1.10 m，疏散走道的最小净宽度不宜小于 1.40 m，门的最小净宽度不宜小于 0.90 m，首层外门的最小净宽度不应小于 1.20 m。

（3）高层厂房和甲、乙、丙类多层厂房的疏散楼梯应采用封闭楼梯间或室外楼梯。

建筑高度大于 32 m 且任一层人数超过 10 人的厂房，应采用防烟楼梯间或室外楼梯。

室外楼梯的设置如图 10-16 所示。

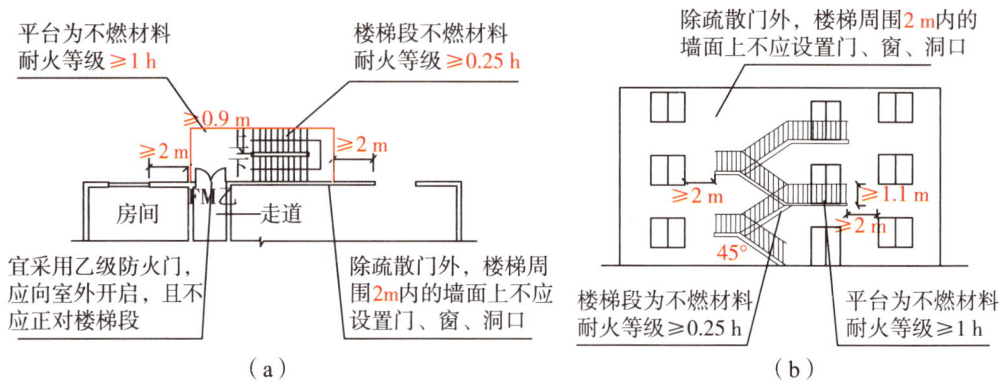

图 10-16 室外楼梯的设置要求

室外疏散楼梯应符合下列规定：

① 栏杆扶手的高度不应小于 1.10 m，楼梯的净宽度不应小于 0.90 m。

② 倾斜角度不应大于 45°。

③ 梯段和平台均应采用不燃材料制作。平台的耐火极限不应低于 1.00 h，梯段的耐火极限不应低于 0.25 h。

④ 通向室外楼梯的门应采用乙级防火门，并应向外开启。

⑤ 除疏散门外，楼梯周围 2 m 内的墙面上不应设置门、窗、洞口。疏散门不应正对梯段。

（4）高层仓库的疏散楼梯应采用封闭楼梯间。

（5）除一、二级耐火等级的多层戊类仓库外，其他仓库内供垂直运输物品的提升设施宜设置在仓库外，确需设置在仓库内时，应设置在井壁的耐火极限不低于 2.00 h 的井筒内。室内外提升设施通向仓库的入口应设置乙级防火门或防火卷帘。

（6）厂房的疏散门应采用向疏散方向开启的平开门，不应采用推拉门、卷帘门、吊门、转门和折叠门。

除甲、乙类生产车间外，人数不超过 60 人且每樘门的平均疏散人数不超过 30 人的房间，其疏散门的开启方向不限。

仓库的疏散门应采用向疏散方向开启的平开门，但丙、丁、戊类仓库首层靠墙的外侧可采用推拉门或卷帘门，具体如图 10-17 所示。

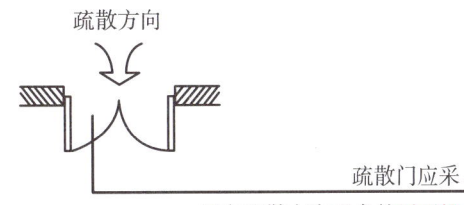
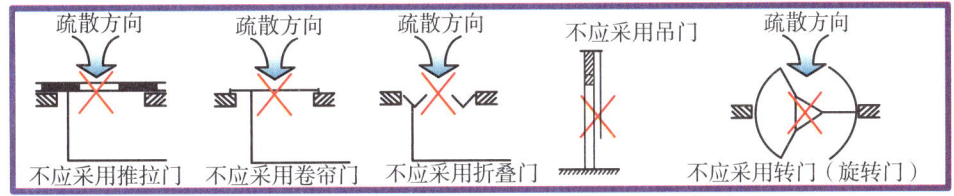

（a）厂房、仓库的疏散门应采用向疏散方向开启的平开门

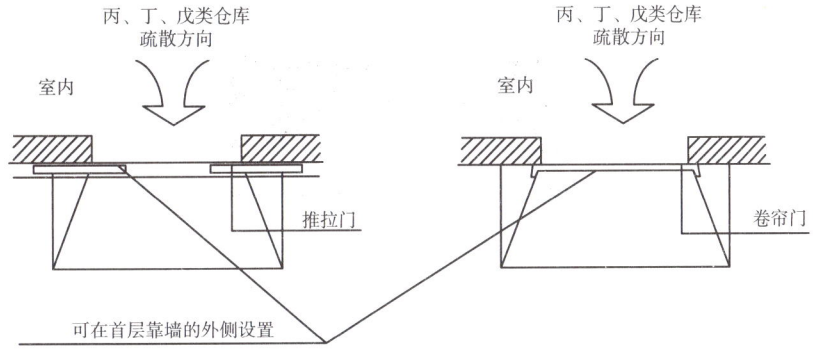

（b）丙、丁、戊类仓库首层靠墙的外侧可采用推拉门或卷帘门

图10-17 仓库疏散门

（三）疏散通道、安全出口的管理要求

（1）不得占用、堵塞、封闭疏散通道（图10-18）、安全出口（图10-19）。

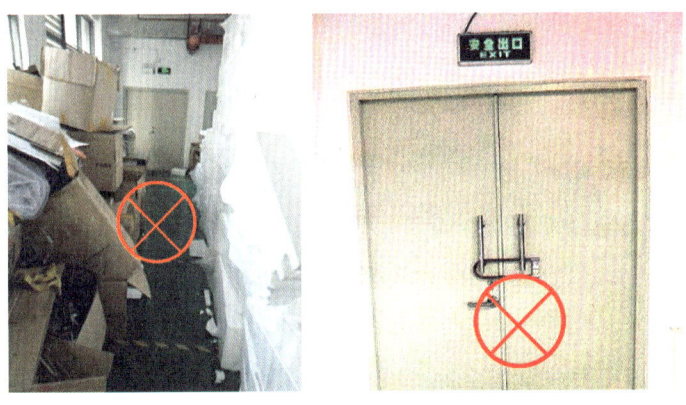

图10-18 堵塞疏散通道　　图10-19 封闭安全出口

（2）疏散通道、安全出口的防火门应保持完好有效。

①除管井检修门和住宅的户门外，防火门应具有自行关闭功能（闭门器），双扇防火门应具有按顺序自行关闭的功能（顺序器）。防火门闭门器、顺序器分别如图10-20（a）、图10-20（b）所示。

②防火门关闭后应具有防烟性能。

③防火门都应在明显位置固定永久性标牌，标牌应包括产品名称、型号规格及商标（若有）、制造厂名称或制造厂标记和厂址、出厂日期及产品生产批号和执行标准，具体如图10-20（c）所示。

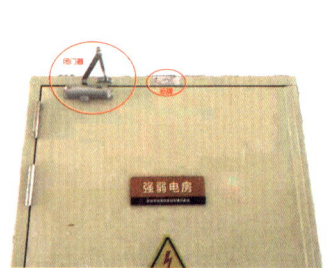 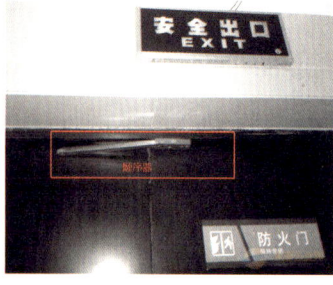 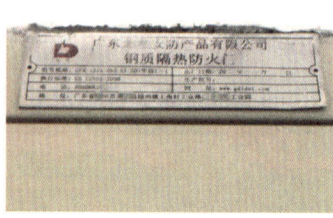

（a）防火门闭门器　　　　（b）防火门顺序器　　　　（c）标牌

图10-20　防火门闭门器、顺序器和标牌

（四）消防应急照明、疏散指示标志设置要求

（1）下列部位应设置应急照明：

①敞开楼梯间、封闭楼梯间、防烟楼梯间及其前室、消防电梯前室、室外楼梯、避难走道、避难层（间）、安全出口外面及其附近区域。

②人员密集的厂房内的生产场所及疏散走道。

③消防控制室、消防水泵房、自备发电机房、配电室、防排烟机房以及发生火灾时仍需工作、值守的房间。

（2）应急照明安装要求如下：

①应设置在出口的顶部、墙面的上部或顶棚上。

②当安装在走道侧面墙上时，安装高度不应在距地面1～2m；在距地面1m以下侧面墙上安装时，应保证光线照射在灯具的水平线以下。

③不应安装在地面上。

④应固定安装在不燃性墙体或不燃性装修材料上，不应安装在门、窗或其他可移动的物体上。

（3）下列部位应设置疏散指示标志：

① 安全出口和人员密集的场所的疏散门的正上方。

② 疏散走道及其转角处距地面高度 1.0 m 以下的墙面或地面上。灯光疏散指示标志的间距不应大于 20 m；对于袋形走道，不应大于 10 m；在走道转角区，不应大于 1.0 m。

（4）疏散指示标志安装要求：

① 安装在安全出口或疏散门内侧上方居中的位置；无法安装在门框上侧时，可安装在门的两侧，但门完全开启时标志灯不能被遮挡。

② 标志灯的箭头指示方向与疏散指示方案一致。

③ 安装在疏散走道、通道两侧的墙面或柱面上时，标志灯底边距地面的高度应小于 1 m。

④ 安装在疏散走道、通道转角处的上方或两侧时，标志灯与转角处边墙的距离不应大于 1 m。

⑤ 与电源线直接连接，不应采用插头连接（采用插头连接时，应采用专用工具方可拆卸）。

（五）设置安全疏散示意图

厂房应在明显位置设置安全疏散示意图（图 10-21）。

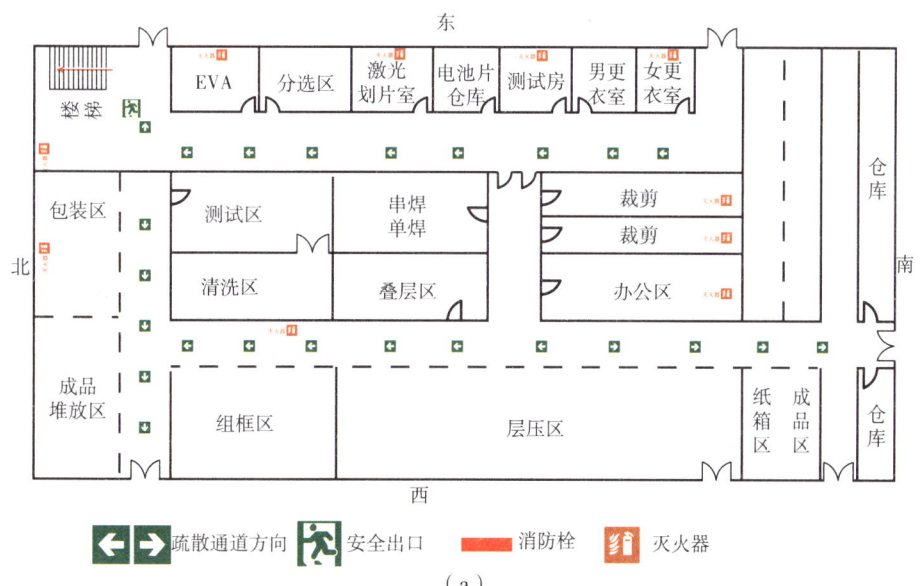

(a)

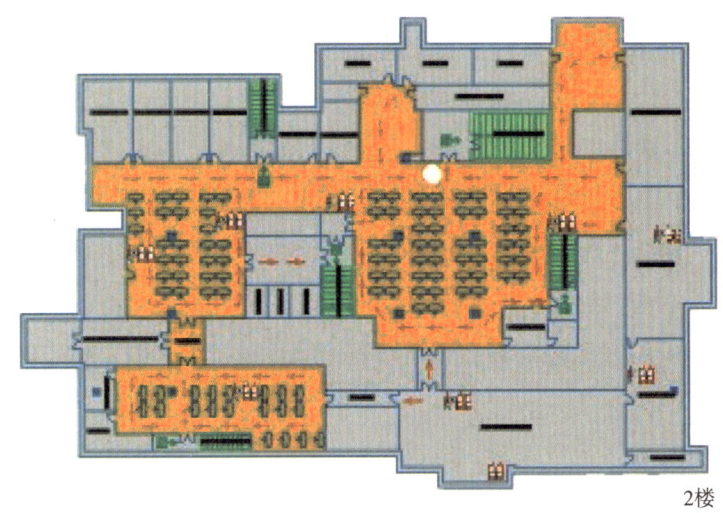

 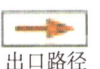

火警电话：119
报警电话：110
急救电话：120

图 10-21　安全疏散示意图

第三节　消防设施

一、消防设施设置

（1）应按规范要求设置消火栓系统且保证其能正常运行（图 10-22）。

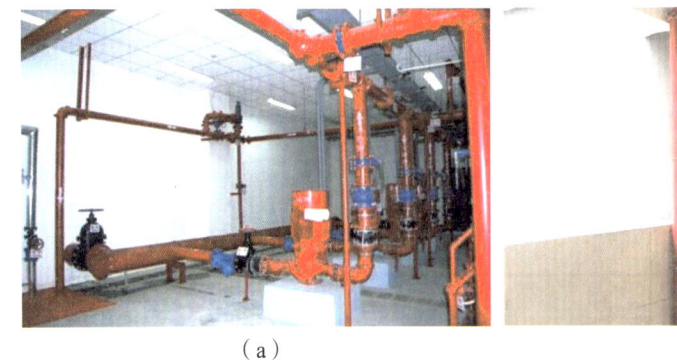

图 10-22　消火栓系统

厂房、仓库、储罐（区）和堆场周围应设置室外消火栓系统（耐火等级不低于二级且建筑体积不大于 3 000 m³ 的戊类厂房可以不设）。

建筑占地面积大于 300 m² 的厂房和仓库应设置室内消火栓系统。

下列建筑可以不设室内消火栓系统，但宜设置消防软管卷盘或轻便消防水龙：耐火等级为一、二级且可燃物较少的单、多层丁、戊类厂房（仓库）；耐火等级为三、四级且建筑体积不大于 3 000 m³ 的丁类厂房；耐火等级为三、四级且建筑体积不大于 5 000 m³ 的戊类厂房（仓库）；粮食仓库；存有与水接触能引起燃烧爆炸的物品的建筑；室内无生产、生活给水管道，室外消防用水取自储水池且建筑体积不大于 5 000 m³ 的其他建筑。

（2）应按规范要求设置火灾自动报警系统且保证其能正常运行。

下列建筑或场所应设置火灾自动报警系统：任一层建筑面积大于 1 500 m² 或总建筑面积大于 3 000 m² 的制鞋、制衣、玩具、电子等类似用途的厂房；每座占地面积大于 1 000 m² 的棉、毛、丝、麻、化纤及其制品的仓库，占地面积大于 500 m² 或总建筑面积大于 1 000 m² 的卷烟仓库；设置机械排烟、防烟系统，雨淋或预作用自动喷水灭火系统，固定消防水炮灭火系统，气体灭火系统等需与火灾自动报警系统联锁动作的场所或部位。

建筑内可能散发可燃气体、可燃蒸气的场所应设置可燃气体报警装置。

（3）应按规范要求设置自动灭火系统且保证其能正常运行（图 10-23）。

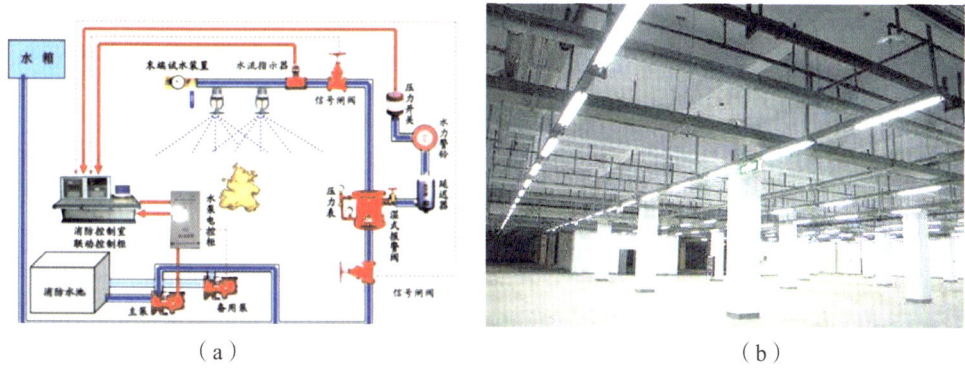

图 10-23　自动灭火系统

下列厂房或生产部位应设置自动灭火系统，并宜采用自动喷水灭火系统：不小于 50 000 纱锭的棉纺厂的开包、清花车间，不小于 5 000 锭的麻纺厂的分级、梳麻车间，火柴厂的烤梗、筛选部位；占地面积大于 1 500 m² 或总建筑面积大于 3 000 m² 的单、多层制鞋、制衣、玩具及电子等类似生产的厂房；占地面积大于 1 500 m² 的木器厂房；泡沫塑料厂的预发、成型、切片、压花部位；高层乙、丙类厂房；建筑面积大于 500 m² 的地下或半地下丙类厂房。

下列仓库应设置自动灭火系统，并宜采用自动喷水灭火系统：每座占地面积大于1 000 m²的棉、毛、丝、麻、化纤、毛皮及其制品的仓库（单层占地面积不大于2 000 m²的棉花库房可不设）；每座占地面积大于600 m²的火柴仓库；邮政建筑内建筑面积大于500 m²的空邮袋库；可燃、难燃物品的高架仓库和高层仓库；设计温度高于0 ℃的高架冷库，设计温度高于0 ℃且每个防火分区建筑面积大于1 500 m²的非高架冷库；总建筑面积大于500 m²的可燃物品地下仓库；每座占地面积大于1 500 m²或总建筑面积大于3 000 m²的其他单层或多层丙类物品仓库。

（4）应按规范要求设置防、排烟设施且保证其能正常运行（图10-24）。

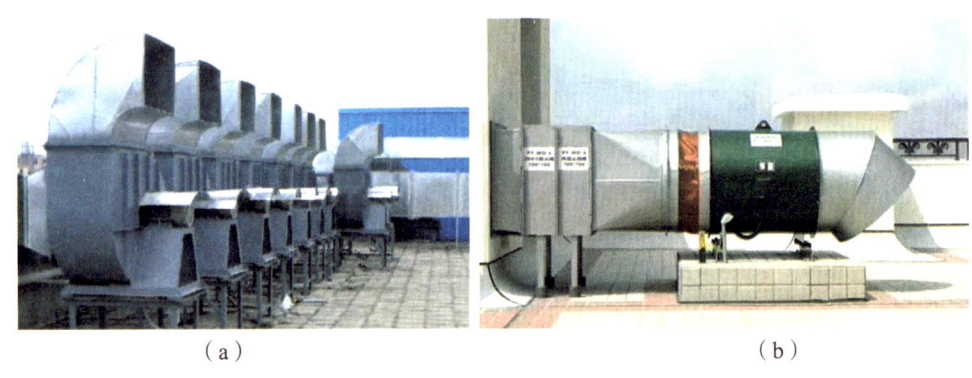

（a） （b）

图10-24 防烟、排烟风机

下列场所或部位应设置防烟设施：防烟楼梯间及其前室；消防电梯间前室或合用前室；避难走道的前室、避难层（间）。

下列场所或部位应设置排烟设施：人员或可燃物较多的丙类生产场所，丙类厂房内建筑面积大于300 m²且经常有人停留或可燃物较多的地上房间；建筑面积大于5 000 m²的丁类生产车间；占地面积大于1 000 m²的丙类仓库；高度大于32 m的高层厂房（仓库）内长度大于20 m的疏散走道，其他厂房（仓库）内长度大于40 m的疏散走道；总建筑面积大于200 m²或一个房间建筑面积大于50 m²，且经常有人停留或可燃物较多的地下或半地下建筑（室）、地上建筑内的无窗房间。

（5）应按规范要求设置灭火器且保持其完好有效（图10-25）。

（a）手提式灭火器　　　（b）推车式灭火器

图 10-25　灭火器

① 一般应选用磷酸铵盐干粉灭火器（ABC 干粉灭火器）。

② 灭火器应设置在位置明显和便于取用的地点，且不得影响安全疏散。

③ 灭火器的摆放应稳固，其铭牌应朝外。手提式灭火器宜设置在灭火器箱内或挂钩、托架上，其顶部离地面高度不应大于 1.50 m；底部离地面高度不宜小于 0.08 m。灭火器箱不得上锁。

④ 灭火器不宜设置在潮湿或强腐蚀性的地点。当必须设置时，应有相应的保护措施。

⑤ 灭火器设置在室外时，应有相应的保护措施。

⑥ 灭火器的配置、外观等每月检查一次。

⑦ 存在机械损伤、明显锈蚀、灭火剂泄露、被开启使用过的灭火器应及时进行维修。干粉灭火器出厂期满 5 年，首次维修以后每满 2 年均要进行一次维修。

⑧ 有下列情况之一的灭火器应报废：

a. 筒体严重锈蚀，锈蚀面积大于、等于筒体总面积的 1/3，表面有凹坑；

b. 筒体明显变形，机械损伤严重；

c. 器头存在裂纹、无泄压机构；

d. 筒体为平底等结构不合理；

e. 没有间歇喷射机构的手提式；

f. 没有生产厂名称和出厂年月，包括铭牌脱落，或虽有铭牌，但已看不清生产厂名称，或出厂年月钢印无法识别；

g. 筒体有锡焊、铜焊或补缀等修补痕迹；

h. 被火烧过；

I. 干粉灭火器出厂期满10年。

⑨ 需维修、报废的灭火器应由灭火器生产企业或专业维修单位进行。

二、消防设施维护保养

（1）应确定自动消防设施维护保养单位，消防设施器材应每月进行以此维护保养，每年至少进行一次功能检测（图10-26）。

图10-26　消防设施维护保养

（2）应做好消防设施日常管理，消防设施不应被遮挡、埋压、圈占（图10-27）。

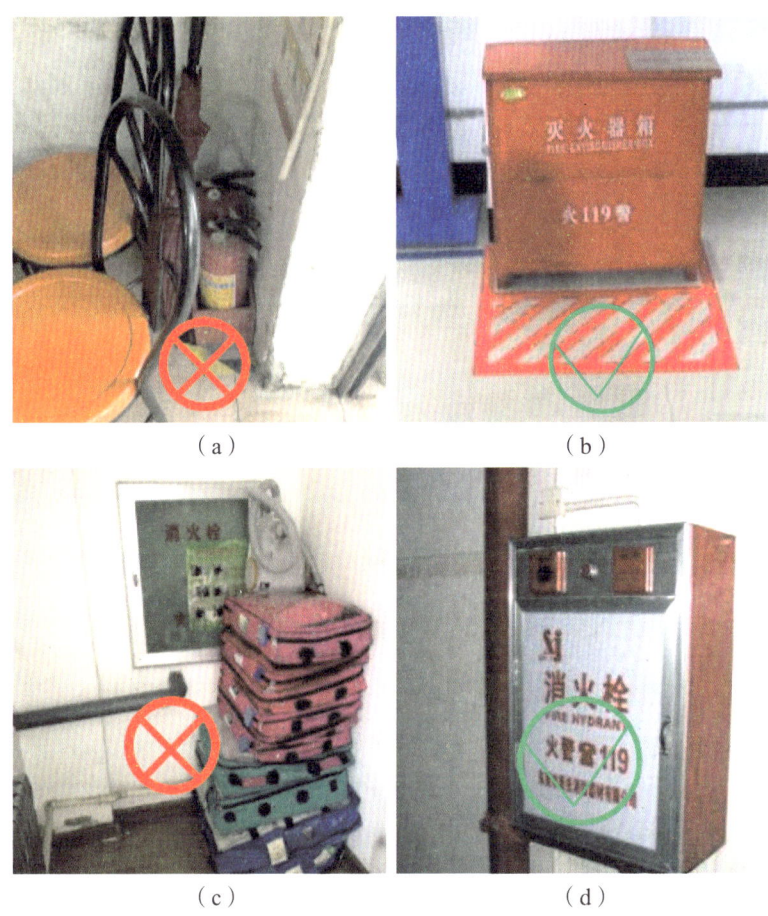

(a)　　　　　　　　　(b)
(c)　　　　　　　　　(d)

图 10-27　消防设施不应被遮挡、埋压、圈占

第四节　消防控制室

一、消防控制室设置要求

应按要求设置消防控制室（图 10-28）。

（1）设置火灾自动报警系统和需要联动控制的消防设备的建筑（群）应设置消防控制室。

（2）单独建造的消防控制室，其耐火等级不应低于二级。

（3）附设在建筑内的消防控制室，宜设置在建筑内首层或地下一层，并宜布置在靠外墙部位。

（4）不应设置在电磁场干扰较强及其他可能影响消防控制设备正常工作的房间附近。

（5）疏散门应直通室外或安全出口。

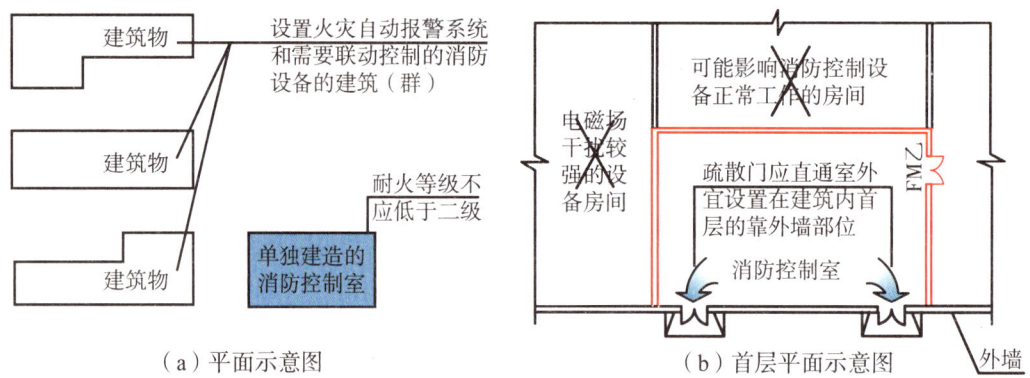

图 10-28　消防控制室设置要求

二、消防控制室值班要求

（1）消防控制室应应实行 24h 值班制度，每班不少于 2 名值班人员，每班工作时间应不大于 8h（图 10-29）。

（a）双人值班　　　　　　　（b）单人值班　　　　　　　（c）脱岗无人值班

图 10-29　消防控制室值班

（3）消防控制室值班记录应齐全（图 10-30）。

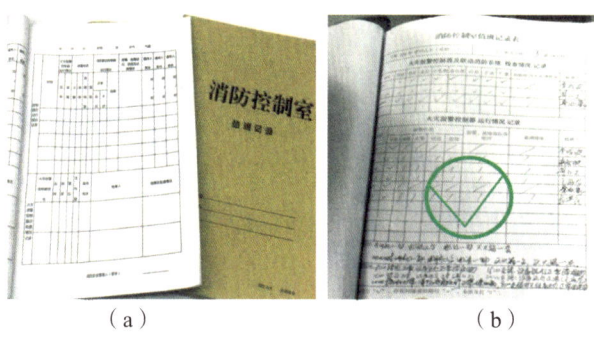

（a）　　　　　　　　（b）

图 10-30　消防控制室值班记录

（4）消防控制室值班人员应通过消防行业特有工种职业技能鉴定，持有初级技能以上等级的职业资格证书。

（4）消防控制室值班人员应熟悉处置程序。接到火灾警报后，值班人员应立即以最快方式确认；火灾确认后，值班人员应立即确认火灾报警联动控制开关处于自动状态，同时拨打"119"报警，报警时应说明着火单位地点、起火部位、着火物种类、火势大小、报警人姓名和联系电话；值班人员应立即启动单位内部应急疏散和灭火预案，同时报告单位消防安全责任人，单位消防安全责任人接到报告后应立即赶赴现场（图10-31）。

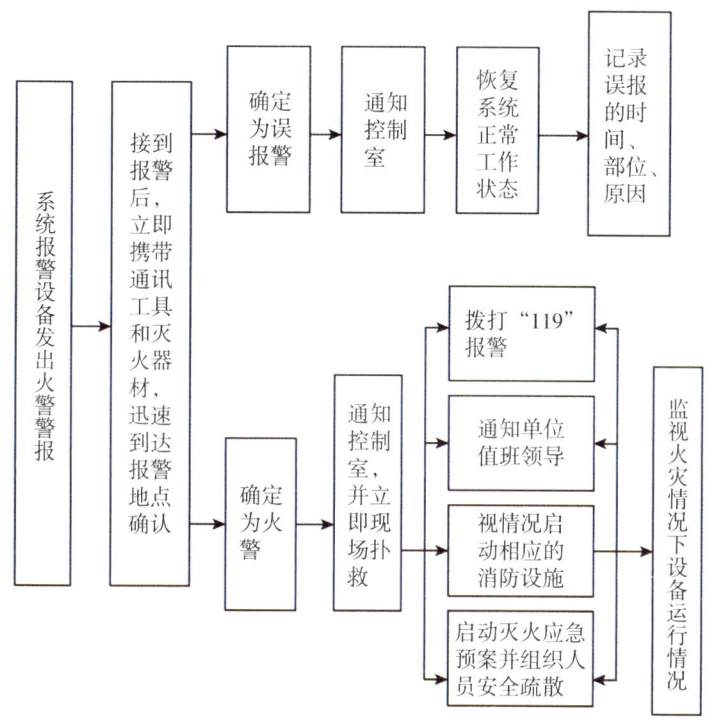

图 10-31　消防控制室火灾事故处置流程图

（5）消防控制室应建立相应规章制度，消防控制室应上墙的制度包括《消防控制室管理规定》《消防控制室值班人员职责》《消防控制室管理及应急程序》（图10-32）等。

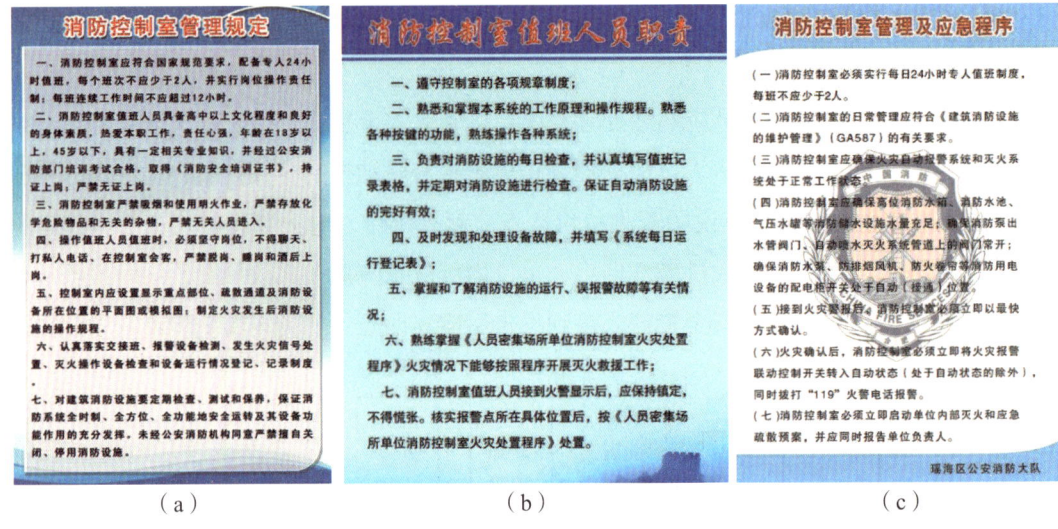

图 10-32　消防控制室上墙制度

三、消防控制室资料

消防控制室应按照《消防控制室通用技术要求》（GB 25506—2010）规定保存有关消防工作的纸质和电子档案资料。

（1）建（构）筑物竣工后的总平面布局图、建筑消防设施平面布置图、建筑消防设施系统图及安全出口布置图、重点部位位置图等；

（2）消防安全管理规章制度、应急灭火预案、应急疏散预案等；

（3）消防安全组织结构图，包括消防安全责任人、管理人、专职、义务消防人员等内容；

（4）消防安全培训记录、灭火和应急疏散预案的演练记录；

（5）值班情况、消防安全检查情况及巡查情况的记录；

（6）消防设施一览表，包括消防设施的类型、数量、状态等内容；

（7）消防系统控制逻辑关系说明、设备使用说明书、系统操作规程、系统和设备维护保养制度等；

（8）设备运行状况、接报警记录、火灾处理情况、设备检修检测报告等资料，这些资料应能定期保存和归档。

第五节 用火用电

一、电气防火要求

（一）规范电气设备使用

（1）严禁电气设备超负荷使用\线排串联（图10-33）；

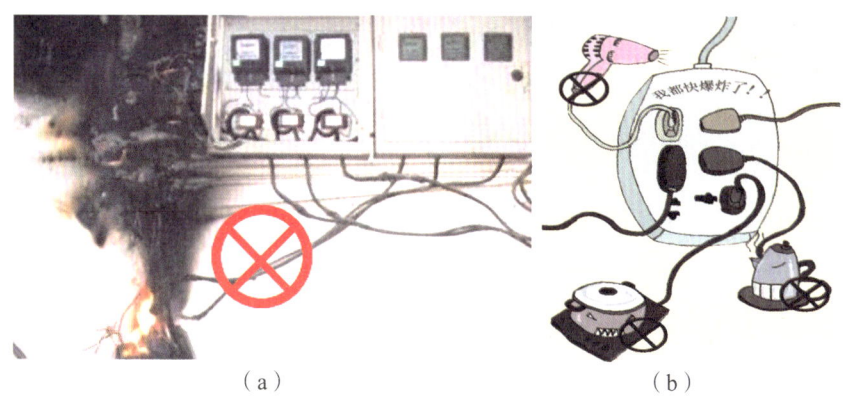

图10-33 电气设备超负荷使用

（2）严禁用铜丝、铁丝等代替保险丝；

（3）电热炉、电加热器、电暖器、电饭锅、电熨斗、电热毯等电热器具使用后应采取拔出电源插销等切断电源的措施；

（4）对产生高温或使用明火的设备，应限制周围可燃物，使用期间设专人监护；

（5）应安装防火型漏电开关或新型防短路、防过载、防电弧断路保护开关并选用合格电气产品；

（6）消防安全重点单位应安装智慧用电探测装置、传输终端和监测平台（图10-34）。

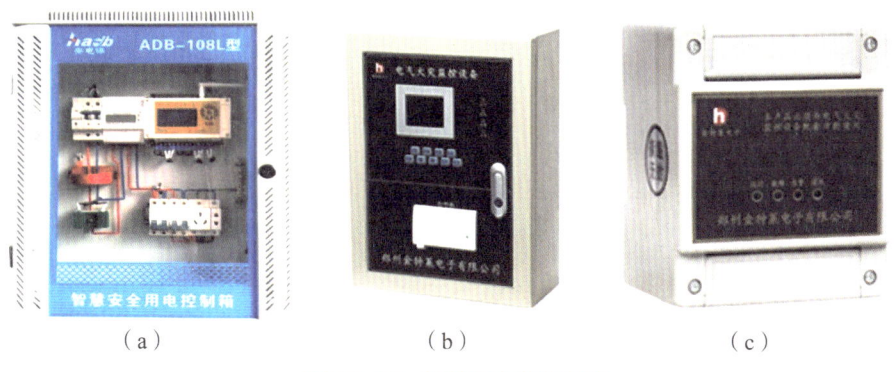

图10-34 智慧用电监测系统

（二）规范电气线路敷设

（1）供、用电线路应根据国家电气技术标准，采取穿金属管、封闭式金属线槽和绝缘阻燃 PVC 电工套管保护措施（图 10-35）；

  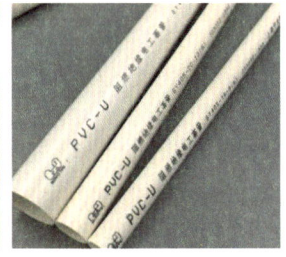

（a）穿金属管　　　（b）封闭式金属线槽　　（c）绝缘阻燃 PVC 电工套管

图 10-35　供、用电线路穿套管保护

（2）强电线路应按规定使用阻燃电缆，电气线路不得采用易燃电线电缆；

（3）开关、电闸、配电箱应使用符合国家市场准入电气产品；

（4）应聘请具备资质的电气检测服务机构实施线路检测，落实电气线路年度全面检测和日常维护保养，并及时更换老化损坏的电气线路（图 10-36）；

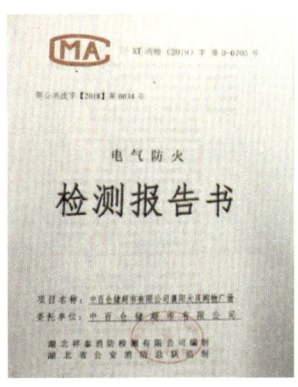 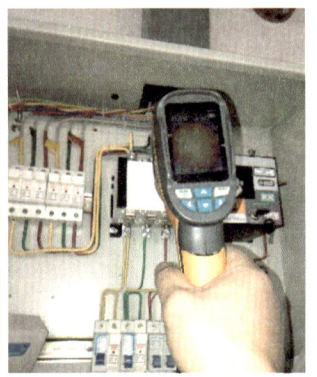

（a）电气防火检测报告书　　（b）电气检测现场

图 10-36　电气线路检测

（5）严禁使用花线等不符合规范要求的电线，严禁私拉乱接线路（图 10-37）；

 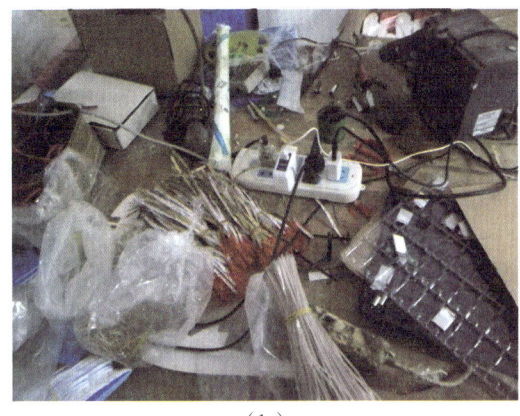

图 10-37 使用花线和私拉乱接线路

（6）大功率电器周围严禁堆放可燃物。

二、用火、动火及易燃易爆危险品管理要求

（1）严禁违规使用明火和易燃易爆危险物品；

（2）需要动火作业的区域，要与使用、营业区域进行防火分隔；

（3）电气焊等明火作业前，实施动火的部门和人员应按照制度规定办理动火审批手续，清除可燃、易燃物品，配置灭火器材，落实现场监护人和安全措施。

第六节　防火检查和巡查

一、每日防火巡查

组织开展每日防火巡查（图 10-38），防火巡查内容：

（1）用火、用电有无违章情况；

（2）安全出口、疏散通道是否畅通；

（3）安全疏散指示标志、应急照明是否完好；

（4）消防设施、器材和消防安全标志是否在位、完整；

（5）常闭式防火门是否处于关闭状态，防火卷帘下是否堆放物品影响使用；

（6）消防安全重点部位的人员在岗情况；

（7）其他消防安全情况。

(a)　　　　　　　　　　　　　　　　　(b)

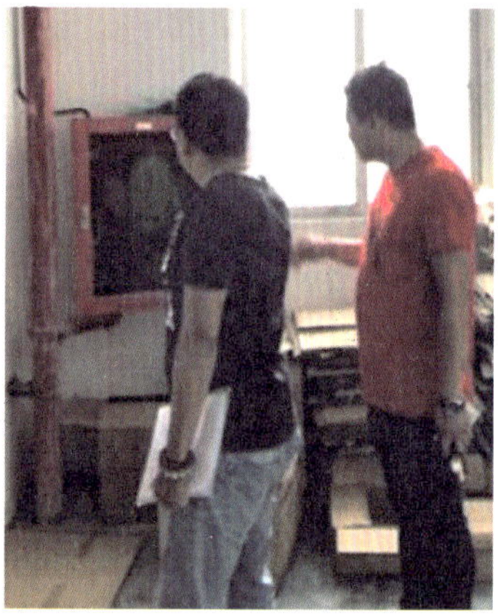

图 10-38　每日防火巡查

二、每月防火检查

组织开展每月防火检查（图 10-39）。防火检查内容：

（1）火灾隐患的整改情况以及防范措施的落实情况；

（2）安全疏散通道、疏散指示标志、应急照明和安全出口情况；

（3）消防车通道、消防水源情况；

(a)　　　　　　　　　　　　　　　　　(b)

图 10-39　每月防火检查

（4）灭火器材配置及有效情况；

（5）用火、用电有无违章情况；

（6）重点工种人员以及其他员工消防知识和应急疏散预案的掌握情况；

（7）消防安全重点部位的管理情况；

（8）易燃易爆危险品和场所防火防爆措施的落实情况以及其他重要物资的防火安全情况；

（9）消防控制室值班情况和设施运行、记录情况；

（10）防火巡查情况；

（11）消防安全标志的设置情况和完好、有效情况。

三、防火巡查、检查记录

每日防火巡查和每月防火检查记录应齐全、填写规范，并存档备查。

第七节　火灾事故应急处置准备工作

一、制定预案、开展演练

（一）制定灭火和应急疏散预案

消防应急预案的内容：

（1）单位的基本情况；

（2）应急组织机构；

（3）火情预想；

（4）报警和接警处置程序；

（5）扑救初期火灾的程序和措施；

（6）应急疏散的组织程序和措施；

（7）通信联络、安全防护救护的程序和措施；

（8）灭火和应急疏散计划图；

（9）注意事项等。

（二）定期组织消防演练

消防安全重点单位至少每半年进行一次消防演练，其他单位至少每年进行一次（图10-40）。

图10-40 消防演练

二、建立专职消防队或志愿消防队

（1）按规定建立专职消防队、志愿消防队（图10-41）。

图10-41 专职消防队、志愿消防队

下列单位应当建立专职消防队：

① 大型核设施单位、大型发电厂、民用机场、主要港口；

② 生产、储存易燃易爆危险品的大型企业；

③ 储备可燃的重要物资的大型仓库、基地；

④ ①②③项规定以外的火灾危险性较大、距离国家综合性消防救援队较远的其他大型企业；

⑤距离国家综合性消防救援队较远、被列为全国重点文物保护单位的古建筑群的管理单位。

（2）人员密集场所志愿消防队队员数量不应少于本场所从业人员数量的30%。

（3）消防安全重点单位应按《广东省消防安全重点单位微型消防站建设标准（试行）》（粤消安〔2017〕2号）规定建立微型消防站，制定相关管理制度，配齐配全人员及装备（图10-42）。

图10-42　微型消防站

第八节　消防宣传教育培训

单位应开展经常性消防安全宣传工作，在明显位置制作张贴消防宣传栏，宣传消防安全知识（图10-43）。

（a） （b）

图 10-43　开展消防安全宣传工作

（2）组织员工消防培训。

① 应定期组织员工开展消防培训（图 10-44），单位每年至少开展一次消防培训，人员密集场所每半年至少一次，新上岗和进入新岗位的员工开展岗前消防培训。

图 10-44　消防培训

② 员工应具备消防安全常识。员工应掌握以下消防安全知识：

a. 发生火灾后懂得如何报警（图 10-45）：要记清、拨准火警电话 119；要讲清发生火灾的详细情况，要报清起火单位和地址；打完电话后，还要派人在火场附近主要路口迎接消防车以便带路。

（a）

怎样正确拨打119火警电话

要说清起火的具体地点、着火物质、火势大小、有无人员被困、报警人的姓名，联系电话等

到就近路口指引消防队，帮助消防队找到火源

（b）

图 10-45　正确报火警

b. 发生火灾后懂得使用消防器材扑救初期火灾。

c. 懂得如何在火灾中逃生和疏散。

d. 员工应熟悉本岗位消防安全职责。

（3）在人员密集场所内应按要求张贴《关于人员密集场所加强火灾防范的通告》（图10-46）。

图 10-46　人员密集场所张贴通告

第十一章　公共场所整治要点

公共场所是指提供公众进行工作、学习、经济、文化、社交、娱乐、体育、参观、医疗、卫生、休息、旅游和满足部分生活需求所使用的一切公用建筑物、场所及其设施，包含宾馆、酒店、歌舞娱乐放映游艺场所、车站、码头、体育场、展厅，及机关、团体、企事业单位等。

第一节　消防安全职责

一、建立逐级消防安全责任制，明确单位消防安全管理人员

（1）应明确单位消防安全管理人员。
（2）高层公共建筑应当明确专人担任消防安全经理人（图11-1）。

消防安全管理人任命书

公司各部门(机关各科室)：
根据《机关、团体、企业、事业单位消防安全管理规定》的要求，任命 XXX 同志为消防安全管理人，在消防安全责任人的领导下，实施和组织落实下列消防安全管理工作
一、拟订年度消防工作计划，组织实施日常消防安全管理工作；
二、组织制订消防安全制度和保障消防安全的操作规程并检查督促其落实；
三、拟订消防安全工作的资金投入和组织保障方案；
四、组织实施防火检查和火灾隐患整改工作；
五、组织实施对本单位消防设施、灭火器材和消防安全标志维护保养，确保其完好有效，确保疏散通道和安全出口畅通；
六、组织管理专职消防队和义务消防队；
七、对员工进行消防知识、技能的宣传教育和培训，组织灭火和应急疏散预案的实施和演练；
八、完成消防安全责任人委托的其他消防安全管理工作。
消防安全管理人应当定期向消防安全责任人报告消防安全情况；及时报告涉及消防安全的重大问题。

XXX（签章）
XX年X月XX日

（a）

高层公共建筑消防安全经理人任命书
为了加强高层建筑消防安全管理，预防火灾和减少火灾危害，根据《高层建筑消防安全管理规定》的规定，_____同志担任（楼栋名称)楼栋消防安全经理人，负责整栋建筑的消防安全管理工作，并履行下列消防安全管理职责：
（一）拟定年度消防工作计划，组织实施日常消防安全管理工作；
（二）组织开展防火检查和火灾隐患整改工作；
（三）组织实施对建筑共用消防设施设备的维护保养；
（四）组织管理微型消防站；
（五）组织开展消防安全的宣传教育和培训；
（六）组织编制灭火和应急疏散综合预案并开展演练。

（盖章）
2020 年 月 日

（b）

图 11-1 消防安全管理人任命书

（3）应明确各级消防安全责任人及工作职责（图 11-2）。

消防安全管理人任命书

公司各部门(机关各科室)：
根据《机关、团体、企业、事业单位消防安全管理规定》的要求，任命 XXX 同志为消防安全管理人，在消防安全责任人的领导下，实施和组织落实下列消防安全管理工作
一、拟订年度消防工作计划，组织实施日常消防安全管理工作；
二、组织制订消防安全制度和保障消防安全的操作规程并检查督促其落实；
三、拟订消防安全工作的资金投入和组织保障方案；
四、组织实施防火检查和火灾隐患整改工作；
五、组织实施对本单位消防设施、灭火器材和消防安全标志维护保养，确保其完好有效，确保疏散通道和安全出口畅通；
六、组织管理专职消防队和义务消防队；
七、对员工进行消防知识、技能的宣传教育和培训，组织灭火和应急疏散预案的实施和演练；
八、完成消防安全责任人委托的其他消防安全管理工作。
消防安全管理人应当定期向消防安全责任人报告消防安全情况；及时报告涉及消防安全的重大问题。

XXX（签章）
XX年X月XX日

（a）

消防安全管理人职责
1.受消防安全责任人的委托，负本店日常消防安全管理工作。
2.督促、检查各部门、岗位消防安全责任的落实，组织制订消防安全制度和保障消防安全的操作规程，并检查督促其落实。
3.组织拟定本店年度消防工作计划和消防安全工作经费预算和组织保障方案。
4.组织本店各部门消防安全任人开展、实施防火检查，及时掌握本单位整体消防状况，做好火灾隐患整改工作。
5.组织实施对本店消防设施、灭火器材和消防安全标志的维护保养，确保其完好有效，确保疏散通道和安全出口畅通。
6.组织管理义务消防队。
7.在员工中组织开展消防知识、技能的宣传教育和培训1组织《灭火、应应急疏散预案》的实施和演练。

XXX（签章）
XX年XX月XX日

（b）

各部门消防安全责任人职责

1. 部门消防安全责任人，应当带头并督促本部门员工遵守消防安全法规、制度，学习有关消防安全知识。
2. 部门消防安全责任人，对消防安全责任人负责，应当按时参加消防工作例会，根据实际提出可行性建议，执行会议决定。
3. 负责监督落实与本工作有关的消防安全制度的执行和落实。
4. 负责组织落实本部门员工实施每日岗位消防安全自查。
5. 在发生火灾或其他突发情况时，按照《灭火、应急疏散预案》所做规定和分工，履行职责。

xxx（签章）
xxx 年 xx 月 xx 日

(c)

各岗位员工消防安全责任

1. 遵守消防安全法律法规、制度，认真学习有关消防安全知识。
2. 掌握工作区域内安全疏散设施、消防设施、器材的位置、数里，掌握有关的消防安全常识。
3. 认真参加消防安全教育、培训。
4. 对携带易燃、易爆物品等物品的客人进行劝阻，必要时立即报告。
5. 每日进行班前班后的岗位消防安全自查，保障责任区内安全疏散设施、消防设施、器材，电气设备、线路及其他有关消防安全的设施、器材状态正常。
6. 对所发现的消防安全隐患，及时上报保安部。
7. 发生火灾或其他突发情况时，按照《灭火、应急疏散预案》所做规定和分工，履行职责。

xx（签章）
xx 年 xx 月 xx 日

(d)

图 11-2 各级消防安全责任人任命书及职责

二、制定符合本单位实际的消防安全制度

应建立和健全本单位消防安全制度。

单位消防安全制度主要包括以下内容：消防安全教育、培训制度；防火巡查、检查制度；安全疏散设施管理制度；消防（控制室）值班制度；消防设施、器材维护管理制度；火灾隐患整改制度；用火、用电安全管理制度；易燃易爆危险物品和场所防火防爆制度；专职和义务消防队的组织管理制度；灭火和应急疏散预案演练制度；燃气和电气设备的检查和管理（包括防雷、防静电）制度；消防安全工作考评和奖惩制度；其他必要的消防安全制度。

第二节 建筑防火及安全疏散

一、建筑防火

（一）总平面布局、灭火救援设施要求

（1）防火间距应符合要求且不被占用（图 11-3）。

第十一章 公共场所整治要点

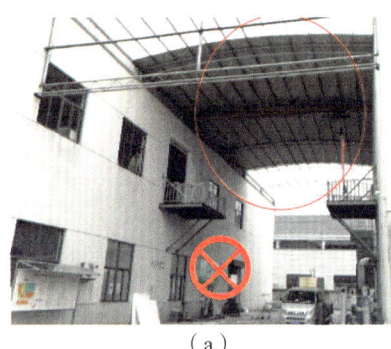 
（a） （b）

图 11-3 占用防火间距

（2）不应堵塞或占用消防车道、救援场地（图 11-4）。

（a）消防车道畅通 （b）占用消防车道

图 11-4 消防车道

（3）高层公共建筑消防车通道要完成标识、标线施划（图 11-5）。

（a） （b）

图 11-5 消防车通道标识

（4）物业管理企业对违规停放车辆的车主要履行制止和报告责任，要采取措施提醒车主或向交警部门举报。

（5）外墙门窗上不得设置影响逃生和灭火救援的障碍物（图 11-6）。

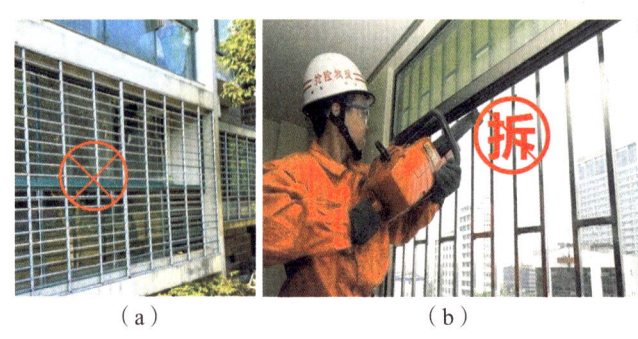

图 11-6　外墙设置防盗网

（6）消防电梯设置应符合下列要求：

① 消防电梯应设置前室，并应符合下列规定：

a. 前室宜靠外墙设置，并应在首层直通室外或经过长度不大于 30 m 的通道通向室外。

b. 前室的使用面积不应小于 6.0 m²；楼梯间的共用前室与防烟楼梯的前室合用时，合用前室的使用面积不应小于 12.0 m²，且短边不应小于 2.4 m；与消防电梯间前室合用时，合用前室的使用面积：公共建筑、高层厂房（仓库）不应小于 10.0 m²；

c. 除前室的出入口、前室内设置的正压送风口外，前室内不应开设其他门、窗、洞口；

d. 前室或合用前室的门应采用乙级防火门，不应设置卷帘。

② 消防电梯井、机房与相邻电梯井、机房之间应设置耐火极限不低于 2.00 h 的防火隔墙，隔墙上的门应采用甲级防火门。

③ 消防电梯应符合下列规定：

a. 应能每层停靠；

b. 电梯的载重量不应小于 800 kg；

c. 电梯从首层至顶层的运行时间不宜大于 60 s；

d. 电梯的动力与控制电缆、电线、控制面板应采取防水措施；

e. 在首层的消防电梯入口处应设置供消防队员专用的操作按钮；

f. 电梯轿厢的内部装修应采用不燃材料；

g. 电梯轿厢内部应设置专用消防对讲电话。

（二）耐火等级、防火分区和平面布置

1. 建筑的耐火等级和防火分隔

（1）建筑耐火等级应符合表 11-1 要求。

① 地下或半地下建筑（室）和一类高层建筑的耐火等级不应低于一级；

② 单、多层重要公共建筑和二类高层建筑的耐火等级不应低于二级；

③ 除木结构建筑外，老年人照料设施的耐火等级不应低于三级；

④ 建筑高度大于 100 m 的民用建筑，其楼板的耐火极限不应低于 2.00 h。

表 11-1　不同耐火等级建筑的允许建筑高度或层数。防火分区最大允许建筑面积

名称	耐火等级	允许建筑高度或层数	防火分区的最大允许建筑面积 (m²)	备注
高层民用建筑	一、二级	按规范确定	1 500	对于体育馆、剧场的观众厅，防火分区的最大允许建筑面积可适当增加
单、多层民用建筑	一、二级	按规范确定	2 500	
	三级	5 层	1 200	—
	四级	2 层	600	
地下或半地下建筑（室）	一级	—	500	设备用房的防火分区最大允许建筑面积不应大于 1 000 m²

注：表中本规范指《建筑设计规范（2018 年版）》（GB 50016—2014）。

（2）不同功能场所之间的防火分隔（消防水泵房、变配电室及通风空气调节机房等重点用房的防火分隔）应符合图 11-7 的要求。

① 附设在建筑内的消防控制室、灭火设备室、消防水泵房和通风空气调节机房、变配电室等，应采用耐火极限不低于 2.00 h 的防火隔墙和 1.50 h 的楼板与其他部位分隔。

② 通风空气调节机房和变配电室开向建筑内的门应采用甲级防火门。

③ 消防控制室和其他设备房开向建筑内的门应采用乙级防火门。

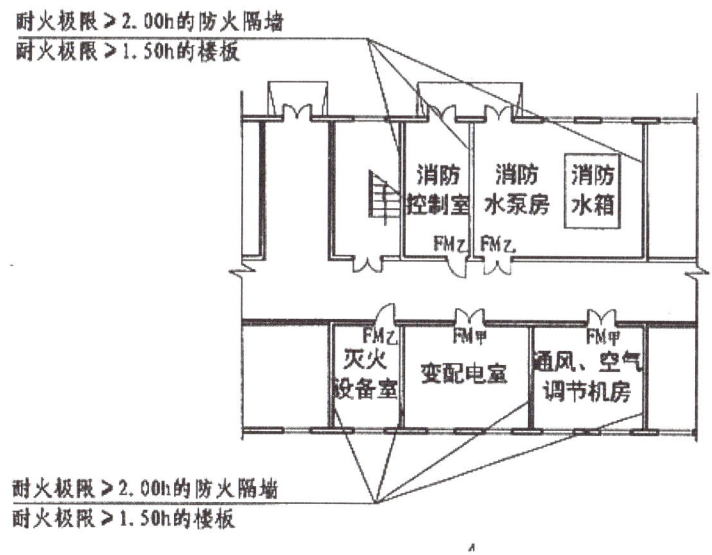

图 11-7　不同功能场所之间的防火分隔要求

综合来看，不同功能房、设备房的防火分隔要求如下：

医疗建筑内的手术室或手术部、产房、重症监护室、贵重精密医疗装备用房、储藏间、实验室、胶片室等，附设在建筑内的托儿所、幼儿园的儿童用房和儿童游乐厅等儿童活动场所、老年人活动场所，应采用耐火极限不低于2.00 h的防火隔墙和1.00 h的楼板与其他场所或部位分隔，墙上必须设置的门、窗应采用乙级防火门、窗。

民用建筑内的附属库房，剧场后台的辅助用房，除居住建筑中套内的厨房外，宿舍、公寓建筑中的公共厨房和其他建筑内的厨房应采用耐火极限不低于2.00 h的防火隔墙与其他部位分隔，墙上的门、窗应采用乙级防火门、窗，确有困难时，可采用防火卷帘。

剧场等建筑的舞台与观众厅之间的隔墙应采用耐火极限不低于3.00 h的防火隔墙；舞台上部与观众厅闷顶之间的隔墙可采用耐火极限不低于1.50 h的防火隔墙，隔墙上的门应采用乙级防火门；舞台下部的灯光操作室和可燃物储藏室应采用耐火极限不低于2.00 h的防火隔墙与其他部位分隔。

电影放映室、卷片室应采用耐火极限不低于1.50 h的防火隔墙与其他部位分隔，观察孔和放映孔应采取防火分隔措施。

2. 防火分区

民用建筑防火分区面积应符合表11-1要求。

防火分区设置要求：

（1）建筑内设置自动灭火系统时，可增加1.0倍；

（2）当裙房与高层建筑主体之间设置了防火墙，且相互间的疏散和灭火设施设置均相对独立时，裙房的防火分区按单、多层建筑确定；

（3）建筑内设置自动扶梯、敞开楼梯等上、下层相连通的开口时，其防火分区的建筑面积应按上、下层相连通的建筑面积叠加计算。

一、二级耐火等级建筑内的商店营业厅、展览厅，当设置自动灭火系统和火灾自动报警系统并采用不燃或难燃装修材料时，其每个防火分区的最大允许建筑面积应符合下列规定：

（1）设置在高层建筑内时，不应大于4 000 m²；

（2）设置在单层建筑或仅设置在多层建筑的首层内时，不应大于10 000 m²；

（3）设置在地下或半地下时，不应大于2 000 m²。

3. 平面布置

（1）托儿所、幼儿园的儿童用房和儿童游乐厅等儿童活动场所的平面布置。托儿所、幼儿园的儿童用房和儿童游乐厅等儿童活动场所宜设置在独立的建筑内，且不应设置在地下或半地下；当采用一、二级耐火等级的建筑时，不应超过 3 层；采用三级耐火等级的建筑时，不应超过 2 层；采用四级耐火等级的建筑时，应为单层；确需设置在其他民用建筑内时，应符合下列规定：

① 设置在一、二级耐火等级的建筑内时，应布置在首层、二层或三层；

② 设置在三级耐火等级的建筑内时，应布置在首层或二层；

③ 设置在四级耐火等级的建筑内时，应布置在首层；

④ 设置在高层建筑内时，应设置独立的安全出口和疏散楼梯；

⑤ 设置在单、多层建筑内时，宜设置独立的安全出口和疏散楼梯。

托儿所、幼儿园设置在高层建筑内平面示意图如图 11-8 所示。

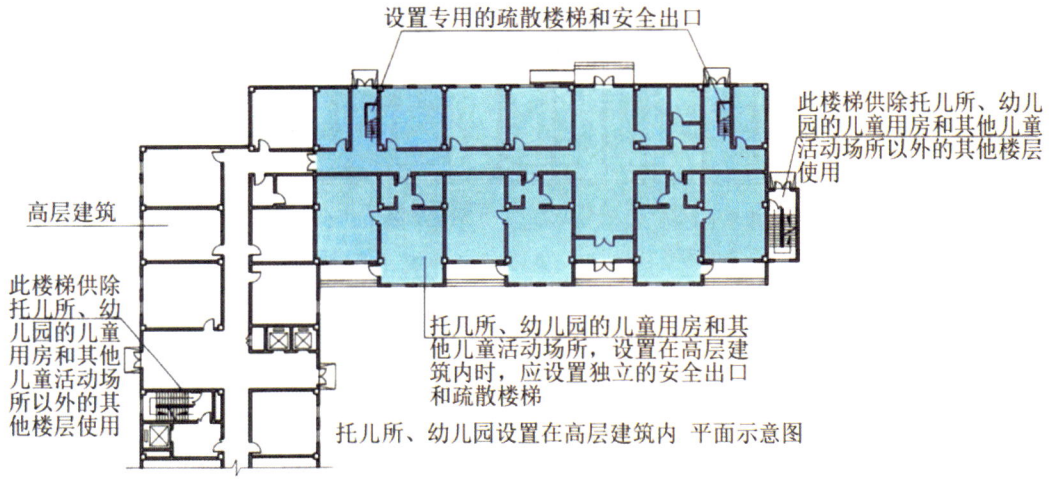

图 11-8　托儿所、幼儿园设置在高层建筑内的平面示意图

（2）老年人活动场所的平面布置。

除符合托儿所、幼儿园的儿童用房和儿童游乐厅等儿童活动场所要求外，老年人活动场所平面布置还应符合下列规定：

① 老年人公共活动用房、康复与医疗用房设置在地下、半地下时，应设置在地下一层。

② 老年人公共活动用房、康复与医疗用房设置在地下一层、地上四层及以上时，每间用房的建筑面积不应大于 200 m² 且使用人数不应大于 30 人。

（3）医院和疗养院的平面布置。

① 医院和疗养院的住院部分不应设置在地下或半地下。

② 医院和疗养院的住院部分采用三级耐火等级建筑时，不应超过 2 层；采用四级耐

火等级建筑时，应为单层；设置在三级耐火等级的建筑内时，应布置在首层或二层；设置在四级耐火等级的建筑内时，应布置在首层。

③ 医院和疗养院的病房楼内相邻护理单元之间应采用耐火极限不低于 2.00 h 的防火隔墙分隔，隔墙上的门应采用乙级防火门，设置在走道上的防火门应采用常开防火门。

医院和疗养院护理单元防火分隔示意图如图 11-9 所示。

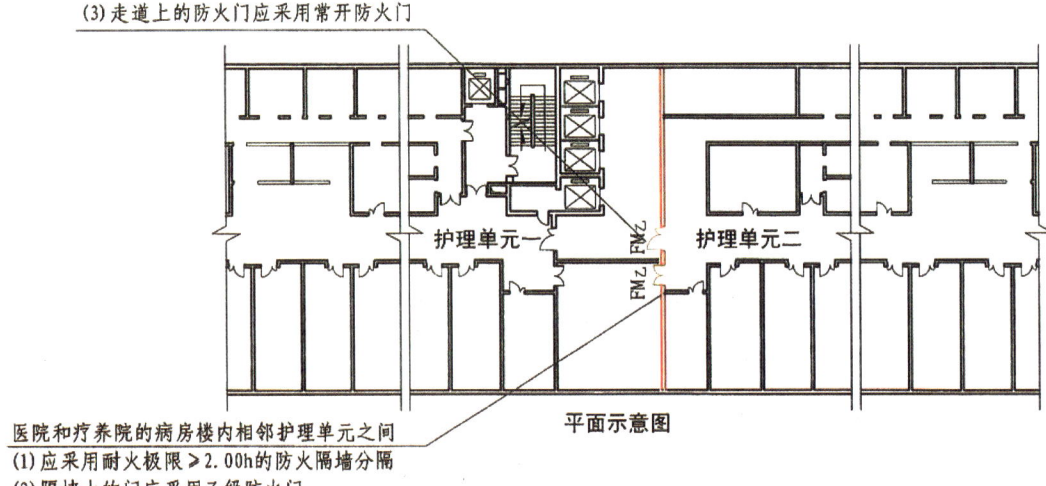

图 11-9　医院和疗养院护理单元防火分隔示意图

（4）剧场、电影院、礼堂的平面布置。剧场、电影院、礼堂宜设置在独立的建筑内；采用三级耐火等级建筑时，不应超过 2 层；确需设置在其他民用建筑内时，至少应设置 1 个独立的安全出口和疏散楼梯，并应符合下列规定：

① 应采用耐火极限不低于 2.00 h 的防火隔墙和甲级防火门与其他区域分隔。

② 设置在一、二级耐火等级的建筑内时，观众厅宜布置在首层、二层或三层；确需布置在四层及以上楼层时，一个厅、室的疏散门不应少于 2 个，且每个观众厅的建筑面积不宜大于 400 m²。

③ 设置在三级耐火等级的建筑内时，不应布置在三层及以上楼层。

④ 设置在地下或半地下时，宜设置在地下一层，不应设置在地下三层及以下楼层。

⑤ 设置在高层建筑内时，应设置火灾自动报警系统及自动喷水灭火系统等自动灭火系统。

（5）会议厅、多功能厅的平面布置。建筑内的会议厅、多功能厅等人员密集的场所，宜布置在首层、二层或三层。设置在三级耐火等级的建筑内时，不应布置在三层及以上楼层。确需布置在一、二级耐火等级建筑的其他楼层时，应符合下列规定：

① 一个厅、室的疏散门不应少于 2 个，且建筑面积不宜大于 400 m²；

② 设置在地下或半地下时，宜设置在地下一层，不应设置在地下三层及以下楼层；

③ 设置在高层建筑内时，应设置火灾自动报警系统和自动喷水灭火系统等自动灭火系统。

一、二级耐火等级建筑内的会议厅、多功能厅等人员密集的场所平面布置示意图如图 11-10 所示。

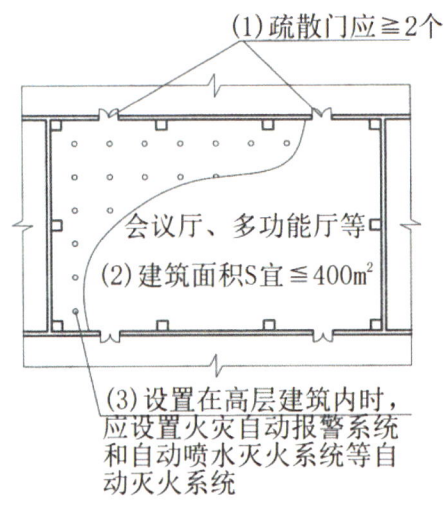

图 11-10　平面布置示意图

（6）歌舞娱乐放映游艺场所的平面布置。

歌舞厅、录像厅、夜总会、卡拉 OK 厅（含具有卡拉 OK 功能的餐厅）、游艺厅（含电子游艺厅）、桑拿浴室（不包括洗浴部分）、网吧等歌舞娱乐放映游艺场所（不含剧场、电影院）的布置应符合下列规定：

① 不应布置在地下二层及以下楼层；

② 宜布置在一、二级耐火等级建筑内的首层、二层或三层的靠外墙部位；

③ 不宜布置在袋形走道的两侧或尽端；

④ 确需布置在地下一层时，地下一层的地面与室外出入口地坪的高差不应大于 10 m；

⑤ 确需布置在地下或四层及以上楼层时，一个厅、室的建筑面积不应大于 200 m²；

⑥ 厅、室之间及与建筑的其他部位之间，应采用耐火极限不低于 2.00 h 的防火隔墙和 1.00 h 的不燃性楼板分隔，设置在厅、室墙上的门和该场所与建筑内其他部位相通的门

均应采用乙级防火门。

歌舞娱乐放映游艺场所平面布置示意图如图 11-11 所示。

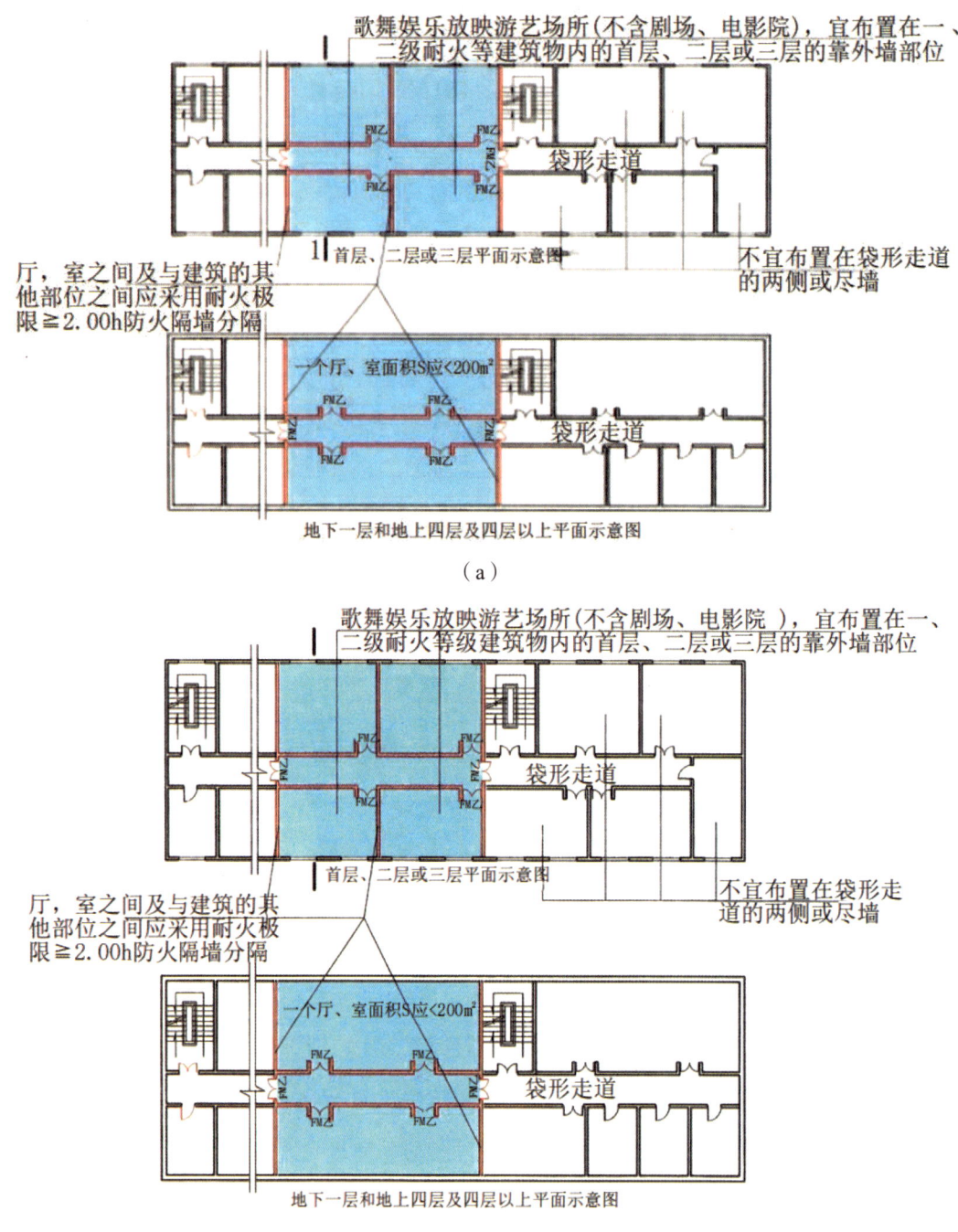

图 11-11　歌舞娱乐放映游艺场所平面布置示意图

注：歌舞厅、录像厅、夜总会、卡拉 OK 厅（含具有卡拉 OK 功能的餐厅）、游艺厅（含电子游艺厅）、桑拿浴室（不包括洗浴部分）、网吧等歌舞娱乐放映游艺场所（不含剧场、电影院）确需布置在袋形走道的两侧或尽端时应满足《建筑设计防火规范（2018 年版）》（GB 50016—2014）第 5.5.17 条的规定。

（7）燃油、燃气锅炉房的平面布置。燃油或燃气锅炉宜设置在建筑外的专用房间内；确需贴邻民用建筑布置时，应采用防火墙与所贴邻的建筑分隔，且不应贴邻人员密集场所，该专用房间的耐火等级不应低于二级；确需布置在民用建筑内时，不应布置在人员密集场所的上一层、下一层或贴邻，并应符合下列规定：

① 燃油或燃气锅炉房应设置在首层或地下一层的靠外墙部位，但常（负）压燃油或燃气锅炉可设置在地下二层或屋顶上。设置在屋顶上的常（负）压燃气锅炉，距离通向屋面的安全出口不应小于 6 m。采用相对密度（与空气密度的比值）不小于 0.75 的可燃气体为燃料的锅炉，不得设置在地下或半地下。

② 锅炉房的疏散门均应直通室外或安全出口。

③ 锅炉房与其他部位之间应采用耐火极限不低于 2.00 h 的防火隔墙和 1.50 h 的不燃性楼板分隔。在隔墙和楼板上不应开设洞口，确需在隔墙上设置门、窗时，应采用甲级防火门、窗。

④ 锅炉房内设置储油间时，其总储存量不应大于 1 m³，且储油间应采用耐火极限不低于 3.00 h 的防火隔墙与锅炉间分隔；确需在防火隔墙上设置门时，应采用甲级防火门。

⑤ 应设置火灾报警装置。

⑥ 应设置与锅炉的容量及建筑规模相适应的灭火设施，当建筑内其他部位设置自动喷水灭火系统时，应设置自动喷水灭火系统。

⑦ 燃气锅炉房应设置爆炸泄压设施。燃油或燃气锅炉房应设置独立的通风系统。

（8）柴油发电机房的平面布置。布置在民用建筑内的柴油发电机房应符合下列规定：

① 宜布置在首层或地下一、二层。

② 不应布置在人员密集场所的上一层、下一层或贴邻。

③ 应采用耐火极限不低于 2.00 h 的防火隔墙和 1.50 h 的不燃性楼板与其他部位分隔，门应采用甲级防火门。

④ 机房内设置储油间时，其总储存量不应大于 1 m³，储油间应采用耐火极限不低于 3.00 h 的防火隔墙与发电机间分隔；确需在防火隔墙上开门时，应设置甲级防火门。

⑤ 应设置火灾报警装置。

⑥ 应设置与柴油发电机容量和建筑规模相适应的灭火设施，当建筑内其他部位设置

自动喷水灭火系统时,机房内应设置自动喷水灭火系统。

4. 经营场所与居住场所设置在同一建筑物内的要求

除商业服务网点外,住宅建筑与其他使用功能的建筑合建时,应符合下列规定:

(1)住宅部分与非住宅部分之间,应采用耐火极限不低于 2.00 h 且无门、窗、洞口的防火隔墙和 1.50 h 的不燃性楼板完全分隔;当为高层建筑时,应采用无门、窗、洞口的防火墙和耐火极限不低于 2.00 h 的不燃性楼板完全分隔。

(2)住宅部分与非住宅部分的安全出口和疏散楼梯应分别独立设置;为住宅部分服务的地上车库应设置独立的疏散楼梯或安全出口,地下车库的疏散楼梯应按《建筑设计防火规范(2018 年版)》(GB 50016—2014)第 6.4.4 条的规定进行分隔。

(三)防火构造及内部装修要求

(1)防火构造(建筑构件、管道井、建筑保温、外墙装饰等)应符合相关消防技术标准。

① 电梯井应独立设置,井内严禁敷设可燃气体和甲、乙、丙类液体管道,不应敷设与电梯无关的电缆、电线等。电梯井的井壁除设置电梯门、安全逃生门和通气孔洞外,不应设置其他开口。

② 电缆井、管道井、排烟道、排气道、垃圾道等竖向井道,应分别独立设置。井壁的耐火极限不应低于 1.00 h,井壁上的检查门应采用丙级防火门(图 11-12)。

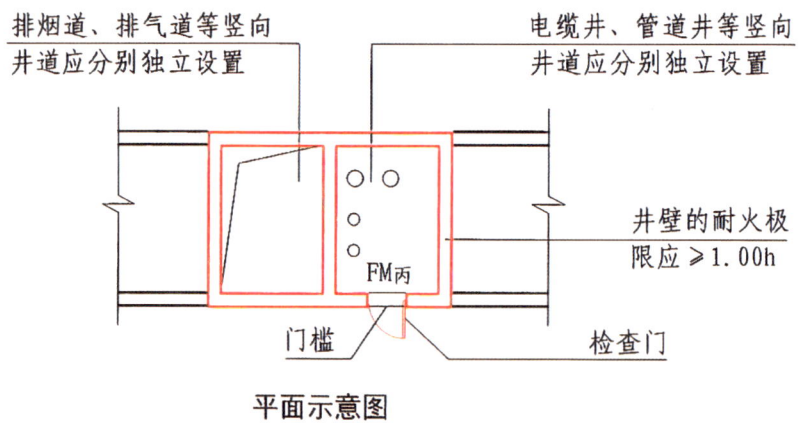

图 11-12 竖向井道平面布置示意图

③ 建筑内的电缆井、管道井应在每层楼板处采用不低于楼板耐火极限的不燃材料或防火封堵材料封堵。建筑内的电缆井、管道井与房间、走道等相连通的孔隙应采用防火封

堵材料封堵（图11-13）。

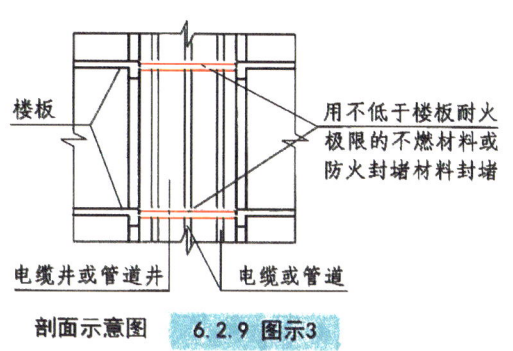
（a）剖面示意图

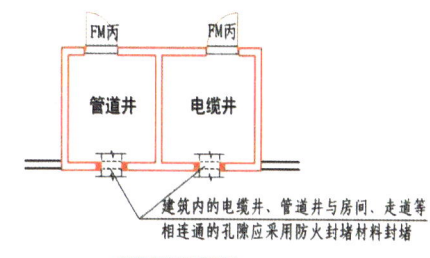
（b）平面示意图

（c）管道防火封堵

（d）电缆井未封堵

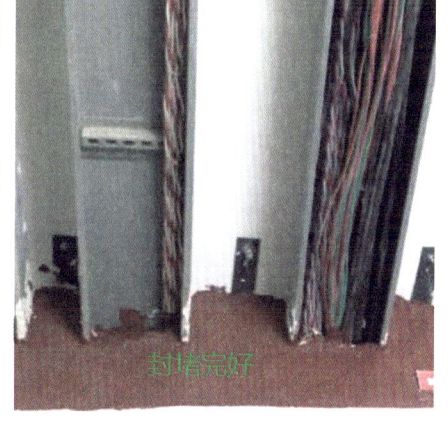
（e）封堵完好

图11-13 电缆井、管道井防火封堵

（2）内部装修应使用符合消防技术标准的燃烧性能等级材料。内部装修应符合《建筑内部装修设计防火规范》（GB 50222—2017）要求，并优先选用不燃、难燃材料，禁止使用易燃材料。

二、安全疏散设施及管理要求

(一) 疏散门、安全出口数量

1. 疏散门数量

一般而言,疏散门数量不应少于2个。

除托儿所、幼儿园、老年人建筑、医疗建筑、教学建筑内位于走道尽端的房间外,符合下列条件之一的房间可设置1个疏散门:

(1) 位于两个安全出口之间或袋形走道两侧的房间,对于托儿所、幼儿园、老年人建筑,建筑面积不大于 50 m²;对于医疗建筑、教学建筑,建筑面积不大于 75 m²;对于其他建筑或场所,建筑面积不大于 120 m²。

(2) 位于走道尽端的房间,建筑面积小于 50 m² 且疏散门的净宽度不小于 0.90 m,或由房间内任一点至疏散门的直线距离不大于 15 m、建筑面积不大于 200 m² 且疏散门的净宽度不小于 1.40 m。

(3) 歌舞娱乐放映游艺场所内建筑面积不大于 50 m² 且经常停留人数不超过 15 人的厅、室。

2. 安全出口数量

公共建筑内每个防火分区或一个防火分区的每个楼层,其安全出口的数量不应少于2个。符合下列条件之一的公共建筑,可设置1个安全出口或1部疏散楼梯:

(1) 除托儿所、幼儿园外,建筑面积不大于 200 m² 且人数不超过 50 人的单层公共建筑或多层公共建筑的首层;

(2) 除医疗建筑,老年人建筑,托儿所、幼儿园的儿童用房,儿童游乐厅等儿童活动场所和歌舞娱乐放映游艺场所等外,符合表 11-2 规定的。

表 11-2 可设置 1 部疏散楼梯的公共建筑

耐火等级	最多层数	每层最大建筑面积 (m²)	人数
一、二级	3 层	200	第二、三层的人数之和不超过 50 人
三级	3 层	200	第二、三层的人数之和不超过 25 人
四级	2 层	200	第二层的人数不超过 15 人

（二）疏散通道、安全出口的其他设置

1. 楼梯间设置要求

一类高层公共建筑和建筑高度大于 32 m 的二类高层公共建筑，其疏散楼梯应采用防烟楼梯间。

下列建筑应采用封闭楼梯间：

（1）裙房和建筑高度不大于 32 m 的二类高层公共建筑；

（2）医疗建筑、旅馆、老年人建筑及类似使用功能的建筑；

（3）设置歌舞娱乐放映游艺场所的建筑；

（4）商店、图书馆、展览建筑、会议中心及类似使用功能的建筑；

（5）6 层及以上的其他建筑。

2. 疏散宽度、疏散距离要求

（1）疏散宽度要求。

① 公共建筑内疏散门和安全出口的净宽度不应小于 0.90 m，疏散走道和疏散楼梯的净宽度不应小于 1.10 m。

② 高层公共建筑内楼梯间的首层疏散门、首层疏散外门、疏散走道和疏散楼梯的最小净宽度应符合表 11-3 规定。

表 11-3　高层公共建筑内楼梯间的首层疏散门、首层疏散外门、疏散走道和疏散楼梯的最小净宽度

单位：m

建筑类别	楼梯间的首层疏散门、首层疏散外门	走道		疏散楼梯
		单面布房	双面布房	
高层医疗建筑	1.30	1.40	1.50	1.30
其他高层公共建筑	1.20	1.30	1.40	1.20

（2）疏散距离要求。

直通疏散走道的房间疏散门至最近安全出口的直线距离不应大于表 11-4 的规定。

表 11-4　直通疏散走道的房间疏散门至最近安全出口的直线距离

名称	位于两个安全出口之间的疏散门			位于袋形走道两侧或尽端的疏散门		
	一、二级	三级	四级	一、二级	三级	四级
托儿所、幼儿园老年人照料设施	25	20	15	20	15	10
歌舞娱乐放映游艺场所	25	20	15	9	—	—

续表

名称		位于两个安全出口之间的疏散门			位于袋形走道两侧或尽端的疏散门		
		一、二级	三级	四级	一、二级	三级	四级
医疗建筑	单、多层	35	30	25	20	15	10
	高层 病房部分	24	—	—	12	—	—
	高层 其他部分	30	—	—	15	—	—
高层旅馆、展览建筑		35	30	25	22	20	10
其他建筑	单、多层	30	—	—	15	—	—
	高层	30	—	—	15	—	—

① 建筑内开向敞开式外廊的房间疏散门至最近安全出口的直线距离可按表 11-4 的规定增加 5 m。

② 直通疏散走道的房间疏散门至最近敞开楼梯间的直线距离，当房间位于两个楼梯间之间时，应按表 11-4 的规定减少 5 m；当房间位于袋形走道两侧或尽端时，应按表 11-4 的规定减少 2 m。

③ 建筑物内全部设置自动喷水灭火系统时，其安全疏散距离可按表 11-4 的规定增加 25%。

④ 楼梯间应在首层直通室外，确有困难时，可在首层采用扩大的封闭楼梯间或防烟楼梯间前室。当层数不超过 4 层且未采用扩大的封闭楼梯间或防烟楼梯间前室时，可将直通室外的门设置在离楼梯间不大于 15 m 处。

⑤ 房间内任一点至房间直通疏散走道的疏散门的直线距离，不应大于表 11-4 规定的袋形走道两侧或尽端的疏散门至最近安全出口的直线距离；

⑥ 一、二级耐火等级建筑内疏散门或安全出口不少于 2 个的观众厅、展览厅、多功能厅、餐厅、营业厅等，其室内任一点至最近疏散门或安全出口的直线距离不应大于 30 m；当疏散门不能直通室外地面或疏散楼梯间时，应采用长度不大于 10 m 的疏散走道通至最近的安全出口。当该场所设置自动喷水灭火系统时，室内任一点至最近安全出口的安全疏散距离可分别增加 25%。

（3）疏散门的要求。

① 人员密集的公共场所、观众厅的疏散门不应设置门槛，其净宽度不应小于 1.40 m，且紧靠门口内外各 1.40 m 范围内不应设置踏步。

② 人员密集的公共场所的室外疏散通道的净宽度不应小于 3.00 m，并应直接通向宽敞地带。

③民用建筑的疏散门,应采用向疏散方向开启的平开门,不应采用推拉门、卷帘门、吊门、转门和折叠门;人数不超过 60 人且每樘门的平均疏散人数不超过 30 人的房间,其疏散门的开启方向不限。

④人员密集场所内平时需要控制人员随意出入的疏散门和设置门禁系统的住宅、宿舍、公寓建筑的外门,应保证火灾时不需使用钥匙等任何工具即能从内部易于打开,并应在显著位置设置具有使用提示的标识。

(三)疏散通道、安全出口的管理要求

(1)应保持畅通。不得占用、堵塞、封闭疏散通道、安全出口(图 11-14)。

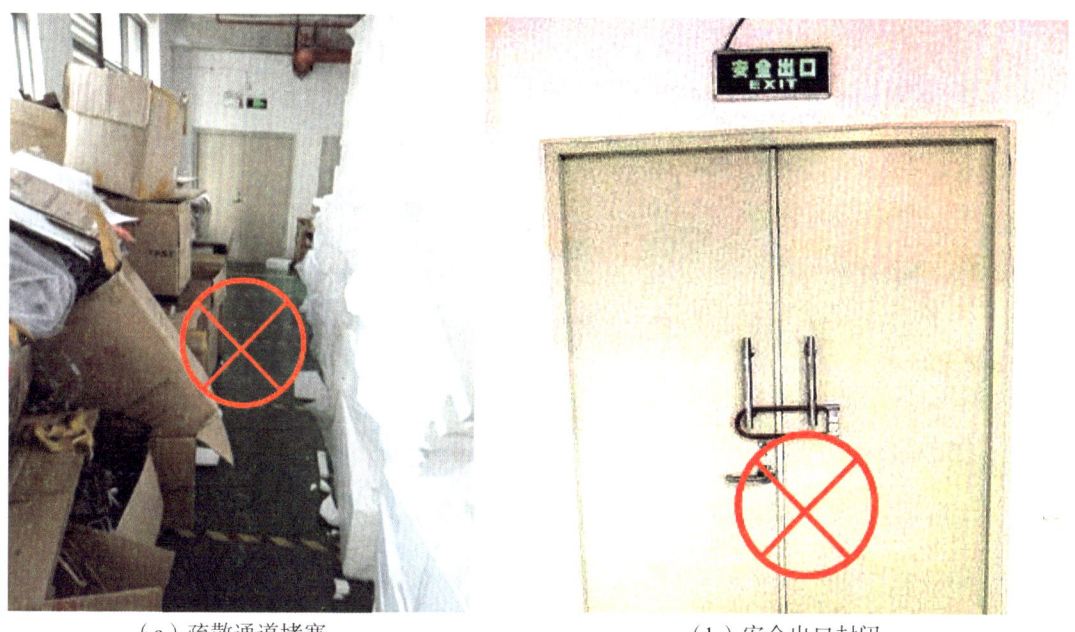

(a)疏散通道堵塞　　　　　　　　(b)安全出口封闭

图 11-14　疏散通道、安全出口占用、堵塞、封闭

(2)疏散通道、安全出口的防火门应保持完好有效。

①除管井检修门和住宅的户门外,防火门应具有自行关闭功能。双扇防火门应具有按顺序自行关闭的功能。

②防火门关闭后应具有防烟性能。

③每樘防火门都应在明显位置固有永久性标牌,标牌应包括以下内容:产品名称、型号规格及商标(若有);制造厂名称或制造厂标记和厂址;出厂日期及产品生产批号;执行标准(图 11-15)。

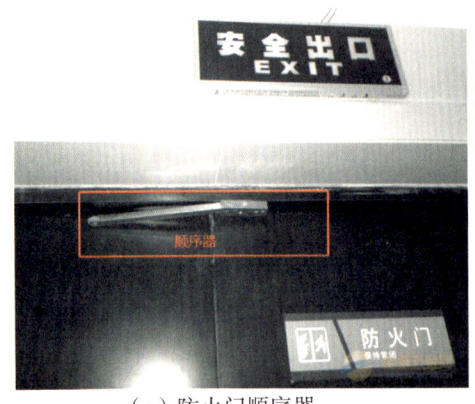
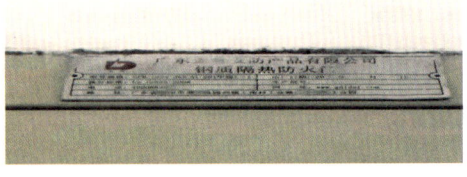

（a）防火门顺序器　　　　　　　　（b）防火门标牌、闭门器

图 11-15　防火门顺序器、闭门器、标牌

（四）消防应急照明、疏散指示标志设置

（1）应设置应急照明的部位：

① 敞开楼梯间、封闭楼梯间、防烟楼梯间及其前室、消防电梯间的前室或合用前室、室外楼梯、避难走道、避难层（间）、安全出口外面及其附近区域；

② 观众厅、展览厅、多功能厅和建筑面积大于 200 m^2 的营业厅、餐厅、演播室等人员密集的场所；

③ 建筑面积大于 100 m^2 的地下或半地下公共活动场所；

④ 公共建筑内的疏散走道；

⑤ 消防控制室、消防水泵房、自备发电机房、配电室、防排烟机房以及发生火灾时仍需正常工作的消防设备房应设置备用照明。

（2）应急照明安装要求：

① 应设置在出口的顶部、墙面的上部或顶棚上；备用照明灯具应设置在墙面的上部或顶棚上。

② 当安装在走道侧面墙上时，安装高度不应在距地面 1～2 m；在距地面 1 m 以下侧面墙上安装时，应保证光线照射在灯具的水平线以下。

③ 不应安装在地面上。

④ 应固定安装在不燃性墙体或不燃性装修材料上，不应安装在门、窗或其他可移动的物体上。

（3）应设置疏散指示标志的部位：

① 安全出口和人员密集的场所的疏散门的正上方。

② 疏散走道及其转角处距地面高度 1.0 m 以下的墙面或地面上。灯光疏散指示标志的间距不应大于 20 m；对于袋形走道，不应大于 10 m；在走道转角区，不应大于 1.0 m。

（4）疏散指示标志安装要求：

① 应安装在安全出口或疏散门内侧上方居中的位置；受安装条件限制无法安装在门框上侧时，可安装在门的两侧，但门完全开启时标志灯不能被遮挡。

② 应保证标志灯的箭头指示方向与疏散指示方案一致。

③ 安装在疏散走道、通道两侧的墙面或柱面上时，标志灯底边距地面的高度应小于 1 m。

④ 安装在疏散走道、通道转角处的上方或两侧时，标志灯与转角处边墙的距离不应大于 1 m。

⑤ 应与电源线直接连接，不应采用插头连接（采用插头连接时，应采用专用工具方可拆卸）。

（五）设置安全疏散指示图

明显的位置应设置安全疏散指示图（图 11-16）。

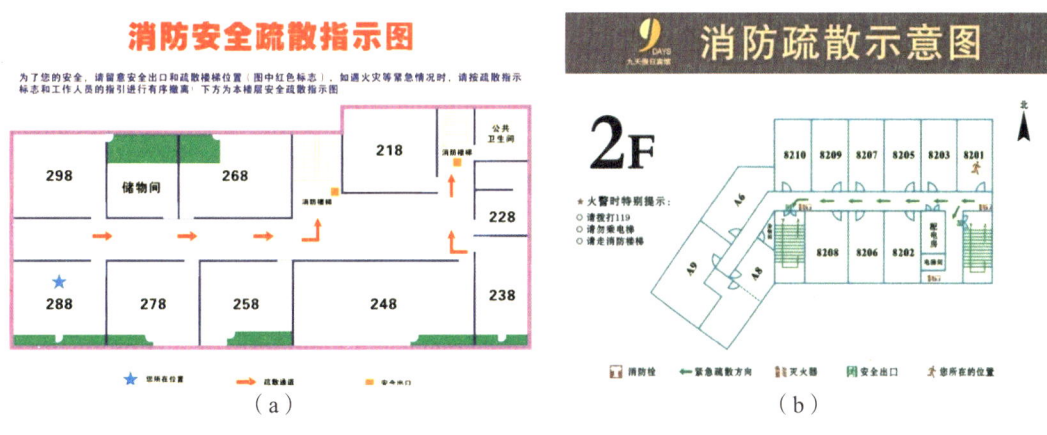

图 11-16　安全疏散指示图

第三节　消防设施

一、消防设施设置

（1）应按规范要求设置消火栓系统且能正常运行。消火栓系统设置要求：

① 应设置室外消火栓系统。

② 下列建筑或场所应设置室内消火栓系统：

a. 高层公共建筑；

b. 体积大于 5 000 m³ 的车站、码头、机场的候车（船、机）建筑、展览建筑、商店建筑、旅馆建筑、医疗建筑、老年人照料设施和图书馆建筑等单、多层建筑；

c. 特等、甲等剧场，超过 800 个座位的其他等级的剧场和电影院等以及超过 1 200 个座位的礼堂、体育馆等单、多层建筑；

d. 建筑高度大于 15 m 或体积大于 10 000 m³ 的办公建筑、教学建筑和其他单、多层民用建筑。

（2）应按规范要求设置火灾自动报警系统（图11-17、图11-18）且保证其能正常运行。下列建筑或场所应设置火灾自动报警系统：

① 任一层建筑面积大于 1 500 m² 或总建筑面积大于 3 000 m² 的商店、展览、财贸金融、客运和货运等类似用途的建筑，总建筑面积大于 500 m² 的地下或半地下商店；

② 图书或文物的珍藏库，每座藏书超过 50 万册的图书馆，重要的档案馆；

③ 地市级及以上广播电视建筑、邮政建筑、电信建筑，城市或区域性电力、交通和防灾等指挥调度建筑；

④ 特等、甲等剧场，座位数超过 1 500 个的其他等级的剧场或电影院，座位数超过 2 000 个的会堂或礼堂，座位数超过 3 000 个的体育馆；

⑤ 大、中型幼儿园的儿童用房等场所，老年人照料设施，任一层建筑面积大于 1 500 m² 或总建筑面积大于 3 000 m² 的疗养院的病房楼、旅馆建筑和其他儿童活动场所，不少于 200 床位的医院门诊楼、病房楼和手术部等；

⑥ 歌舞娱乐放映游艺场所；

⑦ 净高大于 2.6 m 且可燃物较多的技术夹层，净高大于 0.8 m 且有可燃物的闷顶或吊顶内；

⑧ 电子信息系统的主机房及其控制室、记录介质库，特殊贵重或火灾危险性大的机器、仪表、仪器设备室、贵重物品库房；

⑨ 二类高层公共建筑内建筑面积大于 50 m² 的可燃物品库房和建筑面积大于 500 m² 的营业厅；

⑩ 其他一类高层公共建筑；

⑪ 设置机械排烟、防烟系统，雨淋或预作用自动喷水灭火系统，固定消防水炮灭火系统、气体灭火系统等需与火灾自动报警系统联锁动作的场所或部位。

建筑内可能散发可燃气体、可燃蒸气的场所应设置可燃气体报警装置。

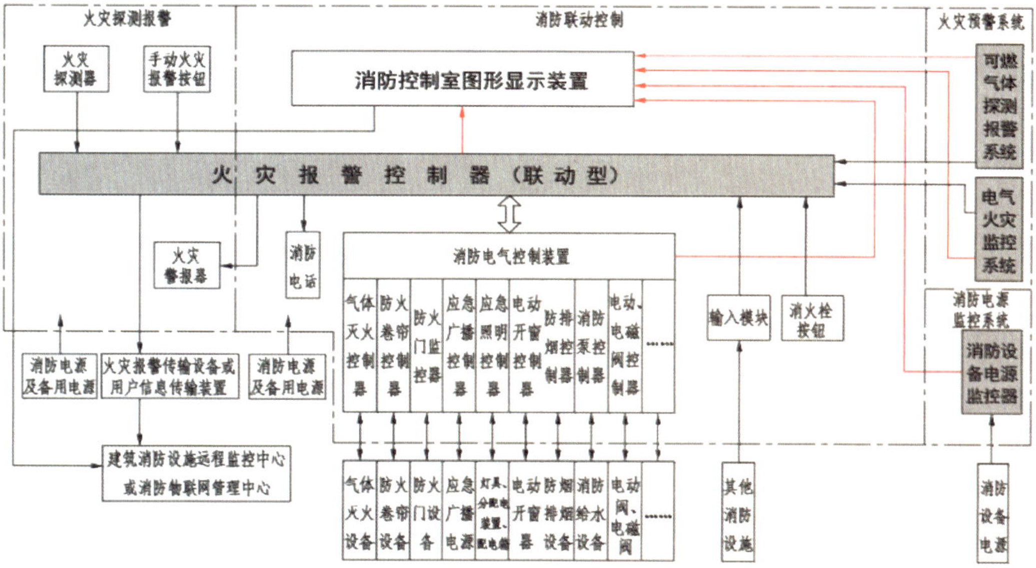

图 11-17　火灾自动报警系统示意图

图 11-18　火灾自动报警系统控制器

（3）应按规范要求设置自动灭火系统且保证其能正常运行。

下列高层民用建筑或场所应设置自动灭火系统，并宜采用自动喷水灭火系统：

① 一类高层公共建筑（除游泳池、溜冰场外）及其地下、半地下室；

② 二类高层公共建筑及其地下、半地下室的公共活动用房、走道、办公室和旅馆的

客房、可燃物品库房、自动扶梯底部；

③ 高层民用建筑内的歌舞娱乐放映游艺场所。

下列单、多层民用建筑或场所应设置自动灭火系统，并宜采用自动喷水灭火系统：

① 特等、甲等剧场，超过 1 500 个座位的其他等级的剧场，超过 2 000 个座位的会堂或礼堂，超过 3 000 个座位的体育馆，超过 5 000 人的体育场的室内人员休息室与器材间等；

② 任一层建筑面积大于 1 500 m² 或总建筑面积大于 3 000 m² 的展览、商店、餐饮和旅馆建筑以及医院中同样建筑规模的病房楼、门诊楼和手术部；

③ 设置送回风道（管）的集中空气调节系统且总建筑面积大于 3 000 m² 的办公建筑等；

④ 藏书量超过 50 万册的图书馆；

⑤ 大、中型幼儿园，总建筑面积大于 5 000 m² 老年人建筑；

⑥ 总建筑面积大于 500 m² 的地下或半地下商店；

⑦ 设置在地下或半地下或地上四层及以上楼层的歌舞娱乐放映游艺场所（除游泳场所外），设置在首层、二层和三层且任一层建筑面积大于 300 m² 的地上歌舞娱乐放映游艺场所（除游泳场所外）。

（4）应按规范要求设置防、排烟设施且保证其能正常运行。

建筑的下列场所或部位应设置防烟设施：

① 防烟楼梯间及其前室；

② 消防电梯间前室或合用前室；

③ 避难走道的前室、避难层（间）。

民用建筑的下列场所或部位应设置排烟设施：

① 设置在一、二、三层且房间建筑面积大于 100 m² 的歌舞娱乐放映游艺场所，设置在四层及以上楼层、地下或半地下的歌舞娱乐放映游艺场所；

② 中庭；

③ 公共建筑内建筑面积大于 100 m² 且经常有人停留的地上房间；

④ 公共建筑内建筑面积大于 300 m² 且可燃物较多的地上房间；

⑤ 建筑内长度大于 20 m 的疏散走道。

地下或半地下建筑（室）、地上建筑内的无窗房间，当总建筑面积大于 200 m² 或一个房间建筑面积大于 50 m²，且经常有人停留或可燃物较多时，应设置排烟设施。

排烟设施如图 11-19 所示。

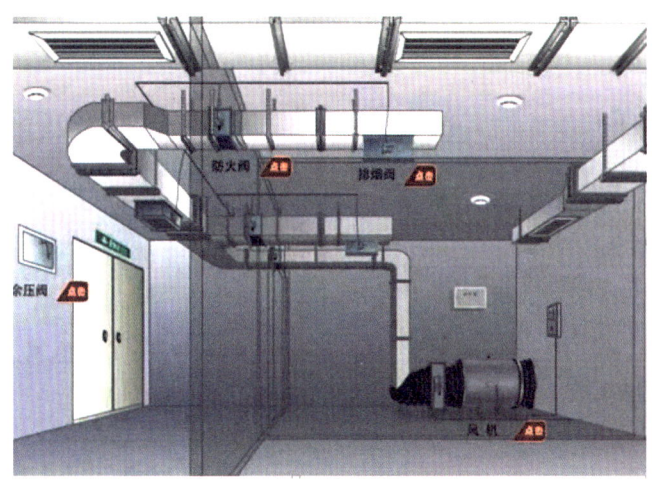

图 11-19 排烟设施示意图

（5）应按规范要求设置灭火器且保持其完好有效。

① 一般应选用磷酸铵盐干粉灭火器（ABC干粉灭火器）。

② 灭火器应设置在位置明显和便于取用的地点，且不得影响安全疏散。

③ 灭火器的摆放应稳固，其铭牌应朝外。手提式灭火器宜设置在灭火器箱内或挂钩、托架上，其顶部离地面高度不应大于1.50 m；底部离地面高度不宜小于0.08 m。灭火器箱不得上锁。

④ 灭火器不宜设置在潮湿或强腐蚀性的地点。当必须设置时，应有相应的保护措施。

⑤ 灭火器设置在室外时，应有相应的保护措施。

⑥ 灭火器的配置、外观等每月检查一次。

⑦ 存在机械损伤、明显锈蚀、灭火剂泄露、被开启使用过的灭火器应及时进行维修。干粉灭火器出厂期满5年，首次维修以后每满2年均要进行一次维修。

⑧ 有下列情况之一的灭火器应报废：

a. 筒体严重锈蚀，锈蚀面积大于、等于筒体总面积的1/3，表面有凹坑；

b. 筒体明显变形，机械损伤严重；

c. 器头存在裂纹、无泄压机构；

d. 筒体为平底等结构不合理；

e. 没有间歇喷射机构的手提式；

f. 没有生产厂名称和出厂年月，包括铭牌脱落，或虽有铭牌，但已看不清生产厂名称，或出厂年月钢印无法识别；

g. 筒体有锡焊、铜焊或补缀等修补痕迹；

h. 被火烧过；

i. 干粉灭火器出厂期满 10 年。

⑨需维修、报废的灭火器应由灭火器生产企业或专业维修单位进行。

二、消防设施维护保养

（1）应确定自动消防设施维护保养单位，消防设施器材应每月进行一次维护保养，每年至少进行一次功能检测（图 11-20）。

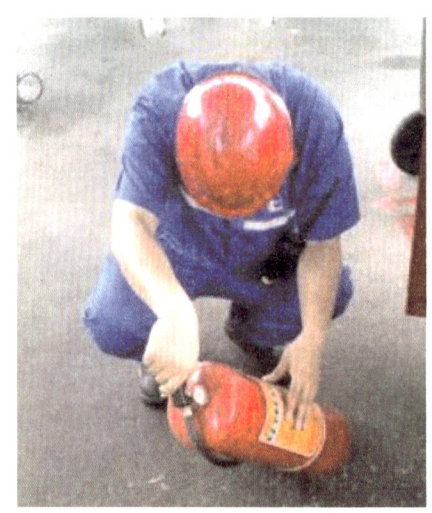

图 11-20　消防设施维护保养

（2）应做好消防设施日常管理，消防设施不应被遮挡、埋压、圈占（图 11-21）。

（a）　　　　　　　　（b）

图 11-21　遮挡消防设施

第四节　消防控制室

一、消防控制室的设置要求

应按要求设置消防控制室。

（1）设置火灾自动报警系统和需要联动控制的消防设备的建筑（群）应设置消防控制室。

（2）单独建造的消防控制室，其耐火等级不应低于二级。

（3）附设在建筑内的消防控制室，宜设置在建筑内首层或地下一层，并宜布置在靠外墙部位。

（4）不应设置在电磁场干扰较强及其他可能影响消防控制设备正常工作的房间附近。

（5）疏散门应直通室外或安全出口。

二、消防控制室值班要求

（1）消防控制室应实行 24 h 值班制度，每班不少于 2 名值班人员，每班工作时间应不大于 8 h（图 11-22）。

（a）双人值班　　　　　　（b）单人值班　　　　　　（c）脱岗无人值班

图 11-22　消防控制室值班

（2）消防控制室值班记录应齐全。

（3）消防控制室值班人员应通过消防行业特有工种职业技能鉴定，持有初级技能以上等级的职业资格证书。

（4）消防控制室值班人员应熟悉处置程序。接到火灾警报后，值班人员应立即以最快方式确认；火灾确认后，值班人员应立即确认火灾报警联动控制开关处于自动状态，同时拨打"119"火警电话报警，报警时应说明着火单位地点、起火部位、着火物种类、火势大小、报警人姓名和联系电话；值班人员应立即启动单位内部应急疏散和灭火预案，并同时报告单位消防安全责任人，单位消防安全责任人接到报告后应立即赶赴现场。

（5）消防控制室应建立相应规章制度。消防控制室应上墙的制度包括《消防控制室管理规定》《消防控制室值班人员职责》《消防控制室管理及应急程序》等。

三、消防控制室资料

消防控制室应按照《消防控制室通用技术要求》（GB 25506—2010）规定保存有关消防工作的纸质和电子档案资料。

（1）建（构）筑物竣工后的总平面布局图、建筑消防设施平面布置图、建筑消防设施系统图及安全出口布置图、重点部位位置图等；

（2）消防安全管理规章制度、应急灭火预案、应急疏散预案等；

（3）消防安全组织结构图，包括消防安全责任人、管理人、专职、义务消防人员等内容；

（4）消防安全培训记录、灭火和应急疏散预案的演练记录；

（5）值班情况、消防安全检查情况及巡查情况的记录；

（6）消防设施一览表，包括消防设施的类型、数量、状态等内容；

（7）消防系统控制逻辑关系说明、设备使用说明书、系统操作规程、系统和设备维护保养制度等；

（8）设备运行状况、接报警记录、火灾处理情况、设备检修检测报告等资料，这些资料应能定期保存和归档。

第五节　用火用电

一、电气防火要求

（一）规范电气设备使用

（1）严禁电气设备超负荷使用、线排串联（图11-23）；

(a)设备超负荷使用　　　　　　　（b)线排串联

图 11-23　电气设备超负荷使用、线排串联

（2）严禁用铜丝、铁丝等代替保险丝；

（3）电热炉、电加热器、电暖器、电饭锅、电熨斗、电热毯等电热器具使用后应采取拔出电源插销等切断电源的措施；

（4）对产生高温或使用明火的设备，应限制周围可燃物，使用期间设专人监护；

（5）应安装防火型漏电开关或新型防短路、防过载、防电弧断路保护开关并选用合格电气产品（图 11-24）；

（6）消防安全重点单位应安装智慧用电探测装置、传输终端和监测平台。

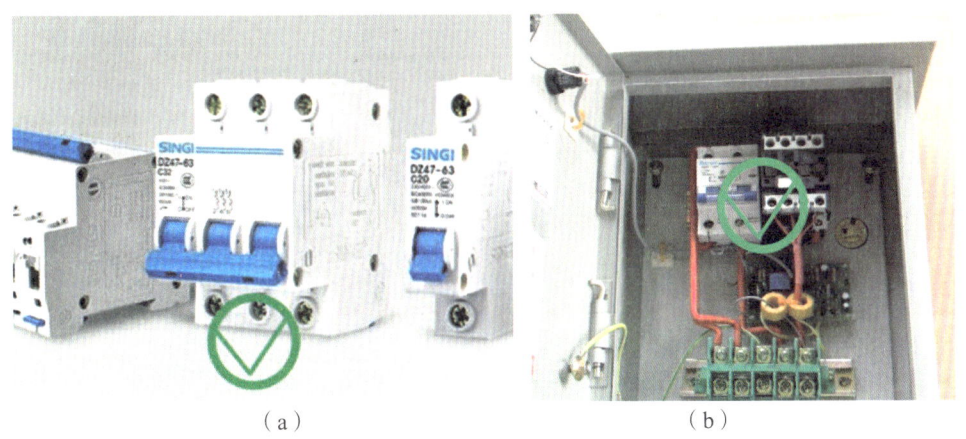

（a）　　　　　　　　　　　（b）

图 11-24　防火型漏电保护开关

（二）规范电器线路敷设

（1）供、用电线路应根据国家电气技术标准，采取穿金属管、封闭式金属线槽和绝缘阻燃 PVC 电工套管保护措施；

（2）强电线路应按规定使用阻燃电缆，电气线路不应采用易燃电线电缆；

（3）开关、电闸、配电箱应使用符合国家市场准入电气产品；

（4）应聘请具备资质的电气检测服务机构实施线路检测，落实电气线路年度全面检测和日常维护保养，并及时更换老化损坏的电气线路；

（5）严禁使用花线等不符合规范要求的电线，严禁私拉乱接线路；

（6）大功率电器周围严禁堆放可燃物。

二、用火、动火即易燃易爆危险品管理要求

（1）严禁违规使用明火和易燃易爆危险物品；

（2）需要动火作业的区域，要与使用、营业区域进行防火分隔；

（3）商店、公共娱乐场所在营业时间内严禁开展动火作业；

（4）电气焊等明火作业前，实施动火的部门和人员应按照制度规定办理动火审批手续，清除可燃、易燃物品，配置灭火器材，落实现场监护人和安全措施（图11-25）；

（5）人员密集场所严禁使用明火照明、取暖，不得使用明火表演或燃放焰火。

图11-25 严紧违规进行电气焊作业

第六节　防火检查和巡查

公众聚集场所在营业期间，应至少每2 h巡查一次。宾馆、医院、养老院、寄宿制的学校、托儿所和幼儿园，应组织每日夜间防火巡查，且应至少每2 h巡查一次。消防安全重点单位应实行每日防火巡查。机关。团体、事业单位应当至少每季度进行一次防火检查，其他单位应当至少每月进行一次防火检查图。

一、每日防火巡查

组织开展每月防火巡查（图11-26），防火巡查内容：

（1）用火、用电有无违章情况；

（2）安全出口、疏散通道是否畅通；

（3）安全疏散指示标志、应急照明是否完好；

（4）消防设施、器材和消防安全标志是否在位、完整；

（5）常闭式防火门是否处于关闭状态，防火卷帘下是否堆放物品影响使用；

（6）消防安全重点部位的人员在岗情况；

（7）其他消防安全情况。

每日防火巡查记录表

年　月　日

巡查时间	用火用电情况	安全疏散情况	器材标志完好情况	防火门即防火卷帘情况	报警系统巡查	喷淋系统开阀状态	重点部位人员在岗	问题记录	处理情况	巡查人
时分	□正常 □异常	□正常 □异常	□正常 □异常	□正常 □异常	□正常 □异常	□正常 □异常	□正常 □异常			
时分	□正常 □异常	□正常 □异常	□正常 □异常	□正常 □异常	□正常 □异常	□正常 □异常	□正常 □异常			
时分	□正常 □异常	□正常 □异常	□正常 □异常	□正常 □异常	□正常 □异常	□正常 □异常	□正常 □异常			
时分	□正常 □异常	□正常 □异常	□正常 □异常	□正常 □异常	□正常 □异常	□正常 □异常	□正常 □异常			
时分	□正常 □异常	□正常 □异常	□正常 □异常	□正常 □异常	□正常 □异常	□正常 □异常	□正常 □异常			
时分	□正常 □异常	□正常 □异常	□正常 □异常	□正常 □异常	□正常 □异常	□正常 □异常	□正常 □异常			
时分	□正常 □异常	□正常 □异常	□正常 □异常	□正常 □异常	□正常 □异常	□正常 □异常	□正常 □异常			
时分	□正常 □异常	□正常 □异常	□正常 □异常	□正常 □异常	□正常 □异常	□正常 □异常	□正常 □异常			
时分	□正常 □异常	□正常 □异常	□正常 □异常	□正常 □异常	□正常 □异常	□正常 □异常	□正常 □异常			

图11-26　每日防火巡查

二、每月防火检查

每月防火检查登记表

被检查部门			时间		
部门负责人			部门管理人		
检查人员					
检查内容和情况					
检查内容		具体部位	检查情况		
			合格	不合格	问题	责任人
消防通道安全出口	消防车通道					
	疏散通道					
	防火间距					
	安全出口					
	封闭、防烟楼梯间					
	防火门					
用火用电管理	用火、用电情况					
	燃气用具、管路					
	电器产品、线路					
消防控制室	值班操作人员					
	自动消防设备运行					
	消防联动控制设备运行情况					
	消防电话					
	主、备电源					
消火栓系统	消火栓					
	屋顶试验消火栓					
	水泵接合器					
自动喷水灭火	报警阀组					
	末端试水装置					

（a） （b）

图 11-27 每月防火检查

组织开展每月防火检查（图 11-27），防火检查内容：

（1）火灾隐患的整改情况以及防范措施的落实情况；

（2）安全疏散通道、疏散指示标志、应急照明和安全出口情况；

（3）消防车通道、消防水源情况；

（4）灭火器材配置及有效情况；

（5）用火、用电有无违章情况；

（6）重点工种人员以及其他员工消防知识和应急疏预案的掌握情况；

（7）消防安全重点部位的管理情况；

（8）易燃易爆危险品和场所防火防爆措施的落实情况以及其他重要物资的防火安全情况；

（9）消防控制室值班情况和设施运行、记录情况；

（10）防火巡查情况；

（11）消防安全标志的设置情况和安好、有效情况。

三、防火巡查、检查记录

每日防火巡查和每月防火检查记录应齐全、填写规范，并存档备查。

第七节　火灾事故应急处置准备工作

一、制定预案、开展演练

（一）制定灭火和应急疏散预案

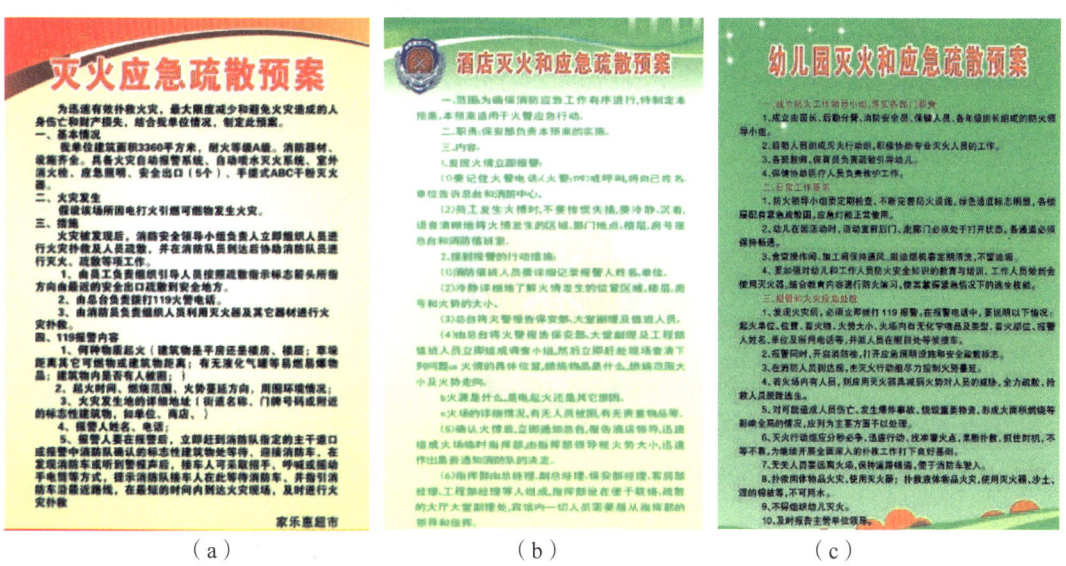

图 11-28　灭火和应急疏散预案

消防应急预案（图 11-28）的内容：

（1）单位的基本情况；

（2）应急组织机构；

（3）火情预想；

（4）报警和接警处置程序；

（5）扑救初起火灾的程序和措施；

（6）应急疏散的组织程序和措施；

（7）通信联络、安全防护救护的程序和措施；

（8）灭火和应急疏散计划图；

（9）注意事项等。

（二）定期组织消防演练

消防安全重点单位至少每半年进行一次消防演练，其他单位至少每年进行一次（图11-29）。

（a）灭火演练　　　　　　　　　　　（b）疏散逃生演练

图 11-29　消防演练

二、建立专职消防队或志愿消防队

（1）按规定建立专职消防队、志愿消防队。

下列单位应当建立专职消防队：

① 大型核设施单位、大型发电厂、民用机场、主要港口；

② 生产、储存易燃易爆危险品的大型企业；

③ 储备可燃的重要物资的大型仓库、基地；

④ ①②③项规定以外的火灾危险性较大、距离国家综合性消防救援队较远的其他大型企业；

⑤ 距离国家综合性消防救援队较远、被列为全国重点文物保护单位的古建筑群的管理单位。

（2）人员密集场所志愿消防队队员数量不应少于本场所从业人员数量的30%。

（3）消防安全重点单位应按《广东省消防安全重点单位微型消防站建设标准（试行）》（粤消安〔2017〕2号）规定建立微型消防站，制定相关管理制度，配齐配全人员装备。

第八节 消防宣传教育培训

（1）单位应开展经常性消防安全宣传工作，在明显位置制作张贴消防宣传栏，宣传消防安全知识（图11-30）。

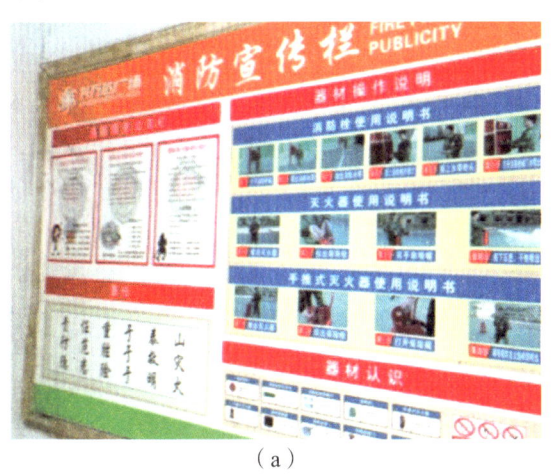

(a)

(b)

图11-30 消防宣传栏

（2）组织员工消防培训。

① 应定期组织员工开展消防培训。单位每年至少开展一次消防培训，人员密集场所每半年至少一次，新上岗和进入新岗位的员工应开展岗前消防培训。

② 员工应掌握常用消防安全知识（图11-31）：

a. 懂得报警；

b. 懂得扑救初起火灾；

c. 懂得在火灾中逃生和疏散；

d. 熟悉本岗位消防安全职责。

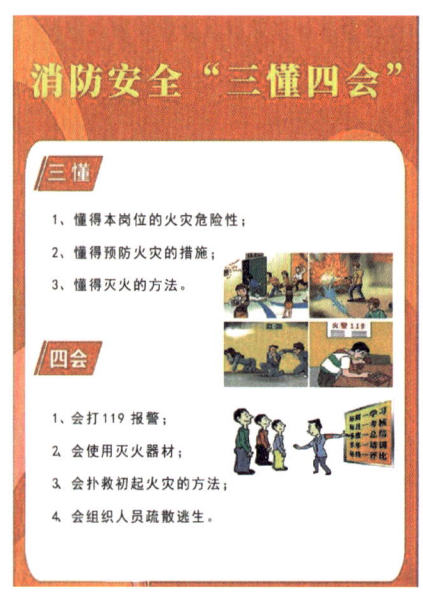

图 11-31　常用消防安全知识

（3）在人员密集场所内应按要求张贴《关于人员密集场所加强火灾防范的通告》（图 11-32）。

图 11-32　人员密集场所张贴通告

第十二章　大型商业综合体整治要点

大型商业综合体是指已建成并投入使用且建筑面积不小于 50 000 m² 的集购物、住宿、餐饮、娱乐展览、交通枢纽等两种或两种以上功能于一体的单体建筑和通过地下车库、地下连片商业空间、下沉式广场、连廊等方式连接的多栋商业建筑组合体。应按照《大型商业综合体消防安全管理规则（试行）》（应急消〔2019〕314号）相关要求进行管理。

第一节　消防安全职责

一、建立逐级消防安全责任制，明确单位消防安全管理人员

（1）产权单位、委托管理单位以及各经营主体、使用单位应分别明确消防安全责任人、管理人；应逐级签订消防安全承诺书（图12-1）。

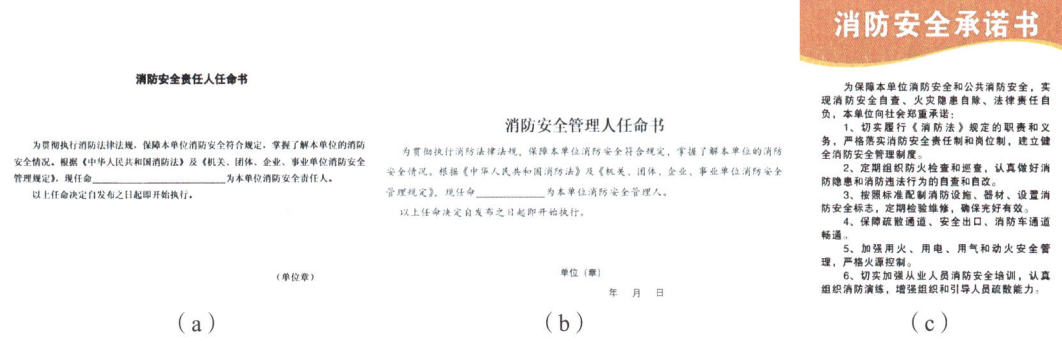

图12-1　消防安全责任人任命书、管理任命书、承诺书

（2）应设立消防安全工作归口管理部门并逐级细化明确消防安全管理职责和岗位职责。

消防安全归口管理部门具有下列职责：

① 依照公安机关消防机构布置的工作，结合单位实际情况，研究和制订计划并贯彻实施。定期或不定期向单位主管领导和领导小组及公安机关消防机构汇报工作情况；

② 负责处理单位消防安全委员会或消防工作领导小组和主管领导交办的日常工作，发现违反消防规定的行为，及时提出纠正意见，如未采纳，可向单位消防安全委员会、消防工作领导小组或向当地公安机关消防机构报告；

③ 推行逐级防火责任制和岗位防火责任制，贯彻执行国家消防法规和单位的各项规章制度；

④ 进行经常性的消防教育，普及消防常识，组织和训练专职（志愿）消防队；

⑤ 经常深入单位内部进行防火检查，协助各部门搞好火灾隐患整改工作；

⑥ 负责消防器材分布管理、检查、保管维修及使用；

⑦ 协助领导和有关部门处理单位系统发生的火灾事故，详细登记每起火灾事故，定期分析单位消防工作形势；

⑧ 严格用火、用电管理，执行审批动火申请制度，安排专人现场进行监督和指导，跟班作业；

⑨ 建立健全消防档案；

⑩ 积极参加消防部门组织的各项安全工作会议，并做好记录，会后向单位消防安全责任人、管理人汇报有关情况。

二、建立健全消防安全制度

（1）应逐楼层、逐区域、逐级、逐岗位明确重点岗位人员和员工的消防安全职责。

（2）应建立和健全本单位消防安全制度。

单位消防安全制度包括以下内容：消防安全教育、培训制度；防火巡查、检查制度；安全疏散设施管理制度；消防控制中心管理制度；消防设施、器材维护管理制度；火灾隐患整改制度；用火、用电安全管理制度；灭火和应急疏散预案演练制度；燃气和电气设备的检查和管理制度；消防安全工作考评和奖惩制度等。

三、明确消防安全重点部位

大型商业综合体消防档案中要明确本单位的消防安全重点部位。消防安全重点部位要建立岗位消防安全责任制，要明确消防安全管理的责任部门和责任人。消防安全重点部位要设置明显的提示标识，落实特殊防范和重点管控措施，纳入防火巡查检查重点对象。

四、易燃易爆危险品管理要求

（1）规范使用、存放和销售易燃易爆物品。大型商业综合体内严禁生产、经营、储存和展示甲、乙类易燃易爆危险物品。严禁携带甲、乙类易燃易爆危险物品进入建筑内（图12-2）。

图 12-2　严禁携带易燃易爆危险物品进入建筑内

（2）严禁违规住人及以店代库、超量存放易燃可燃商品货物。

（3）餐饮场所严禁使用液化石油气及甲、乙类液体燃料；餐饮场所使用天然气作燃料时，应当采用管道供气。设置在地下且建筑面积大于 150 m^2 或座位数大于 75 座的餐饮场所不得使用燃气。

五、消防控制室管理要求

（1）消防控制室的设置应符合消防技术标准。设置火灾自动报警系统和需要联动控制的消防设备的建筑（群）应设置消防控制室。消防控制室的设置应符合下列规定：

① 单独建造的消防控制室，其耐火等级不应低于二级；

② 附设在建筑内的消防控制室，宜设置在建筑内首层或地下一层，并宜布置在靠外墙部位；

③ 不应设置在电磁场干扰较强及其他可能影响消防控制设备正常工作的房间附近；

④ 疏散门应直通室外或安全出口。

（2）消防控制室应实行 24 h 值班制度，每班不少于 2 名值班人员，每班工作时间应不大于 8 h。

（3）消防控制室值班记录应齐全。

（4）消防控制室值班人员应通过消防行业特有工种职业技能鉴定，持有初级技能以上等级的职业资格证书。

（5）消防控制室值班人员应熟悉处置程序。接到火灾警报后，值班人员应立即以最快方式确认；火灾确认后，值班人员应立即确认火灾报警联动控制开关处于自动状态，同时拨打"119"报警，报警时应说明着火单位地点、起火部位、着火物种类、火势大小、报警人姓名和联系电话；值班人员应立即启动单位内部应急疏散和灭火预案，同时报告单位消防安全责任人，单位消防安全责任人接到报告后应立即赶赴现场。

（6）消防控制室应建立相应规章制度。消防控制室应上墙的制度包括《消防控制室管理制度》《消防控制室值班人员职责》《消防控制室火灾事故紧急处理程序》等（图12-3）。

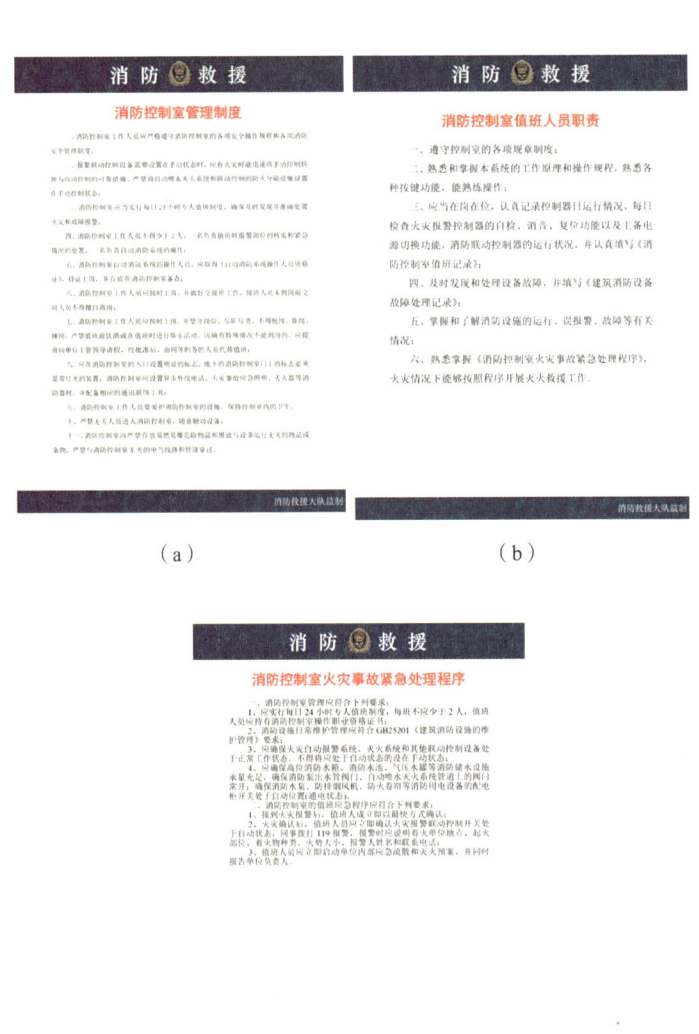

(a)　　　　　　　　　(b)

(c)

图 12-3　消防控制室上墙制度

（7）应按照《消防控制室通用技术要求》（GB 25506—2010）规定保存有关消防工作的纸质和电子档案资料。

① 建（构）筑物竣工后的总平面布局图、建筑消防设施平面布置图、建筑消防设施系统图及安全出口布置图、重点部位位置图等；

② 消防安全管理规章制度、应急灭火预案、应急疏散预案等；

③ 消防安全组织结构图，包括消防安全责任人、管理人、专职、义务消防人员等内容；

④ 消防安全培训记录、灭火和应急疏散预案的演练记录；

⑤ 值班情况、消防安全检查情况及巡查情况的记录；

⑥ 消防设施一览表，包括消防设施的类型、数量、状态等内容；

⑦ 消防系统控制逻辑关系说明、设备使用说明书、系统操作规程、系统和设备维护保养制度等；

⑧ 设备运行状况、接报警记录、火灾处理情况、设备检修检测报告等资料，这些资料应能定期保存和归档。

六、灭火和应急疏散预案及演练

（1）制定灭火和应急疏散预案。

消防应急预案（图12-4）的内容：

（1）单位的基本情况；

（2）应急组织机构；

（3）火情预想；

（4）报警和接警处置程序；

（5）扑救初起火灾的程序和措施；

（6）应急疏散的组织程序和措施；

（7）通信联络、安全防护救护的程序和措施；

（8）灭火和应急疏散计划图；

（9）注意事项等。

（a）　　　　　　　　　　　　　　　　（b）

图 12-4　灭火和应急疏散预案

（2）定期组织消防演练（图 12-5）。

（a）灭火演练　　　　　　　　　　　（b）疏散逃生演练

图 12-5　消防演练

消防演练按组织形式分为桌面演练和实战演练。人员密集场所宜开展实战演练，并按照先桌面演练后实战演练的顺序实施。单位应至少每年组织一次疏散演练，员工变动频繁的单位应增加演练频次。属于消防安全重点单位的人员密集场所应至少每半年组织一次疏散演练。

（3）建立联动响应机制。单位场所及各经营主体、使用单位应有及时处置初起火灾的响应力量，各响应力量之间应建立应急保障机制。

七、防火检查和巡查

（1）组织开展每日防火巡查。防火巡查内容：
① 用火、用电有无违章情况；
② 安全出口、疏散通道是否畅通；
③ 安全疏散指示标志、应急照明是否完好；
④ 消防设施、器材和消防安全标志是否在位、完整；
⑤ 常闭式防火门是否处于关闭状态，防火卷帘下是否堆放物品影响使用；
⑥ 消防安全重点部位的人员在岗情况；
⑦ 其他消防安全情况。

（2）组织开展每月防火检查。防火检查内容：
① 火灾隐患的整改情况以及防范措施的落实情况；
② 安全疏散通道、疏散指示标志、应急照明和安全出口情况；
③ 消防车通道、消防水源情况；
④ 灭火器材配置及有效情况；
⑤ 用火、用电有无违章情况；
⑥ 重点工种人员以及其他员工消防知识和应急疏散预案的掌握情况；
⑦ 消防安全重点部位的管理情况；
⑧ 易燃易爆危险品和场所防火防爆措施的落实情况以及其他重要物资的防火安全情况；
⑨ 消防控制室值班情况和设施运行、记录情况；
⑩ 防火巡查情况；
⑪ 消防安全标志的设置情况和完好、有效情况。

（3）每日防火巡查和每月防火，检查记录应齐全、填写规范，并存档备查。

八、电气防火要求

（1）应制定并严格执行用电安全管理制度。
（2）规范电气设备使用、电气线路敷设。
① 严禁电气设备超负荷使用、线排串联；

②严禁用铜丝、铁丝等代替保险丝;

③电热炉、电加热器、电暖器、电饭锅、电熨斗、电热毯等电热器具使用后应采取拔出电源插销等切断电源的措施;

④对产生高温或使用明火的设备,应限制周围可燃物,使用期间设专人监护;

⑤应安装防火型漏电开关或新型防短路、防过载、防电弧断路保护开关并选用合格电气产品;

⑥消防安全重点单位应安装智慧用电探测装置、传输终端和监测平台。

⑦供、用电线路应根据国家电气技术标准,采取穿金属管、封闭式金属线槽和绝缘阻燃 PVC 电工套管保护措施;

⑧强电线路应按规定使用阻燃电缆,电气线路不应采用易燃电线电缆;

⑨开关、电闸、配电箱应使用符合国家市场准入电气产品;

⑩应聘请具备资质的电气检测服务机构实施线路检测,落实电气线路年度全面检测和日常维护保养(图 12-6),并及时更换老化损坏的电气线路。

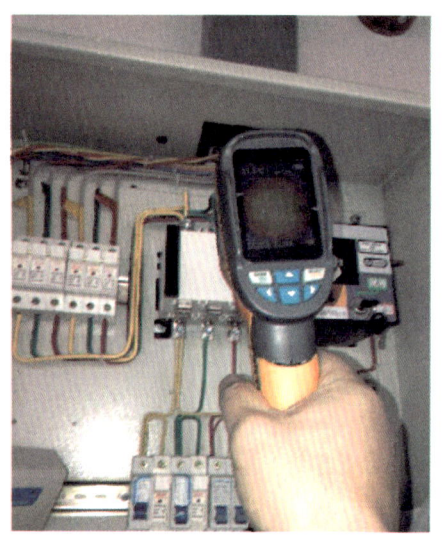

图 12-6　防火检测

⑪严禁使用花线等不符合规范要求的电线,严禁私拉乱接线路;

⑫大功率电器周围严禁堆放可燃物。

九、用火、动火要求

(1)应当建立用火、动火安全管理制度(图 12-7),并应明确用火、动火管理的责任部门和责任人以及用火、动火的审批范围、程序和要求等内容。

图12-7 用火用电安全管理制度

（2）用火、动火安全管理应当符合下列要求：

①严禁在营业时间进行动火作业（图12-8）；

②电气焊等明火作业前，实施动火的部门和人员应当按照消防安全管理制度办理动火审批手续，并在建筑主要出入口和作业现场醒目位置张贴公示；

③动火作业现场应当清除可燃、易燃物品，配置灭火器材，落实现场监护人和安全措施，在确认无火灾、爆炸危险后方可动火作业，作业后应当到现场复查，确保无遗留火种；

④需要动火作业的区域，应当采用不燃材料与使用、营业区域进行分隔；

⑤建筑内严禁吸烟、烧香、使用明火照明，演出、放映场所不得使用明火进行表演或燃放焰火。

（a）

（b）

图12-8 营业时间违规动火作业

十、客流监控设备设置

应在主要出入口、人员易聚集部位安装客流监控设备（图12-9）。

（a）

（b）

图12-9　客流监控设备

十一、油烟管道全面清洗

至少每季度应开展一次油烟管道全面清洗（图12-10）。

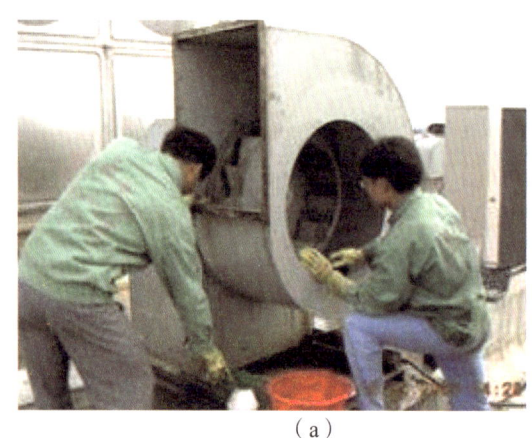
（a）

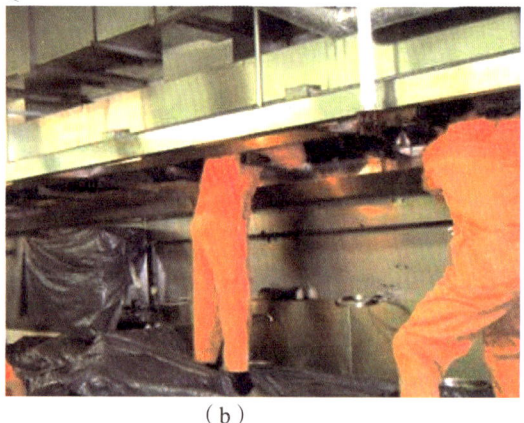
（b）

图12-10　油烟管道清洗

十二、建筑电缆井、管道井集中清理

应定期进行建筑电缆井、管道井集中清理（图12-11）。

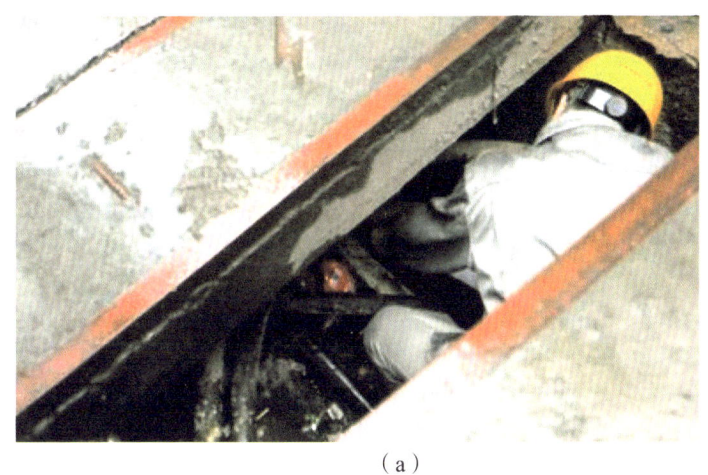

(a)　　　　　　　　　　　　(b)

图 12-11　电缆井、管道井清理

第二节　安全疏散设施

安全疏散设施及管理应符合下列要求：

（1）疏散楼梯、安全出口设置数量和形式应符合国家消防技术规范要求。

（2）严禁占用、堵塞、封闭疏散通道、安全出口。

（3）疏散指示标识、应急照明灯具、事故广播等疏散辅助消防设施应能正常工作，不应被遮挡，不应毁损、缺失。

（4）疏散通道、安全出口的防火门必须保持完好有效。

（5）应在明显位置设置安全疏散指示图。

（6）内部公共区域、疏散走道和疏散楼梯间严禁电动自行车违规停放或充电。

（7）不应在建筑外墙设置影响逃生、自然排烟和灭火救援的障碍物。

第三节　平面布置

大型商业综合体平面布置应与消防行政许可档案图纸相符。经专家评审的建筑，应照单落实专家评审意见、消防性能化设计方案所列特殊技术要求，并满足如下要求：

（1）商业配套附属库房应按要求进行防火分隔（图 12-12）。

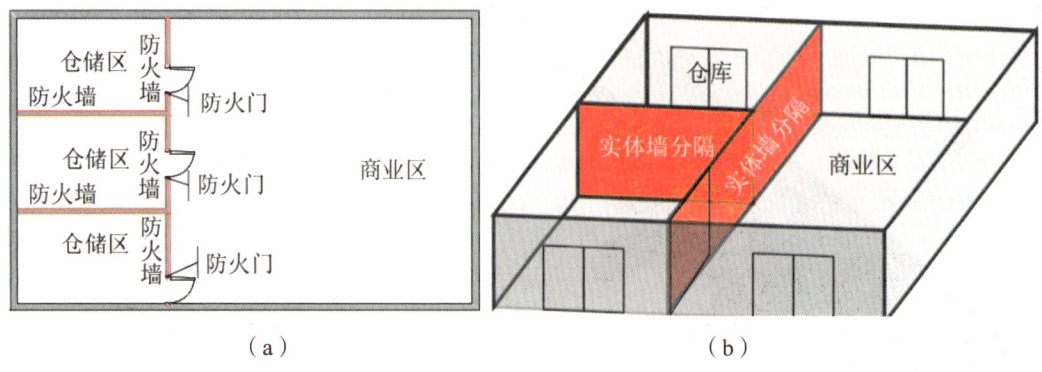

图 12-12　商业配套附属库房的防火分隔

（2）消防控制室应能直通室外（图 12-13）。

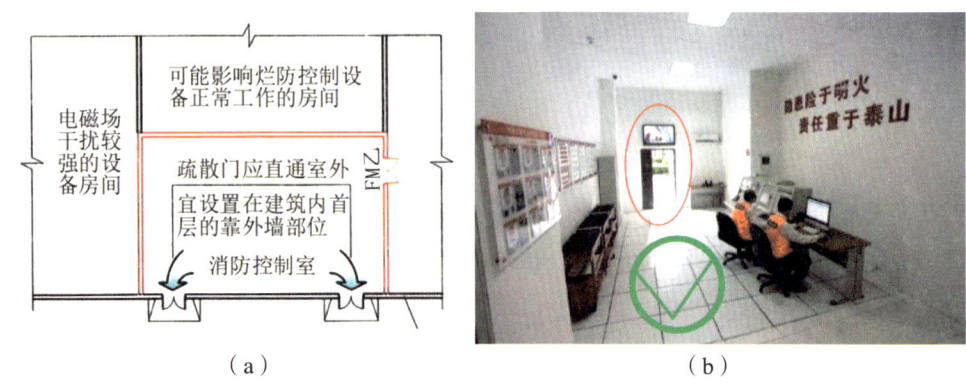

图 12-13　消防控制室直通室外

（3）天面严禁存在违章搭建（图 12-14）。

图 12-14　天面违章搭建

（4）人员密集场所的居住场所严禁采用彩钢板搭建。

（5）严禁违规占用防火间距。

（6）严禁违规占用、堵塞消防车道。

（7）天井应畅通，不应擅自围闭，且应设置排烟设施。

（8）不应违规占用中庭或室内步行街（图12-15）。中庭严禁搭建商铺，摆放易燃可燃物品，步行街内不得占用疏散通道设置铺位。

（a）占用中庭　　　　　　（b）占用部分室内步行街

图12-15　占用中庭或部分室内步行街

（9）建筑严禁违规使用彩钢板搭建。

第四节　内部装修

大型商业综合体内部装修材料多，并且随着经营业态调整，内部装修经常发生变化。在进行内部装修时，要符合有关要求。

（1）严禁采用易燃可燃装修材料装修（图12-16）。

图12-16　采用可燃材料装修

（2）冷库保温材料燃烧性能应符合要求。

（3）内部装修改造不应擅自改变使用性质，导致建筑耐火等级、安全疏散、消防设施设置等不符合要求。

第五节　防火分隔

大型商业综合体经营中，常常会根据需求，调整平面布局。在此过程中，要注意防火分隔应满足消防相关要求。

（1）经营场所与居住场所严禁设置在同一建筑物内。

（2）防火分区和防火分隔设施应满足以下要求：

①不应擅自改变防火分区且防火分区的设置应符合规范要求；

②防火分区竖向及横向分隔应到位；

③不应拆除或改变防火分隔设施；

④防火卷帘、防火门等防火分隔设施应能正常运行。

（3）水、电管井防火封堵应完整（图12-17）。

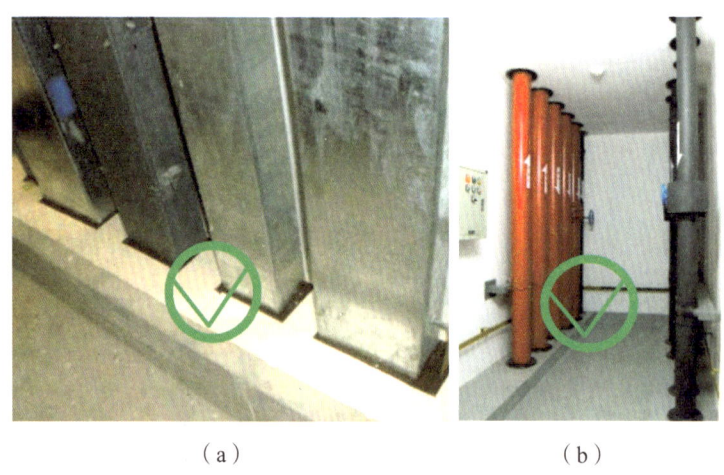

（a）　　　　　　　　　　　（b）

图12-17　水、电管井防火封堵

（4）防火墙、防火分隔处建筑伸缩缝、管线穿越防火分区等位置防火封堵应完整（图12-18）。

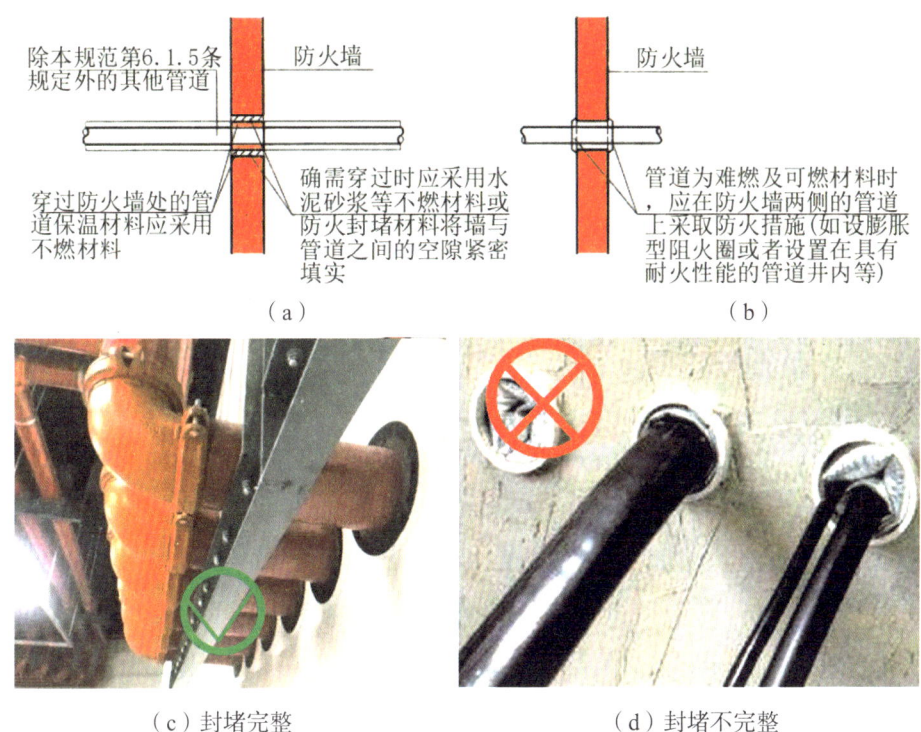

图 12-18 管道穿越防火墙处的封堵

注：本规范指《建筑设计防火规范（2018年版）》（GB 50016—2014）

（5）商业仓储区、特殊功能库房与其他功能区域应采用实体墙实施完全分隔。

（6）建筑外墙设置外装饰面或幕墙时，其空腔部位按规定在楼板处采用防火封堵材料封堵（图 12-19）。

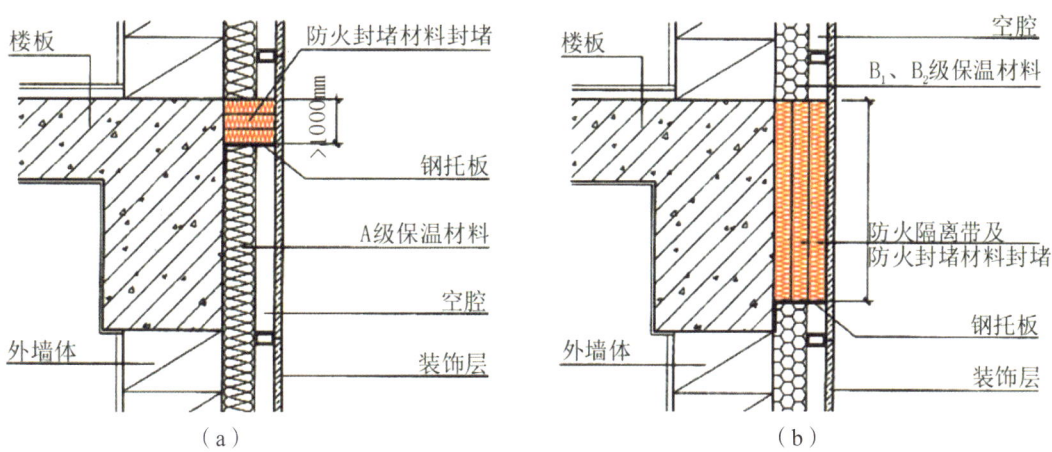

图 12-19 外墙装饰面的防火封堵

第六节 消防设施

场所应按原消防设计审核要求或经批准的特殊消防设计设置消防设施,并保持其完好有效。按照规范设置消防给水及消火栓系统、火灾自动报警系统、自动灭火系统,以及防、排烟设施和灭火器材等消防设施,并保证其能正常运行。日常应做好消防设施维护保养工作。

(1)应确定自动消防设施维护保养单位,消防设施器材应每月进行一次维护保养。每年至少进行一次功能检测(图12-20)。

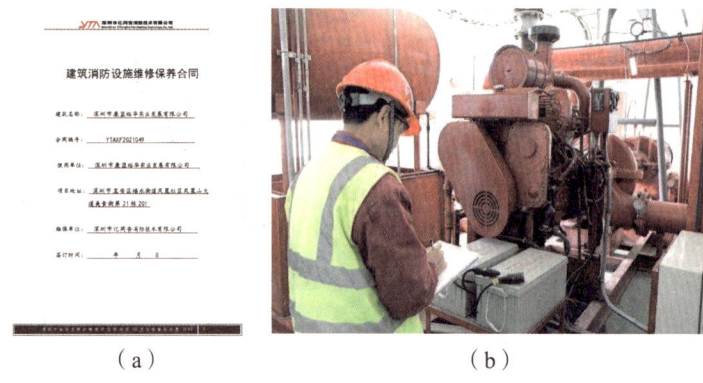

图12-20 消防设施维护保养

(2)消防设施应保持完好,不应被遮挡、埋压、圈占(图12-21)。

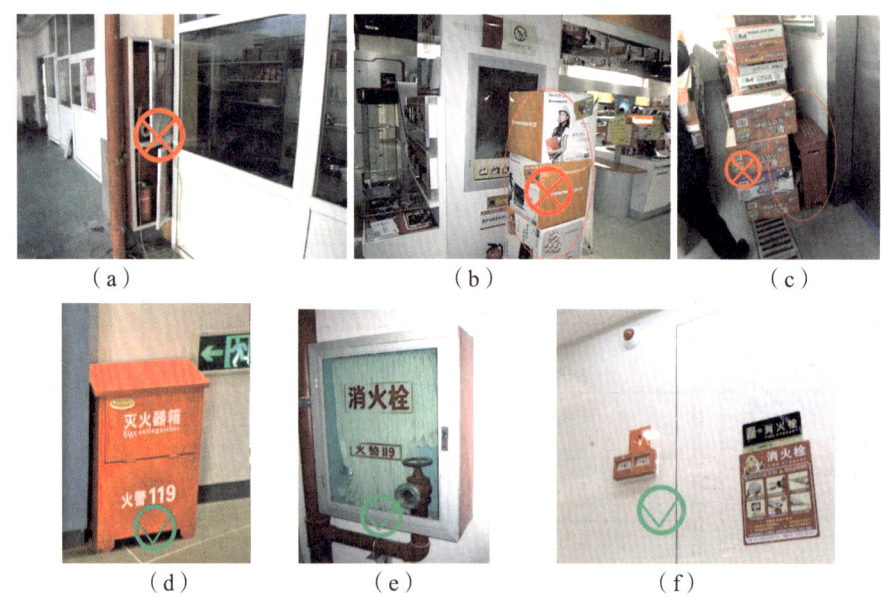

图12-21 消防设施不应被遮挡

(3)消防控制设备功能应齐全。

(4)商业配套仓储区及商铺内设短期周转仓库应按规范设置建筑消防设施(图12-22)。

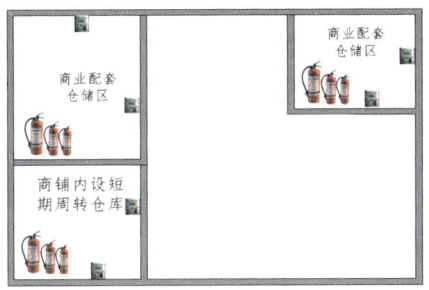

图 12-22　商业配套仓储区及商铺内设短期周转仓库消防设施设置

(5)设计温度高于 0 ℃ 的冷库应按规范设置自动喷水灭火系统,并保持其完好有效。

(6)消火栓泵和喷淋泵控制柜应随时处于自动状态(图12-23),确保火灾时能及时启泵。

图 12-23　消火栓泵控制柜

(7)应安装电气火灾监测系统(图12-24)。

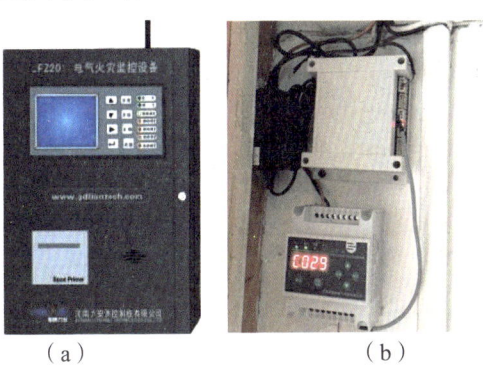

图 12-24　电气火灾监测系统

（8）应接入城市物联网消防远程监控系统，即包括温度传感、火灾烟雾监测、水压监测、电气火灾监控、视频监控等物联感知设备的物联网监控系统（图12-25）。

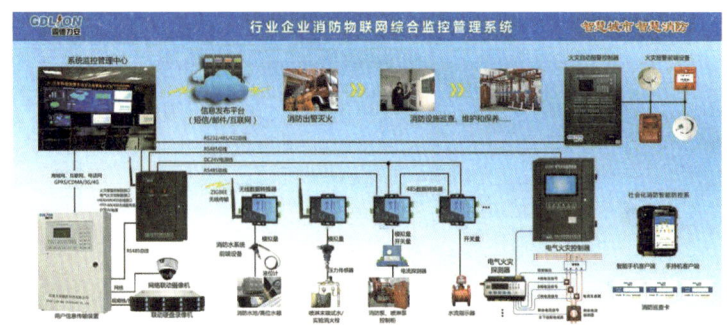

图12-25　物联网监控系统示意图

（9）使用燃气的部位应设置燃气泄漏报警和自动切断装置（图12-26）。

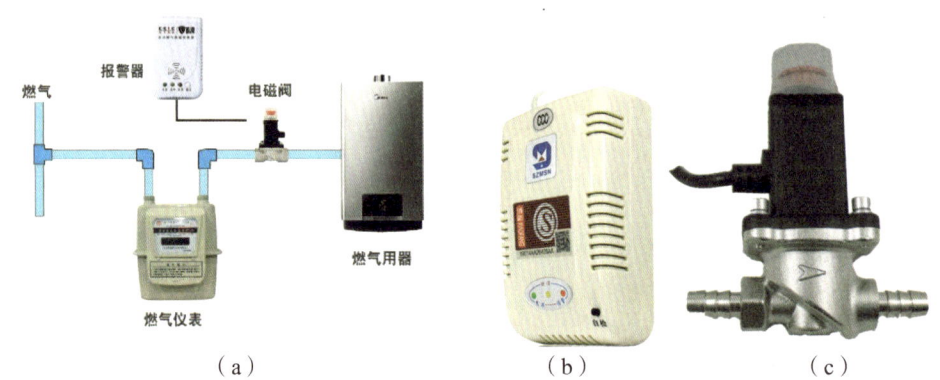

图12-26　燃气泄漏报警装置

（10）餐饮场所明火厨房内应设置厨房灭火系统（图12-27）。

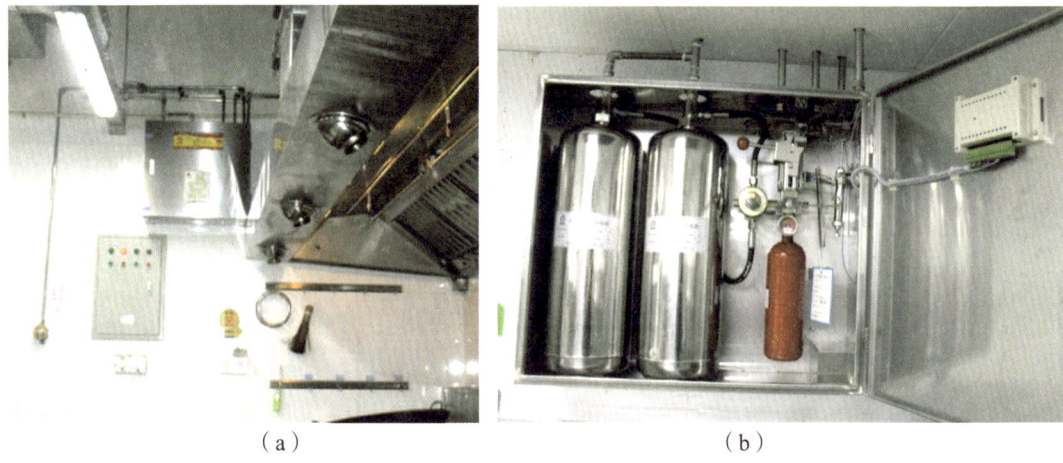

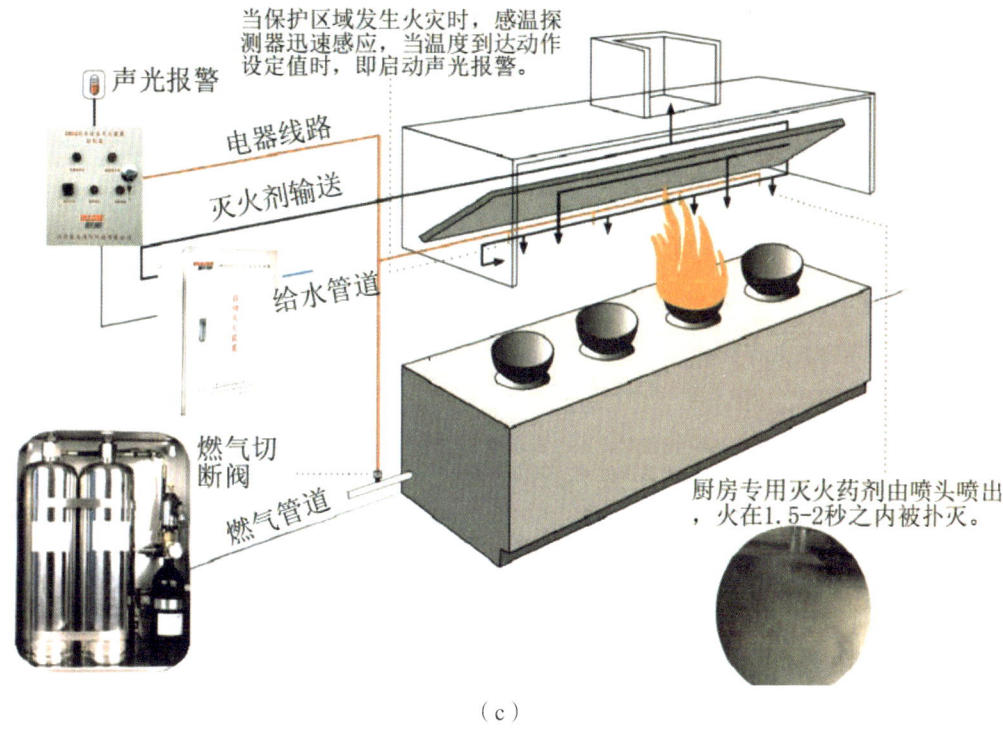

(c)

图 12-27 厨房灭火系统

第七节 消防安全宣传教育和培训

消防安全宣传教育和培训主要包含以下几方面：
（1）消防安全责任人、管理人应经过消防安全教育培训。
（2）应定期组织员工进行消防培训，新员工应经消防培训合格后上岗。
（3）应落实人员密集场所消防安全"三提示"要求（图 12-28）。

图 12-28　消防安全"三提示"

（4）应设置消防培训宣传栏（图 12-29）。

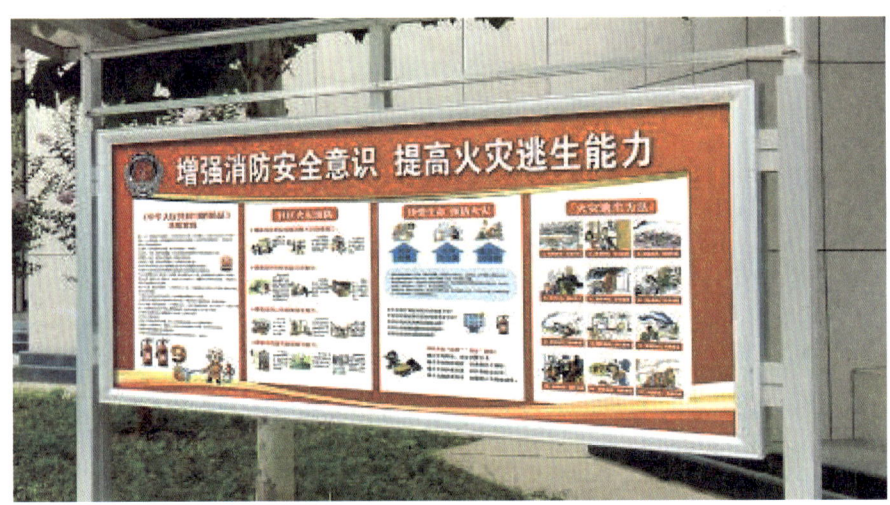

图 12-29　消防培训宣传栏

第八节　灭火救援条件

按照消防技术标准，大型商业综合体应设置灭火救援窗、消防车道、消防车登高操作场地等消防救援设施。

（1）灭火救援窗应有明显标识。

（2）消防车道和消防车登高操作场地应满足火灾扑救要求。依据《建筑设计防火规范（2018年版）》（GB 50016—2014），高层建筑应至少沿一个长边或周边长度的1/4且不小于一个长边长度的底边连续布置消防车登高操作场地，该范围内的裙房进深不应大于4 m。建筑高度不大于50 m的建筑，连续布置消防车登高操作场地确有困难时，可间隔布置，但间隔距离不宜大于30 m，且消防车登高操作场地的总长度仍应符合上述规定（图12-30）。

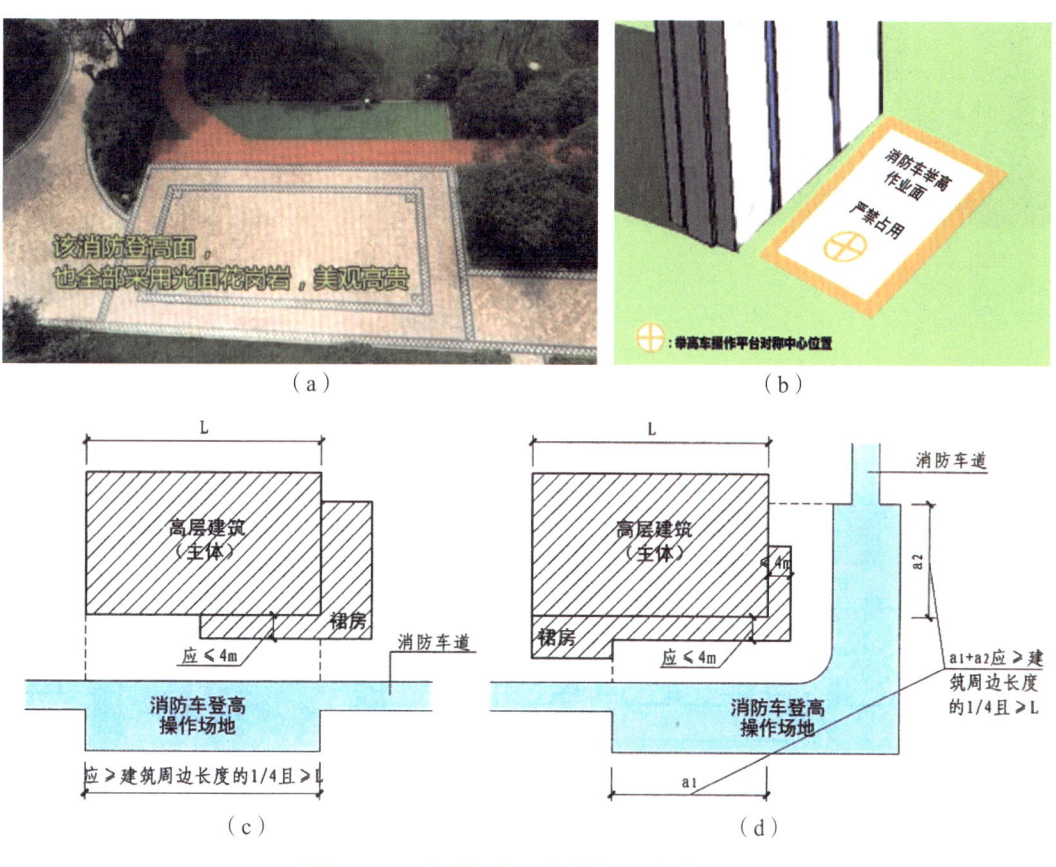

图 12-30　消防车道和消防车登高操作场地

（3）员工应具备消防器材实操技能和人员疏散组织技能（图12-31）。

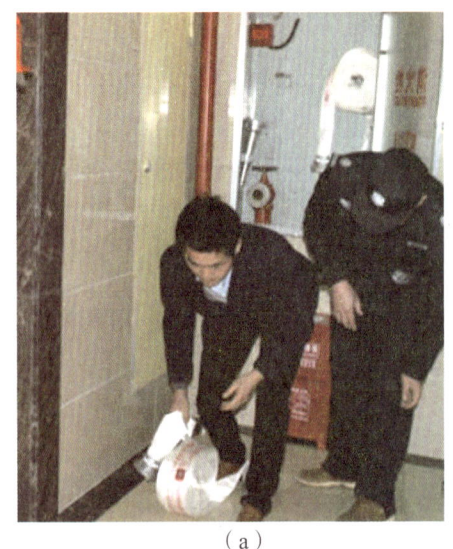

(a) (b)

图 12-31 消防器材实操和疏散演练

第九节 消防队站建设

大型商业综合体应建立专职消防队、义务消防队，并为其配备人员和器材，消防队需开展业务训练，制定应急响应方案，开展应急拉动，具备应急处置能力。

（1）应配合辖区消防中队制定灭火应急预案。

（2）应配合辖区消防中队开展"六熟悉"工作。

①熟悉辖区交通道路、消防水源情况；

②熟悉消防安全重点单位数量、分类和分布情况；

③熟悉消防安全重点单位建筑物结构和使用情况；

④熟悉消防安全重点单位重点部位情况；

⑤熟悉消防安全重点单位内部消防设施和消防组织情况；

⑥熟悉辖区主要灾害事故类型和处置对策、基本程序。

（3）应落实消防器材、设施消防安全标识化工作。

（4）微型消防站建设应落实以下工作：

①应按照"一楼多站、一站多点"原则建设并符合《广东省消防安全重点单位微型消防站建设标准（试行）》（粤消安〔2017〕2号）（图12-32）规定；

广东省消防安全重点单位微型消防站建设标准（试行）粤消安【2017】2号

一、建设标准

（一）大型厂区（园区、院区、场区、校区）应设置<u>一类微型消防站</u>。具体界定标准由各地根据本地实际和重点单位情况确定，原则上大型易燃易爆企业、<u>大型商（市）场</u>、大型工厂企业、大型产业园区、高等院校、三甲医院均应按一类微型消防站建设；

（二）生产经营面积1000平方米（含）以下的重点单位，应设置三类微型消防站；

（三）除以上单位外其他重点单位，应设置二类微型消防站；

二、人员配备标准

微型消防站人员配备标准

微型消防站类别	配备标准				
	一类		二类		三类
人员配备标准	设消防控制室	未设消防控制室	设消防控制室	未设消防控制室	
	≥16	≥10	≥15	≥9	≥6

三、车辆配备标准

消防车种类	微型消防站类别		
	一类	二类	三类
消防摩托车（电瓶车）（辆）	≥2	选配	选配
水罐或泡沫消防车（辆）	选配	选配	选配

消防员基本防护装备配备标准

微型消防站个人防护装备

序号	器材名称	配备标准		
		一类	二类	三类
1	消防头盔	1顶/人	1顶/人	1顶/人
2	灭火战斗服	1套/人	1套/人	1套/人
3	消防手套	1付/人	1付/人	1付/人
4	消防安全腰带	1根/人	1根/人	1根/人
5	消防防护靴	1双/人	1双/人	1双/人
6	空气呼吸器	1具/2人	1具/2人	选配
7	防爆照明灯	选配	选配	选配
8	呼救器	选配	选配	选配
9	方位灯	选配	选配	选配
10	消防安全绳	1根/人	1根/人	1根/人
11	消防斧头	1把/人	1把/人	1把/2人
12	防毒面具	2具/人	2具/人	2具/人
13	强光手电筒	1把/人	1把/人	1把/人
14	灭火器	2具/人	2具/人	2具/人

图12-32 微型消防站建设标准

②开展实地拉动测试（图12-33），应具备扑救初起火灾能力；

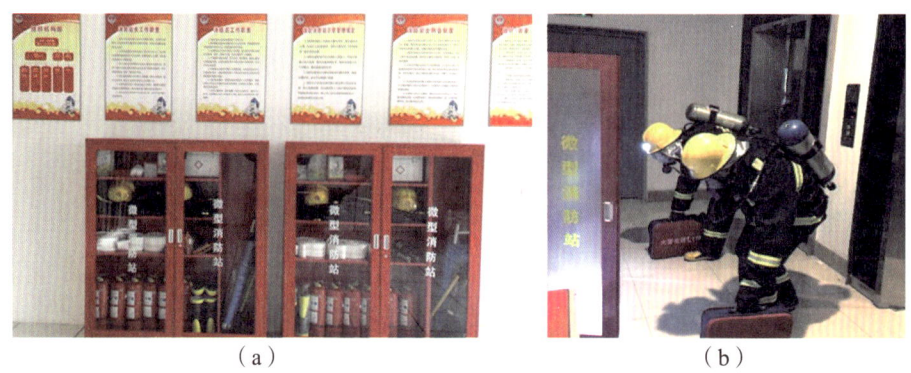

图12-33 微型消防站实地拉动测试

③队员应经辖区消防中队强化业务培训考核并熟练掌握灭火实操技能。

（5）建立技术处置队，并具备相应能力。参照《超高层公共建筑灭火救援技术处置队建设标准》相关要求配备人员和装备器材。

人员配备：

①技术处置队应设队长1名，应由单位工程部门负责人担任。

②技术处置队队员由电工、水暖工、钳工、机电工、燃气管道工等特殊工种技术人员组成。每班（组）队员不得少于4名，并明确班（组）长1名。每班（组）队员中各特殊工种人员不得少于1名。

③技术处置队班（组）长应当由具备中级以上技术职称人员担任，掌握所在防护区域的平面布局、使用功能、消防设施、重点管线布置、器材装备性能和操作使用方法，熟悉灭火救援和应急处置。

④技术处置队队员应具备特殊工种职业资格证书，具有实际工作经验；熟悉变配电房、消防水泵房、消防电梯房、发电机房、燃气开关房、管道井、电缆井、空调系统、通排风设备及明火部位设置；熟知建筑内部及周边水电线路、燃气管道、暖通系统管道、消防设施管网、阀门布置情况；掌握各类建筑消防设施技术原理及操作技能。发生火灾时，能对各类系统、设备进行应急操作和维修。

⑤技术处置队人员应当接受岗前培训；培训内容包括设施设备操作知识和应急处置技能等。

站房器材：

①技术处置队应设置值班备勤室等业务用房，可与微型消防站或工程部用房合并设置。有条件的，可单独设置。

②技术处置队应设置明显标牌标识。标牌标识为××[建筑（场所）名称]灭火救援技术处置队。

③技术处置队应根据火灾发生时应急处置需要，配齐专业器材；配置外线电话、手持对讲机等通信器材。值班队员应根据负责维护的设备实际情况，随身携带工具专用包，配齐配全专业维修器材工具。

值守联动：

①技术处置队应建立值守制度，确保值守人员24 h在岗在位，做好应急准备。

②接到火警信息后，技术处置队值班人员应按消防控制室值班员指令，带齐器材装备迅速到场实施应急处置。

③发生火灾时应安排1～2名值班队员在消防水泵房、变配电房、发电机房等重要设备用房实施重点看护，确保消防设施设备正常运作。

④发生火灾时应根据现场实际，第一时间切断与消防用电无关的电源和设备，确保消防供电回路正常供电。

⑤实施初起火灾扑救。

⑥发生火灾时应立即关闭燃气管道紧急切断阀和总闸阀。

⑦发生火灾时应保障防排烟系统正常运作。紧急情况下应能立即手动启动和维修相关设备。

⑧发生火灾时应保障消防水系统正常运作，及时开启、关闭相关闸阀；应保障消防电梯正常运作；应能紧急维修防火卷帘、防火门等设施；设有门禁系统的，发生火灾时应第一时间解除门禁，保障疏散通道畅通。

⑨发生火灾时，应主动与辖区公安消防队对接，以便其实施技术指引，提供建筑内各设备用房及消防安全重点部位的具体分布，室内给排水管网、电路管网、暖通管网、燃气管网布置情况等信息和应急处置建议。

第十三章　住宅小区整治要点

第一节　高层住宅建筑消防车道设置要求

高层住宅建筑可沿建筑的一个长边设置消防车道，但该长边所在建筑立面应为消防车登高操作面，消防车道净宽度和净高度不应小于 4.0 m（图 13-1）；消防车道与建筑之间不应设置妨碍消防车操作的树木、架空管线等障碍物。

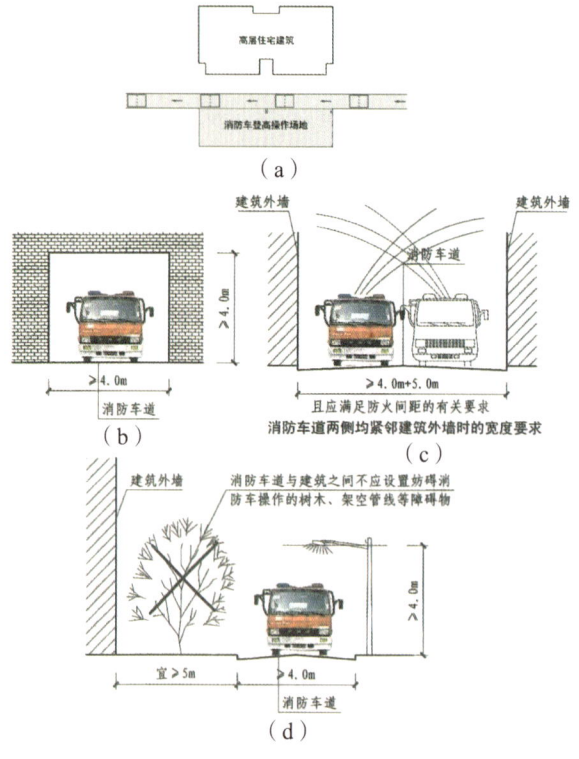

图 13-1　消防车道设置要求

第二节　消防车道标线标识

在消防车通道路侧缘石立面和顶面应当施划黄色禁止停车标线（图13-2）。

无缘石的道路应当在路面上施划禁止停车标线，标线为黄色单实线，距路面边缘30 cm，线宽15 cm。

消防车通道沿途每隔20 m距离在路面中央施划黄色方框线，在方框内沿行车方向标注内容为"消防车道禁止占用"的警示字样（黄色方框线长宽不小于2 m×1.5 m；若受条件限制，无法满足醒目度要求，应按4∶3比例加大标志的尺寸）。

图13-2　消防车通道路侧禁停标线及路面警示标志

在单位或者住宅区的消防车通道出入口路面，按照消防车通道净宽施划禁停标线，标线为黄色网状实线，外边框线宽20 cm，内部网格线宽10 cm，内部网格线与外边框夹角为45°，标线中央位置沿行车方向标注内容为"消防车道禁止占用"的警示字样（图13-3）。

出入口路面标识

图13-3　消防车通道出入禁停标线及路面警示标志

在消防车通道两侧设置醒目的警示牌（图13-4），提示严禁占用消防车道。

图13-4　消防车通道禁止占用警示牌

第三节　高层住宅建筑救援场地

高层建筑应至少沿一个长边或周边长度的1/4且不小于一个长边长度的底边连续布置消防车登高操作场地，该范围内的裙房进深不应大于4 m（图13-5）。

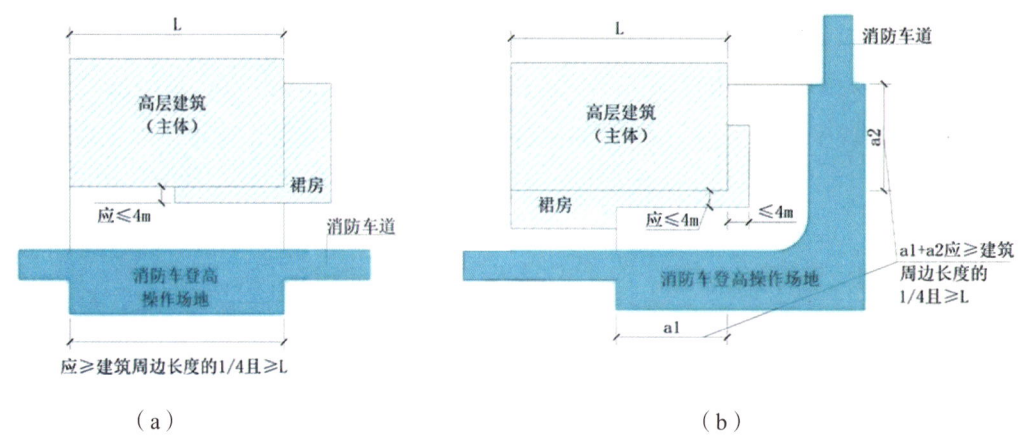

图13-5　连续布置消防车登高操作场地设置要求

建筑高度不大于50 m的建筑，连续布置消防车登高操作场地确有困难时，可间隔布置，但间隔距离不宜大于30 m，且消防车登高操作场地的总长度仍应符合上述规定（图13-6）。

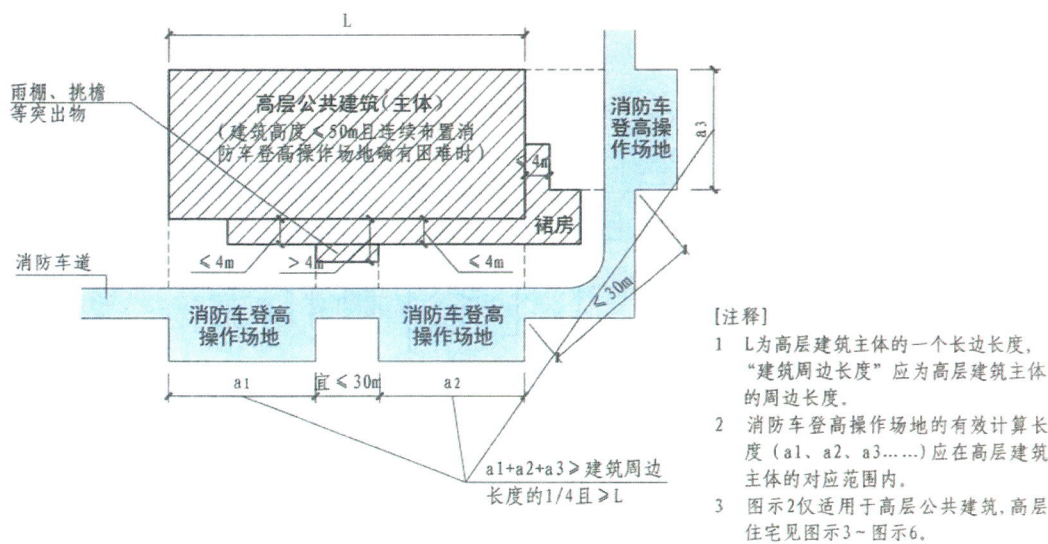

图 13-6　间隔布置消防车登高操作场地设置要求

场地与厂房、仓库、民用建筑之间不应设置妨碍消防车操作的树木、架空管线等障碍物和车库出入口。

场地的长度和宽度分别不应小于 15 m 和 10 m。对于建筑高度大于 50 m 的建筑，场地的长度和宽度分别不应小于 20 m 和 10 m。

严禁在高层建筑内部疏散走道、楼梯间和安全出口违规停放电动自行车或为电动自行车充电；应在建筑明显位置张贴电动自行车火灾警示挂图或警示标识。

第十四章 多种形式消防队伍整治要点

第一节 政府专职消防队

辖区驻有消防救援站的街道,可免建专职消防队;消防救援站保护范围之内的街道,按照 5 min 内到达辖区边缘的标准进行消防救援站出警响应时间测试;符合标准的可免建专职消防队;消防救援站保护范围之外的街道,应建立专职消防队。

重点地区的政府专职消防队,可按一级乡镇专职消防队标准建设(表 14-1)。一级乡镇专职消防队建设用地面积为 1 000 ~ 1 200 m²,建筑面积为 600 ~ 700 m²,车库数量不少于 3 个。

第十四章 多种形式消防队伍整治要点

表14-1 一级乡镇专职消防队建队标准

建队等级	人数	工资福利	劳动合同	社保、人身意外伤亡保险	车辆	个人基本防护装备	随车器材装备	建设用地面积	建筑面积	场库室
一级乡镇专职消防队	总数≥15人，其中专职消防队员≥8人	政府专职消防队员工资待遇不低于本地事业单位职工工资待遇水平。检查专职消防队员近三个月工资发放记录，未全部达标的，该项不得分	要依法订立劳动合同。检查满1年以上专职消防队员的劳动合同，采取劳务派遣等不依法规用工的，该项不得分	落实专职消防队员"五险一金"及人身伤害保险待遇。检查专职消防队员社保卡、公积金和人身意外伤害保险凭证，未全部落实的，该项不得分	水罐消防车≥1辆，其他灭火消防车或专勤消防车1辆	对照《乡镇消防队》(GB/T35547-2017)，逐一检查消防员个人基本防护装备，配备数量或备份比与人数不匹配的，此项不得分；随机抽查1件器材，不完整好用的，此项不得分	对照《乡镇消防队》(GB/T35547-2017)，逐一检查随车器材装备，配备数量不达标的，此项不得分；随机抽查1件器材，不完整好用的，此项不得分	1 000～1 200 m²	600～700 m²	对照《乡镇消防队》(GB/T35547-2017)，逐一检查场库室设置，有1处不符合要求的，此项不得分

由表14-1可知，一级乡镇专职消防队建队标准大致如下：

（1）人数：总数≥15人，其中专职消防队员≥8人。

（2）工资福利：队员工资待遇不低于本地事业单位职工工资待遇水平。

（3）劳动合同：要依法订立劳动合同，依法规用工。

(4)社保、人身意外伤亡保险：落实专职消防队员"五险一金"及人身伤害保险待遇。

(5)车辆：水罐消防车≥1辆、其他灭火消防车或专勤消防车1辆。

(6)个人基本防护装备：对照《乡镇消防队》(GB/T 35547—2017)中乡镇消防员防护装备配备标准（表14-2）配备消防员个人基本防护装备。

表14-2 乡镇消防员防护装备配备标准

序号	器材名称	配备标准	
		数量	备份比例
1	消防头盔	1顶/人	4:1
2	消防员灭火防护服	1套/人	2:1
3	消防手套	2副/人	2:1
4	消防安全腰带	1根/人	4:1
5	消防员灭火防护靴	1双/人	4:1
6	消防通用安全绳	4根/队	1:1
7	正压式消防空气呼吸器	1具/人	5:1
8	佩戴式防爆照明灯	1个/人	6:1
9	消防员呼救器	1个/人	4:1
10	方位灯	1个/人	4:1
11	消防轻型安全绳	1根/人	4:1
12	消防腰斧	1把/人	5:1
13	抢险救援头盔	1顶/人	4:1
14	抢险救援手套	1副/人	4:1
15	抢险救援服	1套/人	4:1
16	抢险救援靴	1双/人	4:1
17	消防员灭火防护头套	1个/人	2:1
18	消防坐式半身安全吊带或消防全身式安全吊带	2根/队	2:1
19	手提式强光照明灯	4具/队	1:1
20	消防护目镜	1个/人	5:1
21	消防员防蜂服	2套/队	1:1

（7）随车器材装备：对照《乡镇消防队》（GB/T 35547-2017）水罐消防车随车器材配备标准（表14-3）、抢险救援器材配备标准（表14-4），逐一检查随车器材装备。

表14-3　水罐消防车随车器材配备标准

序号	器材名称	数量
1	直流水枪	4支
2	多功能消防水枪	2支
3	水带	240～400 m
4	水带挂钩	6个
5	水带包布	4个
6	水带护桥	4个
7	分水器	2个
8	异型接口	4个
9	异径接口	4个
10	机动消防泵 （手抬泵或浮艇泵）	1台
11	集水器	1个
12	吸水管	8 m
13	吸水管扳手	2把
14	消火栓扳手	2把
15	多功能挠钩	1套
16	强光照明灯	4具
17	消防斧	2把
18	单杠梯	1架
19	两节拉梯	1架
20	手动破拆工具组	1套
21	干粉灭火器	3具

表 14-4　抢险救援器材配备标准

序号	器材名称	数量
1	手持扩音器	1个
2	各类警示牌	1套
3	闪光警示灯	2个
4	隔离警示带	5盘
5	液压破拆工具组	1套
6	机动链锯	1具
7	无齿锯	1具
8	绝缘剪断钳	2把
9	救生缓降器	2个
10	消防过滤式自救呼吸器	10具
11	救援支架	1组
12	医药急救箱	1个
13	两节拉梯	1架
14	消防专用救生衣	6件
15	外壳内充式救生圈	6个
16	气动起重气垫	1套

（8）场库室：对照《乡镇消防队》（GB/T 35547-2017）中业务用房、业务附属用房和辅助用房的使用面积（表14-5）建设场库室。

表 14-5　业务用房、业务附属用房和辅助用房的使用面积

单位：（m²）

房屋类别	名称	一级乡镇专职消防队
业务用房	消防车库	180
	通信值班室	10～20
	器材库	50～70
	体能训练室	20～40
	清洗（烘干）室*	20～40
	训练塔*	120
业务附属用房	备勤室	50～90
	会议（学习）室	40
辅助用房	餐厅、厨房	40
	浴室	20
	厕所、盥洗室	20
合计		430～520
*该项要求可根据实际情况自行确定		

第二节　社区小型消防站

一个社区应建设不少于一个小型消防站，5 min 无法到达任意位置的社区，应适当增建小型消防站；社区内建设有消防救援中队、社区分队（加强型分队）、街道专职消防队的，可不另行设置小型消防站；社区面积较小，可由相邻社区小型消防站覆盖，5 min 到达社区任意位置的，可不另行设置小型消防站。

社区小型消防站应按表 14-6 标准建设。

表 14-6　社区小型消防站建队标准

建队等级	建队标准					
	人数	车辆	个人基本防护装备	建筑面积	管理制度	作战训练
社区小型消防站	总数≥15人，明确1名通讯员、1名火场安全员	水罐消防车≥1辆、消防摩托车1辆	对照深圳市安委会《关于印发深圳市小型消防站建设运行管理办法的通知》(深安〔2020〕5号)，逐一检查消防员个人基本防护装备，配备数量或备份比与人数不匹配的，此项不得分；随机抽查1件器材，不完整好用的，此项不得分	145～280 m²	检查日常管理、排版值守、防火巡查、宣传教育、训练和灭火、联防联勤等工作制度	定期开展基本技能训练和灭火演练

综合来看，主要包含以下几方面：

（1）人员配备标准：设正、副队长各1名，每班设班长1名，并明确1名通信员、1名火场安全员，驾驶员可兼任通信员。一个班次执勤人员可按所配消防车每台平均6人确定，且每班次执勤人数不应少于12人。

（2）车辆配备标准：不少于1辆水罐消防车（载水量不应小于1.5 t），不少于1辆消防摩托车。

（3）装备配置标准：逐一检查消防员个人基本防护装备和器材，配备数量或备份比与人数相互匹配（表14-7、表14-8）。

表14-7 小型消防站个人基本防护装备

序号	名称	小型消防站 配备	小型消防站 备份比	序号	名称	小型消防站 配备	小型消防站 备份比
1	消防头盔	1顶/人	2∶1	13	防静电内衣	1套/人	—
2	消防员灭火防护服	1套/人	2∶1	14	消防护目镜	1个/人	4∶1
3	消防手套	1副/人	2∶1	15	消防通用安全绳	2根	2∶1
4	消防安全腰带	1根/人	2∶1	16	消防Ⅲ类安全吊带	2根	2∶1
5	消防员灭火防护靴	1双/人	2∶1	17	消防防坠落辅助部件	2套	3∶1
6	正压式消防空气呼吸器	1具/人	5∶1	18	移动供气源	可选配	—
7	佩戴式防爆照明灯	1个/人	2∶1	19	消防专用救生衣	可选配	—
8	消防员呼救器	1个/人	2∶1	20	手提式强光照明灯	1具/站	2∶1
9	方位灯	1个/人	2∶1	21	防爆手持电台	4台/站	—
10	消防轻型安全绳	1根/人	2∶1	22	气瓶（9 L）	3	
11	消防腰斧	1把/人	2∶1	23	安全钩	5把/人	
12	消防员灭火防护头套	1个/人	2∶1				

表 14-8 小型消防站器材配备标准

序号	名称	普通消防站 配备	备份比	序号	名称	普通消防站 配备	备份比
1	手抬机动消防泵	1台		16	消防用红外热成像仪	可选配	
2	移动炮	可选配		17	各类警示牌	1套	1套
3	泡沫比例混合器、泡沫液桶、泡沫枪	可选配		18	闪光警示灯	2个	1个
4	二节拉梯	2架		19	隔离警示带	5盘	4盘
5	三节拉梯	1架		20	液压破拆工具组	2套	
6	中压水带	1 500 m		21	机动链锯	可选配	1具
7	多功能消防水枪	6支	3支	22	无齿锯	1具	1具
8	直流水枪	10支	5支	23	手动破拆工具组	1套	
9	万能铁铤	2	1	24	多功能挠钩	1套	1套
10	大斧	2	1	25	绝缘剪断钳	2把	
11	救生缓降器	可选配		26	便携式防盗门破拆工具组	1套	
12	消防过滤式自救	20具	10具	27	救生照明线	1盒	
13	救生抛投器	可选配		28	移动式排烟机	可选配	
14	多功能担架	1副		29	移动照明灯具	可选配	
15	漏电探测仪	2		30	消火栓扳手、分水器以及接口、包布、护桥、挂钩等常规器材工具	1套	

社区小型消防站的建筑应能满足消防员基本的值班、备勤、办公、生活功能，面积宜为 145～280 m²。30 m 范围内应当具备停放消防车的区域或空间。

应建立日常管理制度，其包括日常管理、排班值守、防火巡查、宣传教育、训练和灭火、联防联勤等工作制度。定期开展基本技能训练和灭火演练。

第三节 社区（村）微型消防站

重点地区辖区内下辖行政村、社区的，行政村、社区均应以救早、灭小和"3分钟到场"扑救初起火灾为目标，划定最小灭火单元，依托消防安全网格化管理平台和体系，发挥治安联防、保安巡防等群防群治队伍作用，按表14-9标准建立社区（村）微型消防站，积极开展初起火灾扑救等火灾防控工作。

表 14-9 社区（村）微型消防站建队标准

建队等级	建队标准							
	人数	值守制度	业务训练	联训联动	车辆	个人防护装备	消防宣传教育	防火巡查
社区（村）微型消防站	总数≥6人。检查花名册，队员人数不符合要求或站长非居（村）民委员会主要领导担任的，该项不得分	设立值班室，实行24小时值班（备勤）制，分班编组值守，每班不少于3人，并设班（组）长一名。检查值班记录和编组情况，不达标的，该项不得分	每周开展业务训练不少于1次；每月开展不少于1次对所辖区域内道路、水源、所辖单位熟悉工作。检查业务训练记录，不达标的，该项不得分	检查微型站出警记录和当地消防救援站调度记录，未实行微型站统一调度，并纳入当地灭火救援联勤联动体系的，该项不得分	消防摩托车（电瓶车）≥1	对照《广东省社区（村）微型消防站建设标准（试行）》，逐一检查队员个人基本防护装备，配备数量与人数不匹配的，该项不得分；随机抽查1名队员现场操作消防器材，器材不完整好用或队员不熟悉器材操作的，该项不得分	检查联合辖区域内的单位开展知识培训、疏散演练、实战演练等多种形式普及防火、灭火和自救逃生等消防安全常识的工作档案。未开展消防宣传教育的，该项不得分	检查火巡查记录，核查微型站是否配合网格员对居民住宅楼院、居民小区、基层企事业单位实施防火巡查。无效果管巡查记录的，该项不得分。设置专职网格员实施防火巡查的社区微型消防站队员可不从事防火巡查

标准具体如下。

（1）社区（村）微型消防站总人数不应少于6人。站长应由居（村）民委员会主要领导担任。

（2）建立值守制度，设立值班室，实行24 h值班（备勤）制，分班编组值守，每班不少于3人，并设班（组）长一名。

（3）每周开展业务训练不少于1次；每月开展不少于1次对所辖区域内道路、水源、所辖单位熟悉工作。

（4）实行微型消防站统一调度，纳入当地灭火救援联勤联动体系。

（5）微型消防站应根据扑救本社区初起火灾的需要，配备消防摩托车和灭火器、水枪、水带等基本的灭火器材和个人防护装备。具备条件的，可选配小型水罐或泡沫消防车，载水量不应小于1.5 t。

（6）个人防护装备。按照表14-10配备个人基本防护装备，队员应熟悉掌握消防器材操作，保持器材完整好用。

表14-10 微型消防站个人基本防护装备

序号	器材名称	配备标准
1	消防头盔	1顶/人
2	灭火战斗服	1套/人
3	消防手套	1副/人
4	消防安全腰带	1根/人
5	消防防护靴	1双/人
6	空气呼吸器	1具/2人
7	防爆照明灯	选配
8	呼救器	选配
9	方位灯	选配
10	消防安全绳	1根/人
11	消防斧头	1把/人
12	防毒面具	2具/人
13	强光手电筒	1把/人
14	灭火器	2具/人
15	通信器	人均对讲机配置不少于1台

（7）社区（村）小型消防站应开展消防宣传教育工作，联合所辖区域内的单位开展知识培训、疏散演练、实战演练等多种形式普及防火、灭火和自救逃生等消防安全常识，并且配合网格员对居民住宅楼院、居民小区、基层企事业单位实施防火巡查。

第四节 重点单位微型消防站

除建立专职消防队的重点单位外，其他重点单位以救早、灭小和"1分钟到场"确认火警、"3分钟到场"扑救初起火灾为目标，建立重点单位微型消防站。

确定为消防安全重点单位和应列未列为消防安全重点单位的建筑，均应按标准建立重点单位微型消防站。重点单位微型消防站建队标准见表14-11。

表14-11 重点单位微型消防站建队标准

建队等级	建队标准							
	分类设置	人数	装备配备	值守制度	日常管理	联勤联训	消防安全检查	消防宣传教育培训
重点单位微型消防站	按照《广东省消防安全重点单位微型消防站建设标准（试行）》实施分类设置，即一类微型消防站、二类微型消防站、三类微型消防站。未按标准分类设置的，该项不得分	人员配备符合微型消防站人员配备标准和要求。不符合要求的，该项不得分	逐一检查消防摩托车和个人防护装备，不符合配备标准的，该项不得分	检查值班记录和编组情况，未建立值守制度，分班编组值守的，该项不得分	检查训练和培训记录，队员未定期开展体能和消防技能训练或微型站未对重点单位消防员进行在岗消防业务培训，该项不得分	检查训练记录，辖区消防救援站未定期对重点单位微型消防站队员开展灭火救援业务培训，落实联勤联训制度的，该项不得分	检查《每日防火巡查记录表》等相关记录，未每月对本单位至少开展1次全面消防安全检查，或未每日开展防火巡查的，该项不得分	抽查1名员工，未经消防安全培训上岗，或不具备消除火灾隐患能力、扑救初起火灾能力、组织人员疏散逃生能力、消防宣传教育能力"四个能力"的，该项不得分

（1）重点单位微型消防站按照有关规定，实施分类设置，即一类微型消防站、二类微型消防站、三类微型消防站。

①大型厂区（园区、院区、场区、校区）应设置一类微型消防站。具体界定标准由各地根据本地实际和重点单位情况确定，原则上大型易燃易爆企业、大型商（市）场、大型工厂企业、大型产业园区、高等院校、三甲医院均应按一类微型消防站建设；

②生产经营面积1 000 m²（含）以下的重点单位，应设置三类微型消防站；

③除以上单位外其他重点单位，应设置二类微型消防站。

（2）微型消防站人员配备标准符合表14-12要求。

表 14-12　微型消防站人员配备标准

微型消防站类别	配备标准				
	一类		二类		三类
人员配备标准	设消防控制室	未设消防控制室	设消防控制室	未设消防控制室	—
	≥16	≥10	≥15	≥9	≥6

（3）应按照表 14-13、表 14-14 配备车辆和个人基本防护装备。

表 14-13　微型消防站车辆配备标准

消防车种类	微型消防站类别		
	一类	二类	三类
消防摩托车（电瓶车）	≥2 辆	选配	选配
水罐或泡沫消防车	选配	选配	选配

表 14-14　微型消防站个人基本防护装备配备标准

序号	器材名称	配备标准		
		一类	二类	三类
1	消防头盔	1 顶 / 人	1 顶 / 人	1 顶 / 人
2	灭火战斗服	1 套 / 人	1 套 / 人	1 套 / 人
3	消防手套	1 副 / 人	1 副 / 人	1 副 / 人
4	消防安全腰带	1 根 / 人	1 根 / 人	1 根 / 人
5	消防防护靴	1 双 / 人	1 双 / 人	1 双 / 人
6	空气呼吸器	1 具 /2 人	1 具 /2 人	选配
7	防爆照明灯	选配	选配	选配
8	呼救器	选配	选配	选配
9	方位灯	选配	选配	选配
10	消防安全绳	1 根 / 人	1 根 / 人	1 根 / 人
11	消防斧头	1 把 / 人	1 把 / 人	1 把 /2 人
12	防毒面具	2 具 / 人	2 具 / 人	2 具 / 人
13	强光手电筒	1 把 / 人	1 把 / 人	1 把 / 人
14	灭火器	2 具 / 人	2 具 / 人	2 具 / 人

重点单位微型消防站应建立值班值守制度，填写值班记录，值班记录要存档备查。

（5）重点单位微型消防站应组织开展训练和培训，定期开展体能、消防技能训练和消防业务培训。

（6）辖区消防救援站应定期对重点单位微型消防站队员开展灭火救援业务培训，落实联勤联训制度。

（7）微型消防站每月对本单位至少开展1次全面消防安全检查，防火巡查人员应按要求填写《每日防火巡查记录表》等相关记录并签名。

参考文献

[1] 中华人民共和国公安部.建筑设计防火规范（2018年版）：GB 50016—2014[S].北京：中国计划出版社，2018.

[2] 中华人民共和国公安部.消防给水及消火栓系统技术规范：GB 50974—2014[S].北京：中国计划出版社，2014.

[3] 中华人民共和国公安部.自动喷水灭火系统设计规范：GB 50084—2017[S].北京：中国计划出版社，2017.

[4] 中华人民共和国公安部.火灾自动报警系统设计规范：GB 50116—2013[S].北京：中国计划出版社，2014.

[5] 中华人民共和国公安部.建筑防烟排烟系统技术标准：GB 51251—2017[S].北京：中国计划出版社，2018.

[6] 中华人民共和国应急管理部.消防应急照明和疏散指示系统技术标准：GB 51309—2018[S].北京：中国计划出版社，2019.

[7] 中华人民共和国公安部.建筑灭火器配置设计规范：GB 50140—2005[S].北京：中国计划出版社，2005.

[8] 中华人民共和国公安部.建筑内部装修设计防火规范：GB 50222—2017[S].北京：中国计划出版社，2018.

[9] 全国消防标准化技术委员会第九分技术文员会.住宿与生产储存经营合用场所消防安全技术要求：XF 703—2007[S].北京：应急管理出版社，2021.